ANGCHANG
YINGLI
BAZHAO

盈利八招

羊场

魏刚才 李 凌 李桂莲 主编

U0381793

化学工业出版社

·北京·

图书在版编目（CIP）数据

羊场盈利八招/魏刚才，李凌，李桂莲主编.—北京：化学
工业出版社，2018.8
ISBN 978-7-122-32165-7

Ⅰ.①羊⋯ Ⅱ.①魏⋯ ②李⋯ ③李⋯ Ⅲ.①羊-
饲养管理 Ⅳ.①S826

中国版本图书馆CIP数据核字(2018)第100276号

责任编辑：邵桂林 文字编辑：向　东
责任校对：王素芹 装帧设计：张　辉

出版发行：化学工业出版社
　　　　　（北京市东城区青年湖南街13号　邮政编码100011）
印　　刷：北京京华铭诚工贸有限公司
装　　订：三河市骏发装订厂
850mm×1168mm　1/32　印张9¼　字数244千字
2018年9月北京第1版第1次印刷

购书咨询：010-64518888（传真：010-64519686）　售后服务：010-64518899
网　　址：http://www.cip.com.cn
凡购买本书，如有缺损质量问题，本社销售中心负责调换。

定　　价：39.00元

编写人员名单

主　　编　魏刚才　李　凌　李桂莲

副 主 编　吕阳育　罗志忠　郭华伟　冯　琰

编写人员（按姓氏笔画排列）

　　　　　冯　琰（濮阳市动物卫生监督所）

　　　　　吕阳育（河南省济源市动物卫生监督所）

　　　　　朱凤霞（驻马店市动物疫病预防控制中心）

　　　　　杨　涛（河南农业职业学院）

　　　　　李　凌（温县动物疫病预防控制中心）

　　　　　李世忠（正阳县动物卫生监督所）

　　　　　李桂莲（河南省饲草饲料站）

　　　　　罗志忠（驻马店市动物疫病预防控制中心）

　　　　　郭华伟（濮阳市华龙区农业畜牧局）

　　　　　杜海侠（新乡市疫病预防控制中心）

　　　　　魏刚才（河南科技学院）

前　言

随着社会的发展和经济水平的不断提高，人们膳食结构中的肉类品种也发生了很大变化，羊肉在肉类中的比重越来越大，这极大地促进了养羊业发展。养羊业的生产特点也更加符合我国社会经济发展要求：一是节粮。我国是粮食短缺型国家，发展节粮型畜牧业是大势所趋，而羊是草食家畜，可以利用大量的粗饲料资源，极大减少精饲料消耗，生产成本低。二是产品种类多，质量好。养羊业不仅可以提供羊肉，而且可以提供羊皮、羊毛。羊肉营养丰富，富含蛋白质、氨基酸。羊抗病力较强，饲料主要是粗饲料，且药物使用量较其他家畜大大减少，生产的产品绿色。养羊业已成为许多地区经济发展的支柱产业。但是，近年来由于我国养羊业的规模化、集约化以及智能化生产，羊的养殖数量增加，市场供求基本平衡，肉羊的价格波动明显，养殖效益很不稳定，有的羊场甚至出现亏损。

影响羊场效益的可以归纳为三大因素，即市场、养殖技术、经营管理。不过，市场变化虽不是羊场能够完全掌控的，但如果羊场能够掌握市场变化的基本规律，根据市场情况对生产计划进行必要调整，就可以缓解市场变化对羊场的巨大冲击。另外，对于一个羊场来说，关键还是要练好内功，即通过不断学习和应用新技术，加强经营管理，提高羊的生产性能，降低生产消耗，生产出更多更优质的产品，才能在剧烈的市场变化中处于不败之地。为此，编者组织有关人员编写了《羊场盈利八招》，结合生产实际，详细介绍了羊场盈利的关键养殖技术和经营管理知识，有利于羊场提高盈利能力。

本书从提高母羊繁殖力、培养健康羔羊、快速育肥肉羊、使羊群更健康、尽量降低生产消耗、增加产品价值、注意细节管理和注重常见问题处理八个方面进行系统介绍，突出羊场盈利的关键点，为羊场提高生产水平、获得更多盈利提供技术支撑。本书注重科学性、实用性、先进性和通俗易懂，适用于羊场（户）和养羊技术人员阅读。

由于笔者水平所限，书中难免有不妥之处，恳请同行、专家和读者指正。

编者

2018 年 7 月

目　录

第一招
提高母羊繁殖力

【核心提示】

👉 提高产羔数是增加养羊经济收入的重要手段。提高母羊产羔数必须抓好品种选育、挑选优良种羊、掌握母羊繁殖规律、加强种羊的繁殖管理和饲养管理等关键点。

一、掌握母羊繁殖的基础知识

（一）羊的生殖生理

羊的生殖器官构造及功能

（1）公羊　公羊的生殖器官由睾丸、附睾、阴囊、输精管、副性腺、尿生殖道和阴茎七部分组成。公羊的生殖器官具有产生精子、分泌雄性激素以及将精液送入母羊生殖道的作用。

① 睾丸 睾丸为雄性生殖腺体，是产生精子的场所，具有合成和分泌雄性激素，以刺激公羊生长发育，促进第二特征及副性腺的发育的功能。睾丸在胚胎前期，位于腹膜外面，当胎儿发育到一定时期，它就和附睾一起通过腹股沟管进入阴囊，分居在阴囊的两个腔内。胎儿出生后公羊睾丸若未下降到阴囊，即为"隐睾"。两侧隐睾的公羊完全失去生育能力，单侧隐睾虽然有生育能力，但"隐睾"往往有遗传性，所以两侧或单侧隐睾的公羊均不留作种用。

睾丸是一个复杂的管腺，由曲细精管、直细精管、睾丸精网、输出管及精细管间的间质等部分组成。成年公羊的睾丸呈长卵圆形，左右各一，悬垂于腹下。绵羊的睾丸重 400～500 克；山羊的睾丸重 120～150 克。正常的睾丸触摸时，两睾丸均应坚实、有弹性，阴囊和睾丸实质有光滑而柔软的感觉。

精子由精细管生殖上皮的生殖细胞组形成。生殖细胞在生殖上皮由表及里经过 4 次有丝分裂和 2 次减数分裂形成精子细胞，最后经过形态学变化生成精子。精子形成以后先进入曲细精管腔内，然后经直细精管和睾丸精网进入附睾中。羊的每侧睾丸平均每天可产生精子（3.4～3.7）×10^7个。位于精细管与曲细精管之间的间质细胞分泌雄激素。性激素能使公羊产生性欲和性行为，刺激第二性征，促进阴茎和副性腺的发育，维持精子的发生和附睾精子的存活。

② 附睾 附睾贴附于睾丸的背后缘，分头、体、尾三部分。附睾头部和尾部较大，体部较窄。附睾头由许多睾丸输出管盘曲组成，借结缔组织结成若干附睾小叶，这些附睾小叶联结成扁平而略呈杯状的附睾头贴附于睾丸的头端。各附睾小叶的输出管汇成一条弯曲的附睾管，弯曲的附睾管由睾丸头端沿附睾缘延伸的狭窄部分为附睾体。在睾丸的尾端扩张而成附睾尾。附睾管最后过渡为输精管。羊的附睾管长 35～50 米，管径为 0.1～0.3 毫米。

附睾具有促进精子最后成熟、浓缩并供给精子营养、将成熟的精子运送和贮存于附睾尾等功能，也是精子排出的管道。公羊附睾贮存精子数为 1500 亿以上，其中 68％贮存于附睾尾。由于附睾温度比体温低 2～3℃，呈弱酸性（pH6.2～6.8）和高渗透压环境，因而对精子有抑制作用，从而使精子在附睾中能持续 60 天具有受精能力。长期不采精、非繁殖季节和夏季高温天气时最初几次所采的精液品质往往比较差，这个时期的精液不能用于配种。

③ 阴囊　阴囊是由腹壁形成的囊袋，由皮肤、内膜、睾外提肌、筋膜和总鞘膜构成，有一中隔将阴囊隔成 2 个腔，每个腔内有 1 个睾丸。皱褶的阴囊具有温度调节作用，以保护精子正常生成。当外界温度下降时，借助内膜和睾外提肌的收缩作用，使睾丸上举，紧贴腹壁，阴囊皮肤紧缩变厚，保持一定温度；当外界温度升高时，阴囊皮肤松弛变薄，睾丸下降，阴囊皮肤表面积增大，以利散热降温，使阴囊腔的温度保持 34 ～ 36℃（比正常体温低 2 ～ 3℃）。

④ 副性腺　副性腺有精囊腺、前列腺和尿道球腺 3 种。射精时它们和输精管壶腹的分泌物一起混合形成精清，精清与精子共同形成精液。

精囊腺成对位于输精管末端的外侧，呈蝶形覆盖于尿生殖道骨盆部前端。精囊腺和输精管共同开口于尿生殖道骨盆部的精阜。分泌物为淡乳白色黏稠状液体，含有高浓度蛋白质、果糖、柠檬酸盐等成分，能供给精子营养，并能刺激精子运动。

前列腺位于精囊腺的后方，为复管状腺，多个腺管开口于精阜的两侧。其分泌物是不透明稀黏稠的蛋白样液体，呈弱碱性，能中和尿道和精液中的酸性物质，刺激并增强精子的活动能力，并能吸收精子排出的二氧化碳，有利于精子生存。

尿道球腺位于骨盆腔出口处上方，分泌黏液性和蛋白样液体，在射精前排出，有清洗和润滑尿道的作用。

⑤ 输精管　输精管由附睾管延续而来，与通往睾丸的神经、血管、淋巴管、睾丸内提肌组成精索，一起通过腹股沟管，进入腹腔，转向后进入股盆腔通往尿生殖道，开口于尿生殖道骨盆部背侧的精阜，在接近开口处输精管逐渐变粗而形成输精管壶腹，并与精液囊的导管一同开口于尿生殖道。

输精管具有发达的平滑肌纤维，管尾厚而口径小。在交配时，由于输精管平滑肌强力的收缩作用而产生蠕动，将精子从附睾尾输送到壶腹，同时与副性腺分泌物混合，然后经阴茎射出。

⑥尿生殖道 尿生殖道起自膀胱颈末端，终于龟头，可分为骨盆部和阴茎部。骨盆部为膀胱颈至坐骨弓的一段。背侧壁内黏膜上有一突出的精阜，输精管开口于精阜，另外副性腺的导管均开口于精阜的后方。阴茎部为阴茎腹侧的一段，与阴茎同长，其末端突出于阴茎，有明显的尿道突，绵羊的呈S状弯曲，山羊的较短而直。尿生殖道为尿液和精液的共同通道。

⑦阴茎 阴茎由阴茎海绵体和尿生殖道阴茎部分组成，其末端藏于包皮内，可分成阴茎根、体和龟头（或尖）三部分。阴茎是公羊的交配器官，可以排尿和输送精液到母羊生殖道里。阴茎平时缩于包皮内，在配种或采精时，受外界刺激，阴茎充血勃起，由于尿生殖道的平滑肌发生收缩，精子从附睾进入输精管内与精清混合后从尿道生殖道排出。

（2）母羊 母羊的生殖器官由卵巢、输卵管、子宫、阴道、尿生殖前庭、阴门6部分组成。

①卵巢 卵巢具有产生卵细胞并使其成熟的机能，也具有分泌雌激素的功能。由于雌激素的作用，激发第二性征的发育和性周期的变化。

卵巢位于腹腔肾脏的后下方，由卵巢系膜悬挂在腹腔靠近体壁处，后端有卵巢固有韧带连子宫角。卵巢左右各1个，呈杏仁形。

卵巢由外层皮质与内层髓质构成。皮质由不同发育时期的滤泡和间质组成，是卵子和黄体生成的地方；髓质由结缔组织构成，内有大量的血管和神经，它能供给滤泡生成所需的营养物质。

在卵泡的发育过程中，包围在卵泡细胞外的两层卵巢皮质基质细胞形成卵泡膜，它又再分为血管性的内膜和纤维性的外膜。由卵泡内膜分泌雌激素，一定量的雌激素可以导致母羊发情、排卵。排卵后形成黄体，黄体细胞产生孕酮，促使子宫黏膜增厚，维持羊的妊娠。

②输卵管 输卵管位于输卵管系膜内，是弯曲状的管道，两

侧各有1条，靠近卵巢一端膨大呈漏斗状，称为输卵管漏斗，边缘为花边状，称为输卵管伞，中央有通腹膜腔的开口，称为输卵管腹腔孔，卵子由此进入输卵管。输卵管前端粗而长，称为输卵管壶腹部，为受精场所。输卵管后端较短，细而直，称为输卵管峡部，末端逐渐变细与子宫角前端相连接，无明显分界。输卵管是输送卵子到子宫的管道，也是精子与卵子受精的场所。受精以后的受精卵或早期胚胎沿着输卵管运行到子宫。

③子宫　子宫大部分位于骨盆腔内或耻骨前缘部，背侧为直肠，腹侧为膀胱，前接输卵管，后接阴道，借助于两侧子宫阔韧带悬附于骨盆腔内。子宫由子宫角、子宫体和子宫颈构成。子宫角有一对，长10～20厘米，其尖端分别与两条输卵管相连接，其前端卷曲呈绵羊角状，两子宫角后部由结缔组织等相连，形成伪体。子宫体较短，长约2厘米。子宫角和子宫体黏膜上有许多丘形隆起，称为子宫阜，是胎膜和子宫壁结合的部位。子宫颈壁厚，管是腔狭窄，长约4厘米，末端突入阴道，称为子宫颈阴道部。子宫颈外口黏膜形成辐射状的皱褶，形似菊花状。不发情和妊娠阶段子宫颈口紧闭。

子宫内膜分泌前列腺素对卵巢的周期性黄体起消融退化作用，在促卵泡素的作用下，引起卵泡的发育，导致母羊发情；发情、配种时，子宫颈口稍开张，有利于精子进入，并具有阻止死精子和畸形精子的功能，可防止过多的精子到达受精部位。大量的精子贮存在复杂的子宫隐窝内。精子进入时借助子宫肌纤维有节律而强有力的收缩送到输卵管部，在子宫内膜的分泌液作用下，精子获能；妊娠时，子宫颈黏液高度黏稠形成栓塞，封闭子宫颈口，起屏障作用，防止感染；子宫内膜还可以供受精卵发育的胚泡附植，附着后子宫内膜形成母体胎盘，与胎儿胎盘结合成为胎儿从母体吸收营养和排泄物的器官。

④阴道　阴道是一伸缩性很大的管道，位于骨盆腔，背侧为直肠，腹侧为膀胱和尿道，前接子宫，有子宫颈口突出于阴道，形成一个环形隐窝，称为阴道穹隆。后接尿生殖前庭，以尿道外口和阴瓣

为界。羊的阴道长10～14厘米。阴道是母羊的交配器官和分娩时胎儿的产道，又是子宫颈、子宫黏膜和输卵管分泌物的排出管道。

⑤尿生殖前庭 尿生殖前庭位于骨盆腔内，连接阴道与阴门之间的一段，前高后低，稍微倾斜，尿道口位于阴瓣的后下方，与膀胱相通。底壁有不发达的前庭小腺，开口于阴蒂的前方，在尿道外口的腹侧有一盲囊，称为尿道憩室。两侧壁有前庭大腺及其开口，为分支管状腺，发情时分泌物增多。尿生殖前庭是交配、排尿和分娩的通道。

⑥阴门 阴门位于肛门之下，是通入尿生殖前庭的入口，由左右两侧阴唇构成，其上、下两端分别为阴唇的上、下联合。上联合呈钝圆形，下联合突而尖。阴蒂较短，埋藏在下联合阴蒂窝内。阴蒂由弹力组织和海绵组织构成，富含神经。因此，阴蒂是母羊的交配感觉器。发情时阴唇充血肿胀，阴蒂也充血、外露。

（二）羊的繁殖规律

1. 性成熟及适宜初配年龄

羔羊生长到一定年龄，生殖机能达到比较成熟的阶段，于此时生殖器官已经发育完全，并出现第二性征，能产生成熟的繁殖细胞（精子或卵子），而且具有繁殖后代的能力，此时称为性成熟。由于绵、山羊的品种、遗传、营养、气候和个体发育等因素，性成熟的年龄也有较大的差异。一般绵、山羊公羊在6～10月龄，母羊在6～8月龄，体重达成年体重的70%左右达性成熟。早熟品种4～6月龄性成熟，晚熟品种8～10月龄达性成熟。

公羊性成熟的年龄要比母羊稍大一些。我国的地方绵、山羊品种4月龄时就出现性活动，如公羊爬跨、母羊发情等。但由于公、母羊的生殖器官尚未完全发育成熟，过早交配对本身和后代的生长发育都不利。绵、山羊的一般初配年龄在12月龄左右，早熟的品种、饲养条件较好的母羊可以提前配种。因此，羔羊断奶以后，公、母羊要分开饲养，防止早配或近亲交配。

2. 母羊的发情与发情鉴定

发情是母羊的一种性活动现象。发情时母羊的精神状态、生殖道及卵巢等发生一系列变化。

（1）正常发情　母羊发情时由于发育的卵泡分泌雌激素，并在少量孕酮的协同作用下，刺激神经中枢，引起兴奋，使母羊表现出兴奋不安，对周围外界的刺激反应敏感，常鸣叫，举尾弓背，频频排尿，食欲减退，放牧的母羊离群独自行走，喜主动寻找和接近公羊，愿意接受公羊交配，并摆动尾部，后肢岔开，后躯朝向公羊，当公羊追逐或爬跨时站立不动。泌乳母羊发情时，泌乳量下降，不照顾羔羊。

母羊在发情周期中，在雌激素和孕激素的共同作用下，生殖道发生周期性的生理变化，所有这些变化都是为交配和受精作准备。发情母羊由于卵泡迅速增大并发育成熟，雌激素分泌增多，强烈刺激生殖道，使血流量增加，母羊外阴部充血、肿胀、松软、阴蒂充血勃起；阴道黏膜充血、潮红、湿润并有黏液分泌，发情初期黏液分泌量少且稀薄透明，中期黏液增多，末期黏液稠如胶状且量较少；子宫颈口较松弛，开张并充血肿胀，腺体分泌增多。

母羊发情开始前，卵巢卵泡已开始生长，至发情前 2～3 天卵泡发育迅速，卵泡内膜增生，到发情时卵泡已发育成熟，卵泡液分泌不断增多，使卵泡容积更加增大，此时卵泡壁变薄并突出卵巢表面，在激素的作用下促使卵泡壁破裂，致使卵子被挤压而排出。

（2）异常发情　母羊异常发情多见于初情期后、性成熟前以及繁殖季节开始阶段，也有因营养不良、内分泌失调、疾病以及环境温度突然变化等引起异常发情的。常见有以下几种。

安静发情。也称静默发情，由于雌激素分泌不足，发情时缺乏明显的发情表现，卵巢上卵泡发育成熟但不排卵。

短促发情。由于发育的卵泡迅速成熟并破裂排卵，也可能卵泡突然停止发育或发育受阻而缩短了发情期。如不注意观察，就极容易错过配种期。

断续发情。母羊发情延续时间很长，且发情时断时续，常发生于早春及营养不良的母羊。其原因是排卵机能不全，以致卵泡交替发育，先在某一侧卵巢内卵泡发育，产生雌激素使母羊发情，但当卵泡发育到一定程度后又萎缩退化，而另一侧卵巢又有卵泡发育，而产生雌激素，母羊又出现发情，形成断续发情现象。如果调整饲养管理并加强营养，母羊可以恢复正常发情，就有可能正常排卵，配种也可受孕。

孕期发情。绵羊中3%左右的怀孕中期的母羊有发情现象。其主要原因是激素分泌失调，怀孕时黄体分泌孕酮不足，而胎盘分泌雌激素过多。母羊在怀孕早期发情，卵泡虽然发育，但不发生排卵。

（3）母羊的发情周期　发情周期指母羊性活动表现周期性。母羊出现第一次发情以后，其生殖器官及整个机体的生理状态有规律地发生一系列周期性变化，这种变化周而复始，一直到停止繁殖的年龄为止，这称为发情的周期性变化。相邻两次发情的间隔时间为一个发情周期。绵羊的发情周期平均为17天，山羊的发情周期平均为21天。

一个发情周期可分为发情前期、发情期、发情后期和休情期四个时期。在发情前期，母羊卵巢上开始有卵泡发育，但母羊并不表现发情征状，无性欲表现。发情期，又称发情持续期，此期卵泡发育很快并能达到成熟，母羊表现出强烈的性兴奋，食欲减退，喜接近公羊或在公羊追逐与爬跨时站立不动，外阴充血肿胀，有黏液从阴门流出，母山羊发情表现尤为明显，此期持续时间绵羊为30小时左右，山羊为24～48小时。母羊排卵一般在发情开始后12～24小时，故发情后12小时左右配种最适宜。发情期受品种、年龄、繁殖季节等因素影响。发情后期，卵子排出并开始形成黄体，母羊性欲减退，生殖器官发情征状逐渐消失，不再接受公羊交配。休情期为下次发情到来之前的一段时期，母羊精神状态正常，生殖器官的生理状态稳定。

（4）发情鉴定　通过发情鉴定，确定适应的配种时间，提高母羊的受胎率。鉴定母羊发情主要有以下几种方法。

外观观察。母羊发情时表现不安，目光滞钝，食欲减退，咩叫，外阴部红肿，流露黏液，发情初期黏液透明，中期黏液呈牵丝状、量多，末期黏液呈胶状。发情母羊被公羊追逐或爬跨时，往往叉开后腿站立不动，接受交配。处女羊发情不明显，要认真观察，不要错过配种时机。

用试情公羊鉴定发情。试情公羊即用来发现发情母羊的公羊。要选择身体健壮，性欲旺盛，没有疾病，年龄 2～5 岁，生产性能较好的公羊。为避免试情公羊偷配母羊，对试情公羊可系试情布，布长 40 厘米，宽 35 厘米，四角系上带子，每当试情时拴在试情羊腹下，使其无法直接交配，也可采用输精管结扎或阴茎移位手术。

试情公羊应单独喂养，加强饲养管理，远离母羊群，防止偷配。对试情公羊每隔 1 周应本交或排精一次，以刺激其性欲。试情应在每天清晨进行。试情公羊进入母羊群后，用鼻去嗅母羊，或用蹄子去挑逗母羊，甚至爬跨到母羊背上，母羊不动，不拒绝，或伸开后腿排尿，这样的母羊即为发情羊。发情羊应从羊群中挑出，做上记号。对于初配母羊，对公羊有畏惧心理，当试情公羊追逐时，不像成年发情母羊那样主动接近。但只要试情公羊紧跟其后者，即为发情羊。试情时公、母羊比例以（2～3）∶100为宜。

阴道检查法。即通过观察阴道黏膜、分泌物和子宫颈口的变化来判断是否发情的方法。进行阴道检查时，先将母羊保定好，外阴部冲洗干净。开膣器清洗、消毒、烘干后，涂上灭菌润滑剂或用生理盐水浸湿。检查人员将开膣器前端闭合，慢慢插入阴道，轻轻打开开膣器，通过反光镜或手电筒光线检查阴道变化。发情母羊阴道黏膜充血，表面光亮湿润，有透明黏液流出，子宫颈口充血、松弛、开张，有黏液流出。检查完毕后稍微合拢开膣器，抽出。

3. 排卵与受精

（1）排卵 排卵是卵泡破裂排出卵子的过程。绵羊和山羊均属自发性排卵动物，即卵泡成熟后自行破裂排出卵子。一次发情时，两侧卵巢排卵的比率称为排卵率，其高与低取决于发育为成熟卵细胞的数目，决定了母羊所怀胎儿的数量。一般而言，山羊的排卵率高于绵羊。影响排卵率的主要因素有遗传、体况、营养水平、年龄和季节。例如，同群内体重大的母羊排卵多，膘情差的母羊排卵少，甚至不排卵。母羊 3 ～ 5 岁时是一生中排卵的最高峰时期，为母羊的最佳繁殖年龄。大多数母羊的排卵率从配种季节开始逐渐增加，发情中期达到最高峰，而后逐渐下降。养羊生产上，配种前一个月龄母羊补饲高水平的日粮，有助于同期发情并增加排卵数，提高产羔率。排卵时间，绵羊在发情开始后20 ～ 39 小时，山羊在 24 ～ 36 小时。

（2）适时配种 公羊在交配或输精后15分钟即可在输卵管壶腹部发现精子，在配种或输精后 12 ～ 24 小时在输卵管内可找到大量的精子，精子在子宫和输卵管内保持有受精能力的时间为24 ～ 48 小时。卵子在排出后 6 ～ 12 小时可达受精部位，在此部位保持有受精能力的时间为 12 ～ 16 小时。在精子和卵子均具有旺盛受精能力的时间内受精，胚胎发育可能正常，若二者任何一个逾期到达受精部位，都很难完成受精，即使受精，胚胎发育也会异常。如胚胎活力不强，有的能够附植，有的不能附植，胎儿可能在发育的早期被吸收，或者在出生前死亡。

卵子到达受精部位以后，如果没有精子与其受精，则继续运行，此时卵子已接近衰老，且其外面包上一层输卵管分泌物形成的一层薄膜，阻碍精子进入，因此卵子不能再受精。所以在配种实践中，最好在排卵前某一时刻交配，使受精部位能有活力旺盛的精子等待新鲜的卵子，以提高受胎率。羊适宜配种时间一般应在发情开始后 12 ～ 24 小时之间。在实际生产中，一般上午发现发情母羊，16：00 ～ 17：00 进行第一次交配或输精，第二天上午进行第二次交配或输精；如果是下午发现发情母羊，则在第二天8：00～9：00进行第一次交配或输精，下午进行第二次交配或输精。

（3）受精　受精是精子和卵子相融合，形成一个新的二倍体细胞——合子，即胚胎的过程。受精部位在输卵管壶腹部。卵子排出后落入输卵管，沿着输卵管伞部通过漏斗部进入壶腹部，自然交配时，公羊精液可射到阴道前部近子宫颈端，人工输精时将精液直接输入子宫颈内，精子主要依靠子宫和输卵管肌层收缩而完成由输精部位到达受精部位的运行。卵子在第一极体（雌性生殖细胞形成过程中经过两次减数分裂，形成一个大的单倍体卵细胞和2～3个小的细胞，这些小的细胞称为极体）排出后开始受精。当精子进入卵子时，卵子进行第二成熟分裂。受精时，精子依次穿透放射冠、透明带和卵黄膜，而后构成雄原核、雌原核。2个原核同时发育，几小时内体积可达原体积的20倍，二者相向移动，彼此接触，体积缩小合并，染色体合为一组，完成受精过程。绵、山羊从精子入卵到完成受精的时间为16～21小时。

4. 繁殖季节

一般来说，母羊为季节性多次发情动物，每年秋季随着光照从长变短，羊便进入了繁殖季节。我国牧区、山区的羊多为季节性多次发情类型，而某些农区的羊品种，经长期舍饲驯养，如湖羊、小尾寒羊等往往终年可发情，或存在春秋2个繁殖季节。羊的繁殖受季节的影响实际上是光照时间、温度和饲料等因素的综合作用。

受环境因素的调节，母羊一般在夏、秋、冬3个季节有发情表现，从晚冬到第二年夏天的这段时间，母羊一般不表现发情，但在大多数情况下，卵巢中都存在正常发育的中型至大型的卵泡，这些卵泡通常不持续发育，不能达到排卵要求。但在此时对母羊进行生殖调控处理，存在的卵泡可能继续发育，并出现发情和排卵。粗放条件下饲养的绵、山羊，其发情季节性明显；饲养条件好的绵、山羊，一年四季都可以发情。公羊性活动以秋季最高，冬季最低。精液品质除受季节影响外，与温度和昼夜长短也有关系，持续或交替的高温、低温变化，都会降低精子的总数、活动力和正常精子的比例，因此，公羊的利用期最好选择秋季和春季。

（三）羊的配种计划

羊的配种计划安排一般根据各地区、各羊场每年的产羔次数和时间来决定。1年1产的情况下，有冬季产羔和春季产羔2种。产冬羔时间在1～2月份，需要在8～9月份配种；产春羔时间在4～5月份，需要在11～12月份配种。一般产冬羔的母羊配种时期膘情较好，对提高产羔率有好处，同时由于母羊妊娠期体内供给营养充足，羔羊的初生体重大，存活率高。此外冬羔利用青草期较长，有利于抓膘。但产冬羔需要有足够的保温产房，要有足够的饲草饲料贮备。否则母羊容易缺奶，影响羔羊发育。春季产羔，气候较暖和，不需要保暖产房。母羊产后很快就可吃到青草，奶水充足，羔羊出生不久，也可吃到嫩草，有利于羔羊生长发育。但产春羔的缺点是母羊妊娠后期膘怀最差，胎儿生长发育受到限制，羔羊初生体重小。同时羔羊断奶后利用青草期较短，不利于抓膘育肥。

随着现代繁殖技术的应用，密集型产羔体系技术越来越多地应用于各大羊场。在2年3产的情况下，第1年5月份配种，10月份产羔；第2年1月份配种，6月份产羔；9月份配种，来年2月份产羔。在1年2产的情况下，第1年10月份配种，第2年3月份产羔；4月份配种，9月份产羔。

（四）羊的配种时间

交配时间一般是早晨发情的母羊傍晚配种，下午或傍晚发情的母羊于第二天早晨配种。为确保受胎，最好在第一次交配后，间隔12小时左右再交配一次。

（五）羊的配种方法

羊的配种方法有自由交配、人工辅助交配（前两种统称为本交）和人工授精。

1. 自由交配

　　自由交配是最简单、也是最原始的交配方式。将选好的种公羊放入母羊群中，任其自行与发情母羊交配。该法简单易行，节省劳力，适合于小型、分散的羊场。其缺点：一是不能充分发挥优秀种公羊的作用，因为 1 只种公羊只能配 20 ～ 30 只母羊；二是无法掌握具体的产羔时间；三是公、母羊混群，公羊追逐母羊，不安心采食，消耗公羊体力，影响健康，也不利于母羊群采食抓膘；四是无法掌握交配情况，羔羊系谱混乱，不能进行选配工作，又容易早配和近亲交配。

　　为克服上述缺点，在非配种季节，公、母羊要分群管理，配种期可按 1 ：（20 ～ 30）的比例将公羊放入母羊群内，配种结束后即将公羊隔离出来。为了防止近交，羊群间要定期调换种公羊。

2. 人工辅助交配

　　人工辅助交配是将公、母羊分群隔离饲养，在配种期用试情公羊试情，将发情母羊与指定的种公羊进行配种。采用这种交配方式，可有目的地进行选种选配，提高后代生产性能。在配种期内每只公羊与交配母羊数可增加到 60 ～ 70 只，因此提高了种公羊的利用率。

3. 人工授精

　　人工授精是借助于器械将公羊的精液输入到母羊的子宫颈内或阴道内，达到受孕的一种配种方式。人工授精能够准确登记配种时期。由于精液的稀释，可使 1 只种公羊的精液在 3 个配种季节给 400 ～ 500 只母羊受孕，从而大大提高了优秀种公羊的利用率，减少了种公羊的饲养量。同时冷冻精液制作，可实现远距离的异地配种，使某些地区在不引进种公羊的前提下，就能达到杂交改良和育种的目的。人工授精也使生殖器官疾病大大减少。

　　（1）器材用具的准备　人工授精用的器材用具主要有假

阴道、输精器、阴道开张器、集精瓶、玻璃棒、镊子、烧杯、瓷盘等。凡采精、输精以及与精液接触的一切器材都要求清洁、干燥、消毒、存放于清洁柜内，柜内不再放其他物品。

安装假阴道时，要注意假阴道内部的温度和压力，使其与母羊阴道相仿。灌水量占内胎和外壳空间的 1/2 ～ 2/3，以150 ～ 180 毫升为宜。水温 45 ～ 50℃，采精时内胎腔内温度保持在 39 ～ 42℃。为保证一定的润滑度，用清洁玻璃棒蘸少许灭菌凡士林均匀涂抹在内胎前 1/3 处。通过气门活塞吹入气体，以内胎壁的采精口一端呈三角形为宜。

（2）采精　采精前应选择台羊，台羊应与精公羊的体格大小相适应，且发情明显。将台羊外阴道用 2% 来苏儿溶液消毒，再用温水冲洗干净并擦干。将公羊腹下污物也擦洗干净。采精时采精人员必须精神集中，动作敏捷准确。采精人员蹲在母羊右后方，右手握假阴道，贴靠在母羊尾部，入口朝下，与地面呈35°～ 45°角。当种公羊爬跨时，用左手轻托阴茎包皮，将阴茎导入假阴道中，保持假阴道与阴茎呈一直线。当公羊向前一冲时即为射精。随后采精人员应随同公羊从台羊身上跳动下时将阴茎从假阴道中退出。把集精瓶竖起，拿到处理室内，放出气体，取下集精瓶，盖上盖子，做上标记，准备精液检查。

（3）精液品质检查　对采出的精液首先通过肉眼和嗅觉检查，公羊精液为乳白色，略带腥味，肉眼可见云雾状运动，射精量 0.8 ～ 1.8 毫升，平均 1 毫升。其次通过显微镜检查精液的活率、密度大小及精子形态等情况。检查时以灭菌玻璃棒蘸取一滴精液，滴在载玻片上，再加上盖片，置于 400 倍显微镜下观察。检查时温度以 38 ～ 40℃为宜。全部精子都做直线运动的活率评为 1 分，80% 做直线运动的活率评为 0.8 分，60% 做直线运动的评为 0.6 分，其余依此类推。活率在 0.8 分以上方可用来输精。精子密度分 4 个等级：密、中、稀、无。"密"为视野中精子密集、无空隙，看不清单个精子运动；"中"为视野中精子间距相当于 1 个精子的长度，可以看清单个精子运动；"稀"为视野中精子数目较少，精子间距较大；"无"为视野中无精子。精子形态检查是通过显微镜检查精液中是否有畸形精子，如头部巨大、瘦小、细长、圆形、双头；颈部膨大、纤细、带有原生质滴；中段膨大、纤细、带有原生质等；尾部弯曲、双尾、带有原生质滴等。如精液中畸形精子较多，也不宜输精。

（4）精液的稀释　精液稀释目的是一方面增加精液容量，以便为更多的母羊输精；另一方面还能使精液短期甚至长期保存起来，继续使用，且有利于精液的长途运输，从而大大提高种公羊的配种效能。精液在采好以后应尽快稀释，稀释越早，效果越好。因而采精以前就应配好稀释液。常用的稀释液见表1-1。

表1-1　常用的稀释液

稀释液	配制方法
牛奶或羊奶稀释液	将新鲜牛奶或羊奶用几层纱布过滤，煮沸消毒10～15分钟，冷却至30℃，去掉奶皮即可。一般可稀释2～4倍
葡萄糖-卵黄稀释液	在100毫升蒸馏水中加入无水葡萄糖3克、柠檬酸钠1.4克，溶解后过滤3～4次，然后再蒸煮30分钟，降至30℃左右加入蛋黄20克混匀即可。一般可稀释2～3倍
生理盐水稀释液	用注射用0.9%生理盐水或自行配制的0.9%氯化钠溶液做稀释液。此种稀释液只能做及时输精用，不能做保存和运输粗液用。稀释倍数不宜超过2倍

新采的精液温度一般在30℃左右，如室温低于30℃时，应把集精瓶放在30℃的水浴箱里，以防精子因温度剧变而受影响。精液与稀释液混合时，二者的温度应保持一致，在20～25℃室温和无菌条件下操作。把稀释液沿集精瓶壁缓缓倒入，为使混匀，可用手轻轻摇动。稀释后的精液应立即进行镜检，观察其活力。

精液的稀释倍数应根据精子的密度大小决定。一般镜检为"密"时精液方可稀释，稀释后的精液输精量（0.1毫升）应保证有效精子数在7500万以上。

（5）精液的保存　精液的保存按保存温度可分为常温（10～14℃）保存、低温（0～5℃）保存和冷冻（－196～－79℃）保存3种。

①常温保存　用于常温保存的精液，可用含有明胶的稀释液。稀释液配方：RH明胶液为二水柠檬酸钠3克，磺胺甲基嘧啶钠0.15克，后莫氨磺酰0.1克，明胶10克，蒸馏水100毫升；明胶、牛奶液配方为牛奶100毫升，明胶10克。将稀释好的精液，盛于无菌的干燥试管中，然后加塞盖严封蜡隔绝空气即可。该法保存48小时，活力为原精液的70%。

②低温保存　低温保存要注意缓慢降温。可以将盛精液的试管外边包上棉花，再装入塑料袋内，然后放入冰箱中。一般此法可保存1～2天。

③冷冻保存　将采得的精液用乳糖、卵黄、甘油稀释液按1:（1～3）稀释后，放入冰箱（3～5℃），经2～4小时降温平衡。然后在装满液氮的广口保温瓶上，放一光滑的金属薄板或纱网，距液氮1～2厘米，几分钟后待温度降到恒温时，将精液用滴管或细管逐滴滴在薄板或纱网上，滴完后经3～5分钟，用小勺刮取颗粒，收集，立即放入液氮中保存。冷冻精粒在超低温条件下，可长年保存而不变质。

（6）输精　羊的输精最好使用横杠式输精架。地面埋2个木桩，木桩间距可依一次输精羊数而定，一般可设2米，再在木桩上固定一根圆木（直径约6厘米）；圆木距地面50厘米左右。输精母羊的后肋搭在圆木上，前肢着地，后肢悬空，几只母羊可同时搭在圆木上输精。

输精前所有的输精器材都要消毒灭菌，输精人员手指甲应剪短磨光，洗净双手，并用75%酒精消毒。对母羊外阴部用来苏儿溶液消毒，并用水洗净擦干，再将开腔器慢慢插入，寻找子宫颈口，之后轻轻转动90°，打开开腔器。子宫颈口的位置不一定正对阴道，但其附近黏膜颜色较深，容易找到。输精时，将吸好精液的输精器慢慢插入子宫颈口内0.5～1.5厘米处，将精液轻轻注入子宫颈内。注射完后，抽出输精器和阴道开腔器，随即消毒备用。输精量应保持有效精子数在7500万以上，即原精液的0.05～0.1毫升。只能进行阴道输精的母羊，其输精量应加倍。

（六）妊娠和分娩

1. 妊娠

（1）妊娠期　受精结束后就是妊娠的开始。从精子和卵子在母羊生殖道内形成受精卵开始，到胎儿产出时所持续的日期称为妊娠期。妊娠期是受精卵卵裂、桑椹胚、囊胚，囊胚后期的胚泡在子宫内附植，建立胎盘系统，发育成胚胎，继而形成胎儿，最后娩出体外的全过程。妊娠期通常以最后一次配种或输精的那一天算起，至分娩之日止。绵羊的妊娠期为146～157天，平均为150天；山羊的妊娠期为146～161天，平均为152天。妊娠期因品种、年龄、胎次和单双羔等因素而有差异。湖羊的妊娠期为146～161天，小尾寒羊为146～151天，细毛羊为133～154天。一般本地羊比杂种羊短些。青壮年羊比老、幼龄羊短些，产多羔母羊较产单羔母羊妊娠期短些。

（2）妊娠母羊形态和生殖器官的变化　母羊妊娠后，随着胚胎的出现和生长发育，母体的形态和生理发生许多变化。主要变化如下。

① 畜体的生长　母羊怀孕后，新陈代谢旺盛，食欲增进，消化能力提高。因此，怀孕母羊由于营养状况的改善，表现为体重增加、毛色光亮。青年母羊除因交配过早或营养水平很低外，妊娠并不影响其继续生长，在适当的营养条件下尚能促进生长，若以同龄及同样发育的母羊试验，怀孕母羊的体重显著增加；营养不足，则体重反而减少，甚至造成胚胎早期死亡，尤其是在妊娠期的后两个月期，营养水平的高低直接影响胎儿的发育。妊娠末期，母羊因不能消化足够的营养物质以供给迅速发育的胎儿需要，致使消耗妊娠前半期储存的营养物质，在分娩前常常消瘦。因此，母羊在妊娠期要加强营养，保证母羊本身生长和胎儿发育的营养需要。

② 卵巢的变化　母羊受孕后，胚胎开始形成，卵巢上的黄体成为妊娠黄体继续存在，从而中断发情周期。

③ 子宫的变化　随着怀孕时间的延长，在雌激素和孕酮的协同作用下，子宫逐渐增大，使胎儿得以伸展。子宫的变化经过增生、生长和扩展三个时期。子宫内膜由于孕酮的作用而增生，主要变化为血管分布增加、子宫腺增长、腺体卷曲及白细胞浸润；子宫的生长是从胚胎附植后开始，主要包括子宫肌肥大、结缔组织基质的广阔增长、纤维成分及胶原含量增加；子宫的扩展，首先是由子宫角和子宫体开始的。母羊在整个怀孕期，右侧子宫角要比左侧大得多。怀孕时子宫颈内膜的脉管增加，并分泌一种封闭子宫颈管的黏液，称为子宫颈栓，使子宫颈口完全封闭。

④ 阴户及阴道的变化　怀孕初期，阴唇收缩，阴户裂禁闭。随着妊娠持续发展，阴唇的水肿程度增加，阴道黏膜的颜色变为苍白，黏膜上覆盖由子宫颈分泌出来的浓稠黏液；妊娠末期，阴唇、阴道变得水肿而柔软。

⑤ 子宫动脉的变化　由于子宫的生长和扩展，子宫壁内血管也逐渐变得较直，由于供应胎儿的营养需要，血量增加，血管变粗，同时由于动脉血管内膜的皱褶增高变厚，而且因它和肌肉层的联系疏松，使血液流过时造成脉搏从原来清晰的跳动变成间隔不明显的颤动。这种间隔不明显的颤动，叫作怀孕脉搏。

（3）早期妊娠诊断　配种后的母羊应尽早进行妊娠诊断，及时发现空怀母羊，以便采取补配措施。对已受孕的母羊加强饲养管理，避免流产。早期妊娠诊断有以下几种方法。

① 表观征状观察　母羊受孕后，发情周期停止，不再表现发情征状，性情变得较为温顺。同时，孕羊的采食量增加，毛色变得光亮润泽。仅靠表观征状观察不易早期确切诊断母羊是否怀孕，因此还应结合触诊法来确诊。

② 触诊法　使待检查母羊自然站立，用两只手以抬抱方式在腹壁前后滑动，抬抱的部位是乳房的前上方，用手触摸是否有胚胎胞块。

③ 阴道检查法　妊娠母羊阴道黏膜的色泽、黏液性状及子宫颈口形状均有一些和妊娠一致的规律变化。

阴道黏膜：母羊怀孕后，阴道黏膜由空怀时的淡粉红色变为苍白色，但用开膣器打开阴道后，很短时间内即由白色又变成粉红色。空怀母羊黏膜始终为粉红色。

阴道黏液：孕羊的阴道黏液呈透明状，而且量很少，因此也很浓稠，能在手指间牵成线。相反，黏液量多、稀薄、颜色灰白的母羊为未孕。

子宫颈：孕羊子宫颈紧闭，色泽苍白，并有糨糊状的黏块堵塞在子宫颈口，人们称为"子宫栓"。

④ 免疫学诊断　怀孕母羊血液、组织中具有特异性抗原，用以制备的抗体血清与母羊细胞进行血细胞凝集反应，如母羊已怀孕，则红细胞会出现凝集现象。如果待查母羊没有怀孕，加入抗体血清后红细胞不会发生凝集。此法可判定被检母羊是否怀孕。

⑤ 超声波探测法　超声波探测仪是一种先进的诊断仪器，检查方法是将待查母羊保定后，在腹下乳房前毛稀少的地方涂上凡士林或石蜡油，将超声波探测仪的探头对着骨盆入口方向探查。用超声波诊断羊早期妊娠的时间最好是配种 40 天以后，这时诊断准确率较高。

2. 分娩

（1）分娩前的表现　对接近产期的母羊，牧工每天早上出牧时要检查，如发现母羊肷窝下塌，阴户肿胀，乳房胀大，乳头垂直发硬，即为当日产羔症状。如果发现母羊不愿走动、喜靠在墙角用前蹄刨地、时起时卧等症状时，即为临产羔现象，就要准备接羔。初产母羊，因为没有经验，往往羔羊已经入阴道仍边叫边跟群，或站立产羔，这时要设法让它躺下产羔。

（2）接羔前的准备　在接羔工作开始前，应将羊舍、饲草、饲料、药品、用具等准备好。

① 羊舍准备　接羔用的羊舍要彻底消毒，保持卫生。同时要求阳光充足，通风良好，地面干燥，没有贼风。冬季舍内要铺垫草或干羊粪以保温。

② 草料准备　要准备充足优质干草、多汁饲料和精料供母羊补饲，以保证母羊大量分泌乳汁。

③ 接羔用的用具、药品准备　如水桶、脸盆、毛巾、剪刀、提灯、秤、记录表格，以及消毒药品，如来苏儿、酒精、碘酒、高锰酸钾、消毒纱布、脱脂棉等都须事先备好。

（3）接羔　母羊产羔时，一般不需助产，最好让它自行产出。接羔人员应观察分娩过程是否正常，并对产道进行必要的保护。正常接产时首先剪净临产母羊乳房周围和后肢内侧的羊毛。然后用温水洗净乳房，并挤出几滴初乳。再将母羊的尾根、外阴部、肛门洗净，用1%来苏儿消毒。

一般情况下，羊膜破裂后几分钟至30分钟羔羊就生出。先看到前肢的两个蹄，随着是嘴和鼻，到头露出后，即可顺利产出。产双羔时先产出一只羔，可用手在母羊腹部推举，能触到光滑有胎儿。产双羔前后间隔5～30分钟，长的到几小时，要注意护理，因母羊疲倦无力，需要助产。

羔羊生下后0.5～3小时胎衣脱出，要拿走，防止被母羊吞食。

羔羊生出后，先把口腔及鼻腔内的黏液擦净，以免误吞，引起窒息或异物性肺炎。羔羊生后，脐带一般会自然扯断。也可以在离羔羊脐窝部5～10厘米处用剪刀剪断，或用手拉断。为了防止脐带感染，可用5%碘酒在断端处消毒。母羊一般在产羔后，会将羔羊身上黏液自行舔干净。如果母羊不舔，可在羔羊身上撒些麸皮，促使母羊将它舔净。

（4）难产及假死羔羊的处理

① 难产的一般处理　一般初产母羊骨盆狭窄、阴道过窄、胎儿过大，或母羊体弱无力，子宫收缩无力或胎位不正等均会造成难产。

母羊分娩时，胎儿先露两前蹄和嘴，然后露出头部、全身，为顺产。若羊膜破水30分钟后羔羊仍未产出，或仅露蹄和嘴，母羊又无力努责时，需助产。胎儿不正的母羊，也需助产。助产人员应先将手指甲剪短磨光，手臂用肥皂洗净，再用来苏儿水消毒，涂上润滑剂。如胎儿过大可用手随着母羊的努责，握住胎的两前蹄，慢慢用力拉出；或随着母羊的努责，用手向后上方推动母羊腹部，这样反复几次，就能产出。如果胎位不正，先将母羊后躯抬高，将胎儿露出部分推回，手入产道摸清胎位，慢慢帮助纠正成顺胎位，然后随母羊有节奏地努责，将胎儿轻轻拉出。

②　假死羔羊的处理　羔羊产出后，身全发育正常，但只有心脏跳动而没有呼吸时，称为假死。假死的原因主要是羔羊吸入羊水，或分娩时间较长、子宫缺氧等。假死羔羊的处理方法有两种：一种是提起羔羊两后肢，使羔羊悬腔并拍击其背、胸部；另一种是让羔羊平卧，用两手有节律地推压胸部两则，短时假死的羔羊，经过处理后，一般能复苏。

二、加强母羊的发情控制

（一）诱导发情技术

诱导发情即人工引起发情。指在母羊乏情期内，借助外源激素引起正常发情并进行配种，缩短母羊的繁殖周期，变季节性发情配种为全年配种，实行密集产羔，达到1年2产或2年3产，提高母羊的繁殖力。

促性腺激素可以在母羊乏情期内引起发情排卵。如连续12～16天给母羊注射孕酮，每次10～12毫克，随后1～2天内一次注射孕马血清促性腺激素（PMSG）750～1000国际单位，即可引起发情排卵。给母羊注射雌激素，亦可在乏情期内引起发情，但不排卵，与此相反施用孕马血清促性腺激素和绒毛膜促性腺激素（HCG）能引起排卵，但不一定有发情症状。为了使母羊既有发情表现，又发生排卵，必须每隔16～17天重复注射促性腺激素，或结合使用孕激素，这样能形成正常的发情周期。此外，使用氯地酚（每只10～15毫克）亦具有促进母羊发情排卵的效果。

（二）同期发情技术

同期发情就是利用激素或药物处理母羊，使许多母羊在预定时期集中发情，便于组织配种。同期发情配种时间集中，节省劳力、物力，有利羊群抓膘，扩大优秀种羊利用率，使羔羊年龄整齐，便于管理及断奶育肥。具体方法如下。

1. 阴道海绵法

将浸有孕激素的海绵塞入子宫颈外口处，14～16天后取出，当天注射孕马血清400～750单位，2～3天后即开始发情，发情当天和次日各输精1次。常用孕激素的种类及剂量为：孕酮150～300毫克，甲孕酮50～70毫克，甲地孕酮80～150毫克，18-甲基炔诺酮30～40毫克，氟孕酮20～40毫克。

2. 口服法

每天将一定数量（为阴道海绵法的1/10～1/5）的孕激素均匀地拌在饲料中，连续12～14天，最后1次口服的当天，肌内注射孕马血清促性腺激素400～750国际单位。

3. 注入法

将前列腺素F2α或其类似物，在发情结束数日后向子宫内灌注或肌内注射，能在2～3天内引起母羊发情。

（三）超数排卵

在母羊发情周期的适宜时间，注射促性腺激素，使卵巢比一般情况下有较多的卵泡发育并排卵，这种方法即为超数排卵。它主要用于单胎的绵山羊。经过超数排卵处理，一次可排出数个甚至数十个卵子，使母羊的繁殖率大大提高。超数排卵处理有两种情况，一种是为提高产仔数。处理后经配种，使母羊正常妊娠。一般要求产双胎或三胎。另一种情况是结合胚胎移植时进行。要求排卵数10～20个为宜。

超数排卵具体处理：在成年母羊预定发情到来前 4 天，即发情周期的第 12 天或第 13 天，肌内或皮下注射孕马血清促性腺激素 750 ～ 1000 国际单位，出现发情后或配种当日肌内或静脉注射绒毛膜促性腺激素 500 ～ 700 国际单位，即可达到超数排卵的目的。

（四）受精卵移植技术

受精卵移植简称卵移，是从一只母羊的输卵管或子宫内取出早期胚胎移植到另一母羊的相应部位，即"借腹怀胎"。胚胎移植结合超数排卵，使优秀种羊的遗传品质能由更多的个体保存下来。这项技术主要用于纯种繁育。

三、注重羊的选种、选配和杂交利用

母羊的产羔数受遗传的影响，因此，选用繁殖力高的公、母羊进行繁殖，可显著地提高羊群的产羔率。种公羊应从多产母羊的后代中选育，并且要求其体质健壮，雄性特征明显，精液品质良好。对母羊应特别注意从多胎母羊的后代中选择，并要求兼顾母羊的泌乳、哺乳性能。苏联夺罗曼诺言夫羊进行多胎选种试验，用出生时单羔的母羊留种其平均产羔率为 217%，双羔的母羊为 236%，三羔的母羊为 263%，四羔的母羊为 301%。说明通过选种选配可大大提高羊群的繁殖力。

（一）选种

选种，就是选择，把那些符合育种要求的个体，按不同的标准从羊群中挑选出来，组成新的群体再繁殖下一代，或者从别的羊群中选择那些符合要求的个体选入到现有的繁殖群体中再繁殖下一代的过程。

选种的目的是经过多世代选择提高羊群的整体生产水平或把羊群育成一个新的类群或品种（品系）。绵羊、山羊的选种主要是对公羊，选择的主要性能多为有重要经济价值的数量性状和质量性状，如细毛羊的体重、剪毛量、毛品质、毛长度；绒山羊的产绒量、绒纤维长度、细度及绒的颜色等；肉羊的体重、产肉量、屠宰率、胴体重、生长速度和繁殖率等。

1. 选种的根据

选种主要根据体型外貌、生产性能、后裔、血统4个方面，在对羊只进行个体鉴定的基础上进行。

（1）体型外貌　体型外貌在纯种繁育中非常重要，凡是不符合本品种特征的羊均不能作为选种的对象。另外体型与生产性能方面有直接的关系，也不能忽视。如果忽视体型，生产性能全靠实际的生产性能测定来完成，就需要时间，造成浪费。比如产肉性能、繁殖性能的某些方面，可以通过体型选择来解决。

（2）生产性能　生产性能指体重、屠宰率、繁殖力、泌乳力、早熟性、产毛量、羔裘皮的品质等方面。羊的生产性能，可以通过遗传传给后代，因此选择生产性能好的种羊是选育的关键环节。但在各个方面都优于其他品种是不可能的，应突出主要优点。

（3）后裔　种羊本身是不是具备了优良性能是选种的前提条件，但这仅仅是一个方面，更重要的是它的优良性能是不是传给了后代。如果优良性能不能传给后代的种羊，不能继续作为种用。同时在选种过程中，要不断地选留那些性能好的后代作为后备种羊。

（4）血统　血统即系谱，是选择种羊的重要依据，它不仅提供了种羊亲代的有关生产性能的资料，而且记载着羊只的血统来源，对正确地选择种羊很有帮助。

2. 选种的方法

（1）鉴定　选种要在对羊只进行鉴定的基础上进行。羊的鉴定有个体鉴定和等级鉴定两种，鉴定时都按鉴定的项目和等级标准准确地评定等级。个体鉴定要有按项目进行的逐项记载，等级鉴定则不做具体的个体记录，只写等级编号。进行个体鉴定的羊包括特级公羊、一级公羊和其他各级种用公羊，准备出售的成年公羊和公羔，特级母羊和指定作后裔测验的母羊及其羔羊。除进行个体鉴定的以外都作等级鉴定。等级标准可根据育种目标的要求制定。羊的鉴定一般在体型外貌、生产性能达到充分表现，且有可能作出正确判断的时候进行。公羊一般在成年后母羊第一次产羔后对生产性能予以测定。为了培育优良羔羊，对初生、断奶、6月龄、周岁的时候都要进行鉴定，裘皮型的羔羊，在羔皮和裘皮品质最好时进行鉴定。后代的品质也要进行鉴定，主要通过各项生产性能测定来进行。对后代品质的鉴定，是选种的重要依据。凡是不符合要求的及时淘汰，合于标准的作为种用。除了个体鉴定和后裔测验之外，对种羊和后裔的适应性、抗病力等方面也要进行考察。

（2）审查血统　通过审查血统，可以得出选择的种羊与祖先的血缘关系方面的结论。血统审查要求有详细记载，凡是自繁的种羊应做详细的记载。购买种羊时要向出售单位和个人索取卡片资料，在缺少记载的情况下，只能根据羊的个体鉴定作为选种的依据，无法进行血统的审查。

（3）选留后备种羊　为了选种工作顺利进行，选留好后备种羊是非常必要的。后备种羊的选留要从以下几个方面进行。一是选窝（看祖先），从优良的公母羊交配后代中，全窝都发育良好的羔羊中选择。母羊需要第二胎以上的经产多羔羊。二是选个体，要在初生重和生长各阶段增重快、体质好、发情早的羔羊中选。三是选后代，要看种羊所产后代的生产性能，看母代的优良性能是不是传给了后代，凡是没有这方面的遗传特性，不能选留。后备母羊的数量，一般要达到需要数的 3～5 倍；后备公羊的数也要多于需要数，以防在育种过程中有不合格的羊不能种用而数量不足。

（二）选配

　　所谓选配，就是在选种的基础上，根据母羊的特点，为其选择恰当的公羊与之配种，以期获得理想的后代。因此，选配是选种工作的继续，在规模化的绵羊、山羊育种工作中，选种和选配是 2 个相互联系、不可分割的重要环节，是改良和提高羊群品质最基础的方法。

选配的作用在于巩固选种效果。通过正确的选配，使亲代的固有优良性状稳定地传给下一代；把分散在双亲个体上的不同优良性状结合起来传给下一代；把细微的不甚明显的优良性状累积起来传给下一代；对不良性状、缺陷性状给予削弱或淘汰。

1. 选配的原则

（1）公羊优于母羊 为母羊选配公羊时，公羊在综合品质和等级方面必须优于母羊。

（2）以公羊优点补母羊缺点 为具有某些方面缺点和不足的母羊选配公羊时，必须选择在这方面有突出优点的公羊与之配种，决不可用具有相同缺点的公羊与之配种。

（3）不宜滥用 采用亲缘选配时应当特别谨慎，合理利用，切忌滥用；过幼、过老的公、母羊不配；级进杂交时，高代杂种母羊不能和低代杂种公羊交配。

（4）及时总结选配效果 如果效果良好，可按原方案再次进行选配。否则，应修正原选配方案，另换公羊进行选配。

2. 选配的类型

选配可分为表型选配和亲缘选配两种类型。表型选配是以与配公、母羊个体本身的表型特征作为选配的依据，亲缘选配则是根据双方的血缘关系进行选配。这两类选配都可以分为同质选配和异质选配，其中亲缘选配的同质选配和异质选配即指近交和远交。表型选配即品质选配。

（1）同质选配 是指具有同样优良性状和特点的公、母羊之间的交配，以便使相同特点能够在后代身上得以巩固和继续提高。通常特级羊和一级羊属于品种理想型羊只，它们之间的交配即具有同质选配的性质；或者羊群中出现优秀公羊时，为使其优良品质和突出特点能够在后代中得以保存和发展，可选用同群中具有同样品质和优点的母羊与之交配，这也属于同质选配。例如，体大毛长的母羊选用体大毛长的公羊相配，以便使后代在体格大和羊毛长度上得到继承和发展。这就是"以优配优"的选配原则。

（2）异质选配　是指选择主要性状不同的公、母羊进行交配，目的在于使公、母羊所具备的不同的优良性状在后代身上得以结合，创造一个新的类型；或者是用公羊的优点纠正或克服与配母羊的缺点或不足。用特级、一级公羊配二级以下母羊即具有异质选配的性质。例如，选择体大、毛长、毛密的特级、一级公羊与体小、毛短、毛密的二级母羊相配，使其后代体格增大，羊毛增长，同时羊毛密度得到巩固提高。又如，用生长发育快、肉用体型好、产肉性能高的肉用型品种公羊，与对当地适应性强、体格小、肉用性能差的蒙古土种母羊相配，其后代在体格大小、生长发育速度和肉用性能方面都显著超过母本。在异质选配中，必须使母羊最重要的有益品质借助于公羊的优势得以补充和强化，使其缺陷和不足得以纠正和克服。这就是"公优于母"的选配原则。

（三）繁育方式

1. 纯种繁育

（1）品系繁育　品系是品种内具有共同特点，彼此有亲缘关系的个体所组成的遗传性能稳定的群体。品系繁育就是根据一定的育种制度，充分利用卓越种公羊以及优秀的后代，建立优质高产和遗传稳定的畜群的一种方法。

① 建立基础群　建立基础群，一是按血缘关系组群，二是按性状组群。按血缘组群，先将羊群进行系谱分析，查清公羊后裔特点，选留优秀公羊后裔建立基础群，但其后裔中不具备该品系特点的不应留在基础群。这种组群方法在遗传力低时采用。按性状分群，是根据性状表现来建立基础群。这种方法不管血缘而按

个体表现组群。按性状组群在羊群的遗传力高时采用。

②建立品系 基础群建立之后，一般把基础群封闭起来，只在基础群内选择公、母羊进行繁殖，逐代把不合格的个体淘汰，每代都按品系特点进行选择。最优秀的公羊尽量扩大利用率，质量较差的不配或少配。亲缘交配在品系形成中是不可缺少的，一般只作几代近交，以后转而采用远交，直到特点突出和遗传性能稳定后纯种品系已经育成。

（2）血液更新 血液更新是指把具有一致遗传性能和生产性能，但来源不相接近的同品系的种羊，引入另外一个羊群。由于公、母羊属于同一品系，仍是纯正种繁殖。血液更新在下列情况下进行：一是在一个羊群中或羊场中，由于羊的数量较少而存在近交产生不良后果时；二是新引进的品种改变环境后，生产性能降低时；三是羊群质量达到一定水平，生产性能及适应性等方面呈现停滞状态时。血液更新中，被引入的种羊要在体质、生产性能、适应性等方面没有缺点。

2. 杂交利用

羊品种的杂交利用有两条途径，一是杂交培育新品种；二是进行经济杂交，发展商品羊生产。

（1）育成杂交 育成杂交指不同品种间个体相互进行杂交，以大幅度地改进生产性能，或纠正当地品种在某一方面的缺点，到一定程度时，都会导致新品种的产生，因此叫作育成杂交。如以提高生产性能为目的的杂交，一般采用级进杂交的方式，即用引进的国外纯种肉用公羊与当地的母羊进行杂交，淘汰杂种公羊，选留优良杂种母羊，并继续与国外纯种肉用公羊交配，依照此法连续几个世代地杂交下去，杂种后代的生产性能将趋于父本品种，故称级进杂交。如果地方品种能基本满足生产需要，无须改变生产方向和生产特点，但要纠正某个缺点时，一般采用导入杂交方式，即引进少量的外来血液，与当地品种进行一个世代的杂交，在杂交后代中选择合乎标准的公、母羊留种，这些种羊再与当地品种的公、母羊进行回交，从中培育优秀的种公羊，推广使用。

育成杂交在肉羊新品种培育方面发挥了巨大作用。英国萨福克、陶塞特、罗姆尼、科布雷德，德国的肉用美利奴，法国的夏洛来，美国的波利帕，荷兰的特克塞尔等几十个肉羊新品种，都是通过品种间的杂交而育成的。

杂交培育新品种的过程可分为三个阶段。

① 杂交改良阶段　这一阶段的主要任务是培育新品种，选择参与育种的品种和个体，较大规模地开展杂交，以取得大量的优良杂种个体。在培育新品种的杂交阶段，选择较好的基础母羊，能加快杂交进程。

级进杂交（图1-1）一般要进行3～4个世代的杂交；导入杂交（图1-2）一般要经过1～2个世代的杂交，然后与本地品种回交；还有一些品种是通过两个以上的品种的复杂杂交选育而成的。

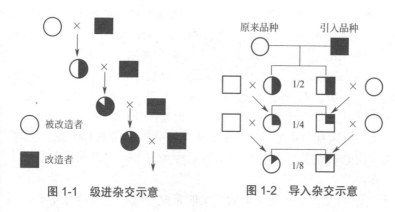

图 1-1　级进杂交示意　　　　　图 1-2　导入杂交示意

② 横交固定阶段　具有一定数量的符合育种目标的杂种后代，就可以在这些杂种后代中进行横交固定。这一阶段的主要任务是选择理想型杂种公、母羊互交，即通过杂种羊自群繁育，固定杂种羊的理想特性。此阶段的关键在于发现和培育优秀的杂种公羊，

往往个别杰出的公羊在品种形成过程中起着十分重要的作用。横交初期，后代性状分离比较大，需严格选择。凡不符合育种要求的个体，均应归到杂交改良群里继续用纯种公羊配种。在横交固定阶段，为了尽快固定杂交优势，可以采用一定程度的亲缘选配或同质选配。横交固定时间的长短，应根据育种方向、横交后代的数量和质量而定。

③ 发展提高阶段　它是品种形成和继续提高阶段。这一阶段的主要任务是，建立品种整体结构，增加数量，提高绵羊品质和扩大品种分布区。杂种羊经横交固定阶段后，遗传性已较稳定，并已形成独特的品种类型。此阶段可根据具体情况组织品系繁育，以丰富品种结构，并通过品系间杂交和不断组建新品系来提高品种的整体水平。

（2）经济杂交　经济杂交是为了利用各品种之间的杂种优势，提高羊的生产水平和适应性。不同品种的公、母羊杂交，利用本地品种耐粗饲、适应性强和外来羊品种生长发育快、肉品质好的特点，使杂种一代具有生活力强、生长发育快、饲料利用率高、产品规格整齐划一等多方面的优点，在商品肉羊的生产中已被普遍采用。杂交方式有二元杂交、三元杂交和回交。

① 二元杂交　两个品种之间进行杂交，产生的杂种后代全部用于商品生产的杂交方式。这种杂交方式简单易行，适合于技术水平落后、羊群饲养管理粗放的广大地区使用，其杂种的每一个位点的基因都分别来自于父本和母本，杂种后代中100%的个体都会表现杂种优势。一般是以当地品种为母本，引进的肉羊品种为父本。

② 回交　二元杂交的后代又叫杂交一代，代表符号是F_1。回交就是用P_1母羊与原来任何一个亲本的公羊交配，也可以用公羊与亲本母羊交配。为了利用母羊繁殖力的杂种优势，实际生产中常用纯种公羊与杂种母羊交配，但回交后代中只有50%的个体获得杂种优势。在生产实践中，有人试图采用杂交公羊与本地品种母羊回交的方式，这种交配方式一般是不允许的，即杂种后代不

能滥用，否则可能造成品种退化。

③ 三元杂交　两个品种杂交产生的杂种母羊与第三个品种的公羊交配，所生后代为三元杂种。其优点是后代具有三个原种的互补性，使羊的性能更好，商品性更完善。人们常把三元杂交最后使用的父本品种叫作终端品种。

四、加强羊的个体鉴定

种羊的选择除了依靠生产性能的表现外，个体鉴定也是重要的依据。基础母羊一般每年进行一次鉴定，种公羊一般在 1.5 ～ 2 岁进行一次。鉴定种羊包括年龄鉴定和体型外貌鉴定。

（一）年龄鉴定

年龄鉴定是其他鉴定的基础。肉羊不同年龄生产性能、体型体态、鉴定标准都有所不同。现在比较可靠的年龄鉴定法仍然是牙齿鉴定。牙齿的生长发育、形状、脱换、磨损、松动有一定的规律。因此，人们可以利用这些规律，比较准确地进行年龄鉴定。

成年羊共有 32 枚牙齿，上颌有 12 枚，每边各 6 枚，上颌无门齿；下颌有 20 枚牙齿，其中 12 枚是臼齿，每边 6 枚，8 枚是门齿，也叫切齿。利用牙齿鉴定年龄主要是根据下颌门齿的发生、更换、磨损、脱落情况来判断。羔羊一出生就长有 6 枚乳齿；约在 1 月龄，8 枚乳齿长齐；1.5 岁左右，乳齿齿冠有一定程度的磨损，钳齿脱落，随之在原脱落部位长出第一对永久齿；2 岁时中间齿更换，长出第二对永久齿；约在 3 岁时，第四对乳齿更换为永久齿；4 岁时，8 枚门齿的咀嚼面磨得较为平直，俗称齐口；5 岁时，可以见到个别牙齿有明显的齿星，说明齿冠部已基本磨完，暴露了齿髓；6 岁时已磨到齿颈部，门齿间出现了明显的缝隙；7 岁时缝隙更大，出现露孔现象。为了便于记忆，总结出顺口溜：一岁半，中齿换；到两岁，换两对；两岁半，三对全；满三岁，牙换齐；四磨平；五齿星；六现缝；七露孔；八松动；九掉牙；十磨尽。

（二）体型外貌鉴定

体型外貌鉴定的目的是确定种羊的品种特征、种用价值和生产力水平。

1. 外貌评分

种羊的外貌评定通过对各部位打分，求出总评分。如肉羊的外貌评分，将肉羊外貌分成四大部分，公羊分为整体结构、育肥状态、体躯和四肢，各部位的给分标准分别为25分、25分、30分和20分；母羊分为整体结构、体躯、母性特征和四肢，各部位的给分标准分别为25分、25分、30分和20分，合计100分。具体评分标准见表1-2。

表1-2　肉用种羊外貌评分标准

项目	满分标准	给分	
		公	母
整体结构	整体结构匀称，外形浑圆，侧视呈长方形，后视呈圆桶形，体躯宽深，胸围大，腹围适中，背腰平直，后躯宽广丰满，头小而短，四肢相对较矮	25	25
育肥状态	体型呈圆桶状，无明显的棱角，颈、肩、背、尻部肌肉丰满，肥度指数在150～200之间	25	0
体躯	前躯：头小颈短，肩部宽平，胸宽深；中躯：背腰平直，宽阔，肋骨开张不外露，腹部下凹，腹围大小适中，不下垂，呈圆桶状；后躯：荐部平宽，腰角不外突，尻长且平宽，后膝突出，胫部肌肉丰满，腿臀围大	30	25
母性特征	头颈清秀，眼大鼻直，肋骨开张，后躯较前躯发达，中躯较长，乳房发育良好	0	30
四肢	健壮结实，肢势良好，肢蹄质地坚实	20	20
总计		100	100

2. 体型评定

体型评定往往要通过体尺测定，并计算体尺指数加以评定。测量部位有体高（指肩部最高点到地面的距离）、体长（指取两耳连线的中点到尾根的水平距离）、胸围（指肩胛骨后缘经胸一周的周经）、管围（指取管部最细处的周经，在管部的上 1/3 处）和腿臀围（由左侧后膝前缘突起，绕经两股后面，至右侧后膝前缘突起的水平半周）。为了衡量肉羊的体态结构、比较各部位的相对发育程度和评价产肉性能，一般要计算体尺指数。

$$体长指数＝体长／体高$$
$$体躯指数＝胸围／体长$$
$$胸围指数＝胸围／体高$$
$$管围指数＝管围／体高$$
$$产肉指数＝腿臀围／体高$$
$$肥度指数＝体重／体高$$

（三）体况鉴定

　　繁殖母羊的体况鉴定是选择种羊的重要方面，因为体况直接影响到种羊的生产性能。体况鉴定可以分为 4 分制，详细评定标准见表 1-3。

表 1-3　繁殖母羊体况评定标准

项目	1 分（过瘦）	2 分（瘦）	3 分（适中）	4 分（肥）
脊突	明显突出，呈尖峰状	突起分明，每个脊椎区分明显	突起不明显，呈圆形峰状	呈圆形，双脊背
尻部	狭窄，凹陷，骨骼外露	棱角分明，肉很少	稍圆，棱角不分明	丰满
尾部	瘦小，呈楔形	较小，不圆满	圆形，大小适中	大而丰满

五、培育高质量的育成羊

　　育成羊是指羔羊从断奶后到第一次配种的公、母羊，多在 3～18 月龄，其特点是生长发育较快，营养物质需要量大。如果此期营养不良，就会显著地影响到生长发育，从而形成个头小、体重轻、四肢高、胸窄、躯干浅的体型。同时还会使体型变弱、被毛稀疏且品质不良、性成熟和体成熟推迟、不能按时配种，而且会影响一生的生产性能，甚至失去种用价值。可以说育成羊是羊群的未来，其培育质量如何是羊群面貌能否尽快转变的关键。

（一）育成羊的生长发育特点

1. 生长发育速度快

育成羊全身各系统均处于旺盛生长发育阶段，与骨骼生长发育关系密切的部位仍然继续增长，如体高、体长、胸宽、胸深增长迅速，头、腿、骨骼、肌肉发育也很快，体型发生明显的变化。

2. 瘤胃的发育更为迅速

6月龄的育成羊，瘤胃容积增大，占胃总容积的75％以上，接近成年羊的容积比。

3. 生殖器官的变化

一般育成母羊6月龄以后即可表现正常的发情，卵巢上出现成熟卵泡，达到性成熟。育成公羊具有产生正常精子的能力。育成羊8月龄左右接近体成熟，可以配种。育成羊开始配种的体重应达到成年羊体重的65％～70％。

（二）育成羊的饲养

1. 适当的精料水平

育成羊阶段仍需注意精料量，有优良豆科干草时，日粮中精料的粗蛋白质含量提高到15％或16％，混合精料中的能量水平应占总日粮能量的70％左右。混合精料日喂量以0.4千克为好，同时还要注意矿物质如钙、磷和食盐的补给。育成公羊生长发育比育成母羊快，所以精料需要量多于育成母羊。舍饲育成羊的参考饲料配方见表1-4。

表 1-4　舍饲育成羊的参考饲料配方

类型	精料配方及营养成分	饲喂量和方法
育成前期（4～8月龄）	玉米68%，花生饼12%，豆饼7%，麦麸10%，磷酸氢钙1%，添加剂1%，食盐1%	饲喂精料0.4千克，苜蓿0.6千克，玉米秸秆0.2千克
	玉米50%，花生饼20%，豆饼15%，麦麸12%，石粉1%，添加剂1%，食盐1%	精料0.4千克，青贮料1.5千克，干草或稻草0.2千克
育成后期（8～18月龄）	玉米45%，花生饼25%，葵花籽饼13%，麦麸14%，磷酸氢钙1%，添加剂1%，食盐1%	精料0.5千克，青贮料3千克，干草或稻草0.6千克
	玉米80%，花生饼8%，麦麸10%，添加剂1%，食盐1%	精料0.4千克，苜蓿0.5千克，玉米秸秆1千克
前期20天	玉米46%，麸皮20%，棉粕或菜粕30%，石粉1%，磷酸氢钙1%，食盐1%，预混料1%	蛋白质18.5%，羊消化能12.78兆焦/千克
中期20天	玉米55%，麸皮16%，棉粕或菜粕25%，石粉1%，磷酸氢钙1%，食盐1%，预混料1%	蛋白质16.8%，羊消化能13.00兆焦/千克
后期20天	玉米66%，麸皮10%，棉粕或菜粕20%，石粉1%，磷酸氢钙1%，食盐1%，预混料1%	蛋白质15%，羊消化能13.20兆焦/千克

2. 合理的饲喂方法与饲养方式

饲料类型对育成羊的体型和生长发育影响很大，优良的干草、充足的运动是培育育成羊的关键。给育成羊饲喂大量优质的干草，不仅有利于消化器官的充分发育，而且可使育成羊体格高大，乳房发育明显，产奶多。充足的阳光照射和得到充分的运动可使其体壮胸宽，心肺发达，食欲旺盛。

（三）育成羊的管理

1. 合理分群

断乳以后，羔羊按性别、大小、强弱分群，加强补饲，按饲养标准采取不同的饲养方案，按月抽测体重，根据增重情况调整饲养方案。羔羊在断奶组群放牧后，仍需继续补喂精料，补饲量要根据牧草情况决定。

2. 选种

选择合适的育成羊留作种用是羊群质量提高的基础和重要手段，生产中经常在育成期对羊只进行挑选，把品种特性优良的、高产的、种用价值高的公羊和母羊选出来留作繁殖用，不符合要求的或使用不完的公羊则转为商品生产使用。生产中常用的选种方法是根据羊本身的体型外貌、生产成绩进行选择，辅以系谱审查和后代测定。在实际运用中，各种选种方法各有优缺点，结合使用可以使选种更加真实有效。

（1）个体选择　此法是按照个体所表现出来的性能选种，如产羔数多的、体重大的、能四季发情的、容易配种和产羔的羊只，可以选作种羊。

（2）系谱选择　此法是依据个体的父母、祖父母的成绩来选种。它是早期选种时常采用的方法。

（3）同胞测定　此法包括全同胞测定和半同胞测定，主要用于如下情况：一种是某羊上一胎的同胞或半同胞表现好时；另一种是某些性状如产肉性能等无法直接测量时。

（4）后裔测定　此法按照其后代的成绩来选种，这是目前最准确的选种方法，但其缺点是时间太长，因为只有其后代表现出成绩时（如体重和产羔数等）才能使用。

3. 适时配种

一般育成母羊在满 8 ~ 10 月龄，体重达到 40 千克或达到成年体重的 65% 以上时配种。育成母羊的发情不如成年母羊明显和规律，因此要加强发情鉴定，以免漏配。育成公羊须在 12 月龄以后，体重达 60 千克以上时再参加配种。

六、加强种羊的饲养管理

（一）种公羊的饲养管理

种公羊数量少，种用价值高，俗话说："公羊好，好一坡，母羊好，好一窝"。对种公羊必须精心饲养管理，要求常年保持中上等膘情，健壮的体质、充沛的精力、旺盛的精液品质，可保证和提高种羊的利用率。

1. 种公羊的营养特点

种公羊的营养应维持在较高的水平，以使其常年精力充沛，维持中等以上的膘情。配种季节前后，应加强种公羊的营养，保持上等体况，使其性欲旺盛，配种能力强，精液品质好，充分发挥作用。种公羊精液中含高质量的蛋白质，绝大部分必须直接来自于饲料，因此种公羊日粮中应有足量的优质蛋白质。另外，还要注意脂肪、维生素 A、维生素 E 及钙、磷等矿物质的补充，因为它们与精子活力和精液品质有关。秋冬季节种公羊性欲比较旺盛，精液品质好；春夏季节种公羊性欲减弱，食欲逐渐增强，这个阶段应有意识地加强种公羊的饲养，使其体况恢复，精力充沛。8 月下旬日照变短，种公羊性欲旺盛，若营养不良，则很难完成秋季配种任务。配种期种公羊性欲强烈，食欲下降，很难补充身体消耗，只有尽早加强饲养，才能保证配种季节种公羊的性欲旺盛，精液品质好，圆满地完成配种任务。

要求喂给种公羊的草料营养价值高、品质好、容易消化、适口性好。种公羊的草料应因地制宜、就地取材、力求多样化。

2. 种公羊的饲养

（1）非配种期的饲养　种公羊非配种期的饲养以恢复和保持其良好的种用体况为目的。配种结束后，种公羊的体况都有不同程度的下降。为使种公羊体况很快恢复，在配种刚结束的 1 ～ 2

个月，种公羊的日粮应与配种期基本一致，但对日粮的组成可作适当调整，加大优质青干草或青绿多汁饲料的比例，并根据体况的恢复情况，逐渐转为饲喂非配种期的日粮。在我国，绵、山羊品种的繁殖季节大多集中在9～12月份（秋季），非配种期较长。在冬季，种公羊的饲养保持较高的营养水平，既有利于其体况恢复，又能保证其安全越冬度春。要做到精粗料合理搭配，补喂适量青绿多汁饲料（或青贮料）。在精料中应补充一定的矿物质微量元素，混合精料的用量不低于0.5千克，优质干草2～3千克，种公羊在春、夏季有条件的地区应以放牧为主，每天补喂少量的混合精料和干草。

（2）配种期的饲养 种公羊在配种期内要消耗大量的养分和体力，因配种任务或采精次数不同，不同种公羊个体对营养的需要量相差很大。一般对于体重80～90千克的种公羊每天饲料定额如下：混合精料1.2～1.4千克，苜蓿干草或野干草2千克，胡萝卜0.5～1.5千克，食盐15～20克，骨粉5～10克，鱼粉或血粉5克。每天分2～3次给草料，饮水3～4次。每天放牧或运动约6小时。对于配种任务繁重的优秀种公羊，每天应补饲1.5～2.0千克混合精料，并在日粮中增加部分动物性蛋白质饲料（如蚕蛹粉、鱼粉、血粉、肉骨粉、鸡蛋等），以保持其良好的精液品质。配种期种公羊的饲养管理要做到认真、细致，要经常观察羊的采食、饮水、运动及粪、尿排泄等情况。

在配种前1.5～2个月，逐渐调整种公羊的日粮，增加混合精料的比例，同时进行采精训练和精液品质检查。开始时每周采精检查1次，以后增至每周2次，并根据种公羊的体况和精液品质来调节日粮或增加运动。对精液稀薄的种公羊，应增加日粮中蛋白质饲料的比例；当精子活力差时，应加强种公羊的放牧和运动。采精次数要根据种公羊的年龄、体况和种用价值来确定。

在我国农区的大部分地区，羊的繁殖季节有的可表现为春、秋两季，有的可全年发情配种。因此，对种公羊全年均衡饲养较为重要。除搞好放牧、运动外，每天应补饲0.5～1.0千克混合精料和一定的优质干草。对舍饲饲养的公羊每天应喂给混合精料 1.2～1.5 千克、青干草 2 千克左右，并注意矿物质和维生素的补充。

3. 种公羊的管理

在管理上，种公羊要与母羊分群饲养，以避免系谱不清、乱交滥配、近亲繁殖等现象的发生，使种公羊保持良好的体质、旺盛的性欲以及正常的采精配种能力。如长期拴系或配种季节长期不配种，会出现自淫、性情暴躁、顶人等恶癖，管理时应予以预防。

种公羊每天要保证充足的运动量，常年放牧条件下，应选择优良的天然牧场或人工草场放牧种公羊；舍饲羊场，在提供优质全价日粮的基础上，每天安排 4～6 小时放牧运动，每天游走不少于 2 千米或运动 6 小时，并注意供给充足饮水。此外，种公羊配种采精要适度，一般 1 只公羊即可承担 30～50 只母羊的配种任务。种公羊配种前 1～1.5 个月开始采精，同时检查精液品质。开始一周采精 1 次，以后增加到一周 2 次，到配种时每天可采 1～2 次，不要连续采精。对 1.5 岁的种公羊，一天内采精不宜超过 1～2 次，2.5 岁种公羊每天可采精 3～4 次。采精次数多的，其间要有休息，公羊在采精前不宜吃得过饱。

（二）种母羊的饲养管理

1. 种母羊的营养特点

根据生理状态，母羊一般处于空怀期、妊娠期或泌乳期。空怀期母羊所需的营养最少，不增重，只需要维持营养。妊娠期的前 3 个月胎儿的生长发育较慢，需要的营养物质稍多于空怀期。妊娠期的后 2 个月，由于身体内分泌机能发生变化，胎儿的生长发育加快，羔羊初生重的 80%～90% 都是在母羊妊娠后期增加的，因此营养需要也随之增加。泌乳期要为羔羊提供乳汁，以满足哺乳期羔羊生长发育的营养需要，应在维持营养需要的基础上根据产奶量高低和产羔数多少给母羊增加一定量的营养物质，以保证羔羊正常的生长发育。

2. 种羊的年龄结构

母羊的产羔数因年龄不同而有差异，一般繁殖年限可利用到8～9岁，但繁殖力最好的年龄是3～6岁；7～8岁逐渐衰退，10～15岁丧失繁殖力，所以母山羊一般不超过7～8岁。羊群整体结构比则以可繁母羊占47%、后备母羊及当年出生羊占50%、种公羊占3%为好。另外，每年除调换一次种公羊以防止近亲繁殖外，还要加强老羊、病羊、弱羊和常年不孕羊的淘汰工作，以保证适龄羊占羊群总数的70%以上，这样才能稳产、高产。

3. 种母羊不同阶段的饲养管理

种母羊是羊群发展的基础，母羊数量多，个体差异大，为保证母羊正常发情、受胎，实现母羊多胎、多产，羔羊全活、全壮，不仅要根据母羊群体营养状况合理调整日粮，而且要对少数体况较差的母羊单独组群饲养。对妊娠母羊和带仔母羊，要着重搞好妊娠后期和哺乳前期的饲养和管理。舍饲母羊饲粮中饲草和精料比以7∶3为宜，以防止过肥。体况好的母羊，在空怀期，只给一般质量的青干草保持体况，钙的摄食量应适当限制，不宜喂给钙含量过高的饲料，以免诱发产褥热。如以青贮玉米作为基础日粮，则每天应喂给60千克体重的母羊3～4千克青贮玉米，过多会造成母羊过肥。妊娠前期可在空怀期的基础上增加少量的精料，每只每天的精料喂量约为0.4千克；妊娠后期至泌乳期每只每天的精料喂量约为0.6千克，精料中的蛋白质水平一般为15%～18%。

（1）空怀母羊 空怀期饲养的重点是，迅速恢复种母羊的体况，抓膘复壮，为下一个配种期做准备。饲养以青粗饲料为主，延长饲喂时间，每天喂3次，并适当补饲精料。空怀母羊这个时期已停止泌乳，但为了维持正常的消化、呼吸、循环以及维持体况等，必须从饲料中吸收满足最低营养需要量的营养物质。空怀母羊需要的风干饲料为体重的 2.4%～2.6%。同时，应抓紧放牧，使母羊尽快复壮，力争满膘迎接配种。为保证母羊在配种季节发情整齐、缩短配种期、增加排卵数和提高受胎率，在配种前 2～3 周，除保证青饲料的供给，适当喂盐，满足饮水外，还要对空怀母羊进行短期补饲，每只每天喂混合精料 0.2～0.4 千克，这样做有明显的催情效果。

（2）怀孕期母羊

① 怀孕前期　在怀孕期的前 3 个月内胎儿发育较慢，母羊所需养分不太多。对放牧羊群，除放牧外，视牧场情况做少量补饲。要求母羊保持良好的膘情。管理上要避免吃霜草或霉烂饲料，不使羊受惊猛跑，不饮冰茬水。

② 怀孕后期　在怀孕后期的 2 个月中，胎儿生长很快，羔羊 90% 的初生重在此期间完成生长。只有母羊的营养状况良好，才能保证胚胎充分发育，羔羊的初生重大、体格健壮，母羊乳汁多、恋羔性强，最终保证羔羊以后发育良好。如在此期间营养供应不足，就会产生一系列不良后果，仅靠放牧一般难以满足母羊的营养需要。

对怀孕后期的母羊，要根据膘情好坏、年龄大小、产期远近，对羊群作个别调整。产前 8 周精料比例提高 20%，产前 6 周精料比例提高 25%～30%；不要饲喂体积过大和含水量过高的饲料，产前 1 周要减少精料用量，避免胎儿过大引起难产。供给优质干草和精料，要注意蛋白质、钙、磷的补充。能量水平不宜过高，不要把母羊养得过肥，以免对胎儿造成不良影响。

对那些体况差的母羊，要将其安排在草好、水足，有防暑、防寒设备的地方，放牧时间尽量延长，保证每天吃草时间不少于 8 小时，以利增膘保膘，冬季饮水的温度不要过低，尽量减少热量的消耗，增强抗寒能力。对个别瘦弱的母羊，早、晚要加草添料，或者留圈饲养，使群内母羊的膘情大体趋于一致。这种母羊群的产羔管理比较容易，而且羔羊健壮、整齐。对舍饲的母羊，要备足草料，夏季羊舍应有防暑降温及通风设施，冬季羊舍应利于保暖。另外，还应有适当运动场所供母羊活动。

要注意保胎，出牧、归牧、饮水、补饲都要慢而稳，防止拥挤、滑跌，严防跳崖、跨沟，最好在较平坦的牧场上放牧，羊舍要保持温暖、干燥、通风良好。

③分娩前后　分娩前后是母羊生产的关键时期，应给予优质干草舍饲，多喂些优质、易消化的多汁饲料，保持充足饮水。产前 3～5 天，对接羔棚舍、运动场、饲草架、饲槽、分娩栏要及时修理和清扫，并进行消毒。母羊进入产房后，圈舍要保持干燥，光线充足，能挡风御寒。母羊在产后 1～7 天应加强管理，一般应舍饲或在较近的优质草场上放牧。产后 1 周内，母仔合群饲养，保证羔羊吃到充足初乳。产后母羊应注意保暖防潮，预防感冒。产后 1 小时左右应给母羊饮温水，第一次饮水不宜过多，切勿让产后母羊喝冷水。产后哺乳母羊不能和妊娠羊同群管理和放牧，否则会影响产后哺乳母羊恋羔性，不利羔羊的生长。这时应该单独组群放牧或分群舍饲，以免相互影响。

（3）泌乳母羊　产后母羊的泌乳量逐渐增加，产后 4～6 周达到高峰，14～16 周开始下降。在泌乳前期，母羊通过迅速利用体贮来维持产乳，对能量和蛋白质的需要量很高。泌乳前期是羔羊生长最快的时期，羔羊生后 2 周也是次级毛囊继续发育的重要时期，在饲养管理上要设法提高母羊产奶量。在产后 4～6 周应增加母羊的精料补饲量，多喂多汁饲料。放牧时间由短到长，距离由近到远，保持圈舍清洁、干燥。在泌乳后期的 2 个月中，母羊的泌乳能力逐渐下降。即使增加补饲量，母羊也难以达到泌乳前期的产奶量。羔羊在此时已开始采食青草和饲料，对母乳的依赖程度减小。从 3 月龄起，母乳只能满足羔羊营养需要的 5%～10%。此时，对母羊可取消补饲，转为完全放牧。在羔羊断奶的前 1 周，要减少母羊的多汁料、青贮料和精料喂量，以防发生乳腺炎。

第二招
培养健康羔羊

【核心提示】

要获得较好的繁殖性能和生产更多的产品，培育健康羔羊至关重要。培育健康羔羊不仅要加强哺乳期的饲养管理，还需要加强胚胎期饲养管理。

从初生到断奶（一般到2～4月龄断奶）的小羊称为羔羊。羔羊生长发育快、可塑性大，但羔羊体质较弱，缺乏免疫抗体，体温调节机能差，易发病，因此，合理地对羔羊进行科学饲养管理，既可促使羔羊发挥其遗传性能，又能加强羔羊对外界条件的同化和适应能力，有利于个体发育，提高生产力和羔羊成活率。长期生产实践中，人们总结出"一专"到底（固定专人管理羔羊），保证"四足"（奶、草、水、料充足），做到"两早"（早补料、早运动），加强"三关"（哺乳期、离乳期及第一个越冬期）的行之有效的饲养管理措施。

一、羔羊胚胎期的管理

羔羊的饲养管理从妊娠后期母羊的饲养管理开始。母羊妊娠后期为2个月，胎儿的增重明显加快，90％的出生重在此期间完成。只有母羊的营养状况良好，才能保证胚胎充分发育，羔羊的初生重大、体格健壮，母羊乳汁多、恋羔性强，最终保证羔羊以后发育良好。对怀孕的母羊，要根据膘情好坏、年龄大小、产期远近，对羊群作个别调整。母羊日粮在普通日粮的基础上能量饲料比例提高20％～30％，蛋白质饲料比例提高40％～60％，钙磷比例增加1～2倍。

产前8周精料比例提高20％，产前6周精料比例提高25％～30％；妊娠后期，不要饲喂体积过大和含水量过高的饲料，产前1周要减少精料用量，避免胎儿过大引起难产。对那些体况差的母羊，要将其安排在草好、水足，有防暑、防寒设备的地方，放牧时间尽量延长，保证每天吃草时间不少于8小时，以利增膘保膘，冬季饮水的温度不要过低，尽量减少热量的消耗，增强抗寒能力。对个别瘦弱的母羊，早、晚要加草添料，或者留圈饲养，使群内母羊的膘情大体趋于一致。这种母羊群的产羔管理比较容易，而且羔羊健壮、整齐。对舍饲的母羊，要备足草料，夏季羊舍应有防暑降温及通风设施，冬季羊舍应利于保暖。另外，还应有适当运动场所供母羊及羔羊活动。产后哺乳母羊不能和妊娠羊同群管理和放牧运动，否则会影响产后哺乳母羊恋羔性，不利羔羊的生长。这时应该单独组群放牧或分群舍饲，以免相互影响。

二、羔羊的饲养

（一）尽早吃好、吃饱初乳

母羊产后3～5天分泌的乳，奶质黏稠，营养丰富，称为初乳。初乳容易被羔羊消化吸收，是任何食物或人工乳都不能代替的食料。初乳含镁盐较多，镁离子有轻泻作用，能促进胎粪排出，防止便秘；初乳含较多的抗体、溶菌酶，还含有一种叫 K 抗原凝集素的物质，几乎能抵抗各品系大肠杆菌的侵袭。初生羔羊在出生后 30 分钟以前应该保证吃到初乳，吃不到自己母亲初乳的羔羊，最好能吃上其他母羊的初乳，否则较难成活。初生羔羊，健壮者能自己吸吮乳，用不着人工辅助；弱者或初产母羊、保姆性的母羊，需要人工辅助。即把母羊保定住，把羔羊推到乳房跟前，羔羊就会吸乳。辅助几次，它就会自己找母羊吃奶了。对于缺奶羔羊，最好为其找保姆羊，就是把羔羊寄养给死了羔或奶特别好的单羔母羊喂养。开始要帮助羔羊吃奶，先把保姆羊的奶汁或尿液抹在羔羊的头部和后躯，以混淆保姆羊的嗅觉，直到保姆羊奶羔为止。

（二）安排好吃奶时间

分娩后 3 ～ 7 天的母羊可以外出放牧，羔羊留家。如果母羊早晨出牧，傍晚时归牧，会使羔羊严重饥饿。母羊归牧时，羔羊往往狂奔迎风吃热奶，羔羊饥饱不均，易发病。哺乳期可以这样安排：母、仔舍饲 15 ～ 20 天，然后白天羔羊在羊舍饲养，母羊出牧，中午回来奶一次羔。这样加上出牧前和归牧后的奶羔，等于一天奶 3 次羔。

（三）加强对缺奶羔羊的补饲和放牧

1. 补饲

对多羔母羊或泌乳量少的母羊的羔羊，由于母乳不能满足其营养的需要，应适当补饲。一般宜用牛奶或人工乳，在补饲时应严格掌握温度、喂量、次数、时间及卫生消毒。

一般从生后 15 ～ 20 天起训练羔羊吃草、吃料。这时，羔羊瘤胃微生物区系尚未形成，不能大量饲粗饲料，所以强调补饲高质量的蛋白质和纤维少、干净脆嫩的干草。把草捆成把子，挂在羊圈的栏杆上，让羔羊玩食。精料要磨碎，必要时炒香并混合适量的食盐和骨粉，以提高羔羊食欲。为了避免母羊抢吃，应为羔羊设补料栏。一般 15 日龄的羔羊每天补混合料 50 ～ 75 克，1 ～ 2 月龄 100 克，2 ～ 3 月龄 200 克，3 ～ 4 月龄 250 克，一个哺乳期（4 个月）每只羔羊需要补精料 10 ～ 15 千克。混合料以黑豆、黄豆、豆饼、玉米等为宜，干草以苜蓿干草、青野干草、花生蔓、甘薯蔓、豆秸、树叶等为宜。多汁饲料切成丝状，再和精料混合饲喂。羔羊补饲应该先喂精料，后喂粗料，而且应定时定量喂给，否则不易上膘。

2. 放牧

羔羊生后 15 ～ 30 天即可单独外出放牧。放牧应结合牧地青草生长状况、牧地远近程度以及羔羊体质的强弱酌情考虑。一般首先在优良草地和近处放牧，随着羔羊日龄的增长，逐渐延长放牧时间和距离。目前我国有两种羔羊放牧形式。

第一种是母、仔合群放牧。母羊出牧时把羔羊带上，昼夜不离。这种方法适合于规模较小的羊群，且牧地较近，羔羊健壮，单羔者居多。优点是羔羊可以随时哺乳，放牧员可随时观察母、仔的活动状况。缺点是羔羊一般跟不上母羊，疲于奔跑；母羊恋羔，见羔羊卧地走不动了，它也就不肯远走了，往往放牧时吃不饱。

第二种是母、仔分群放牧。羔羊单独组群放牧，可以任意调节放牧中的行进速度，羔羊不易疲劳，能安心吃草。但放牧地要远离母羊，以免母羊和羔羊相互咩叫，影响吃草，甚至出现混群。母、仔分群放牧往往造成羔羊哺乳间隔时间过长，一顿饱、一顿饥，同时也不利于建立母、仔感情。母羊归牧时往往急于奔跑、寻羔，要加以控制，然后母、仔合群。这时放牧员应检查母性不强的羊，这样的母羊乱奶羔、不奶羔，甚至不找羔，也要注意羔羊偷奶吃、不吃奶等现象。发现以上情况，应及时纠正，特别是帮助孤羔（或母羊）找到自己的母亲（或羔羊）。当大部分羔羊吃完奶后，可从羔羊分布和活动状况看出羔羊是否吃饱。吃饱的羔羊活蹦乱跳，精神百倍，或者静静地入睡。未吃饱的羔羊或是到处乱转，企图偷奶，或是不断围绕母羊做出想吃奶的动作。一般母、仔单独放牧，羔羊以哺乳为主。

（四）无奶羔的人工喂养及人工乳的配制

人工喂养就是用牛奶、羊奶、奶粉或其他流动液体食物喂养缺奶的羔羊。用牛奶、羊奶喂羊，要尽量用新鲜奶。鲜奶味道及营养成分均好，病菌及杂质较少。用奶粉喂羔羊应该先用少量冷开水或温开水，把奶粉溶开，然后再加热水，使总加水量达到奶粉量的5～7倍。羔羊越小，胃越小，奶粉对水的量应该越少。有条件的羊场应再加点植物油、鱼肝油、胡萝卜汁及多种维生素、多种微量元素、蛋白质等。其他流动液体食物是指豆浆、小米汤、自制粮食、代乳粉或市售婴幼儿米粉，这些食物在饲喂以前应加少量的食盐及骨粉，有条件的可添加鱼肝油、胡萝卜汁和蛋黄等。

1. 人工喂养

人工喂养的训练方法是把配制好的人工奶放在小奶盆内（盆高8～10厘米），用清洁手指接触奶盆水面训练羔羊吸吮，一般经2～3天的训练，羔羊即会自行在奶盆内采食。人工喂养的关键技术是要搞好"定人、定温、定量、定时和讲究卫生"几个环节，只有这样，才能把羔羊喂活、喂强壮。不论哪个环节出差错，都可能导致羔羊生病，特别是胃肠道疾病。即使不发病，羔羊的生长发育也会受到不同程度的影响。因此，从一定意义上讲，人工喂养是下策。

（1）定人　人工喂养中的"定人"，就是从始至终固定一专人喂养。这样可以使喂养人员熟悉羔羊的生活习性，掌握喂奶温度、喂量以及羔羊食欲的变化、健康与否等情况。

（2）定温　"定温"是指要掌握好羔羊所食人工乳的温度。一般冬季喂 1 月龄内的羔羊，人工乳的温度应控制在 35～41℃，夏季温度可略低些。随着羔羊日龄的增长，人工乳的温度可以降低些。没有温度计时，可以把奶瓶贴在脸上或眼皮上，感到不烫也不凉时就可以喂羔了。人工乳温度过高，不仅伤害羔羊，而且羔羊容易发生便秘；人工乳温度过低，羔羊往往容易消化不良、拉稀或胀气等。

（3）定量 "定量"是指每次喂量，掌握在"七成饱"的程度，切忌喂过量。具体给量是按羔羊体重或体格大小来定，一般全天给奶量相当于初生重的 1/5 为宜。喂给粥或汤时，应根据浓稠度进行定量。全天喂量应略低于喂奶量标准，特别是最初喂粥的 2～3 天，先少给，待慢慢适应后再加量。羔羊健康、食欲良好时，每隔 7～8 天喂量比前期增加 1/4～1/3；如果消化不良，应减少喂量，增大饮水量，并采取治疗措施。

（4）定时 "定时"是指固定喂料时间，尽可能不变动。初生羔羊每天应喂 6 次，每隔 3～5 小时喂 1 次，夜间可延长间隔时间或减少饲喂次数。10 天以后每天喂 4～5 次，到羔羊吃草或吃料时，可减少到 3～4 次。

2. 人工乳配制

条件好的羊场或养羊户，可自行配制人工乳，喂给 7～45 日龄的羔羊，见表 2-1。

表 2-1　人工乳配方

序号	配方组成
1	羔羊出生后 20 日龄前，小麦粉 60%、炒黄豆粉 17%、脱脂奶粉 12%、酵母 4%、白糖 4.5%、钙粉 1.5%、食盐 0.5%、微量元素添加剂 0.5%（其配方可参照如下：硫酸铜 0.8 克、硫酸锌 2 克、碘化钾 0.8 克、硫酸锰 0.4 克、硫酸亚铁 2 克、氯化钴 1.2 克），加鱼肝油 1～2 滴，加清水 5～8 倍搅匀，煮沸后冷至 37℃左右代替奶水饲喂羔羊。羔羊 20 日龄后，玉米粉 35%、小麦粉 25%、豆饼粉 15%、鱼粉 12%、麸皮 7%、酵母 3%、钙粉 2%、食盐 0.5%、微量元素添加剂 0.5%，混合后加水搅拌饲喂羔羊

序号	配方组成
2	代乳粉（代乳粉配方为大豆、花生、豆饼类、玉米面、可溶性粮食蒸馏物、磷酸氢钙、碳酸钙、碳酸钠、食盐和氧化镁。每千克代乳粉所含营养成分为水分12.0%，粗蛋白质25.0%，粗脂肪1.5%，无氮浸出物43.0%，粗灰分8.2%，粗纤维10.3%；维生素A 5万国际单位，维生素E 85毫克，烟酸50毫克，胆碱250毫克；钴1.6毫克，铁100毫克，碘2.5毫克，镁200毫克，铜33毫克，锌200毫克）30%、玉米面20%、麸皮10%、燕麦10%、大麦30%，溶成液体喂给羔羊
3	面粉50%，乳糖24%，油脂20%，磷酸氢钙2%，食盐1%，特制料3%。将上述物品（不包括特制料）按比例标准（乳糖可用砂糖代替，油脂可用羊油、植物油各半），在热锅内炒制，使用进以1∶5的比例加入40℃开水调查成糊状，然后加入3%的特制料（主要成分为氨基酸、多种维生素）（新疆畜牧科学院研制的代乳品配制简单、经济，且饲喂效果与羊奶、牛奶相近）

3. 羔羊寄养和分批哺乳

（1）羔羊寄养　母羊一胎多产羔羊（或母羊产后意外死亡），可将羔羊分一部分给产羔数少的母羊代养。为确保寄养成功，一般要求两只母羊的分娩日期相差在5天之内，两窝羔羊的个体体重差别不大。羔羊寄养宜在夜间进行，寄养前将两窝羔羊身上同时喷洒药水或酒精等，或涂抹受寄养母羊的奶汁、尿液。

（2）分批哺乳　哺乳羔羊超过母羊的奶头数的，可将羔羊分成两组，轮流哺乳，将羔羊按大小、强弱分组。分批哺乳时，必须加强哺乳母羊的饲养管理，保证母羊中等偏上的营养水平，使母羊有充足的奶水，并做好对哺乳羔羊的早期补草引料工作，尽可能减轻母羊的哺乳负担，保证全窝羔羊均衡生长。

三、羔羊的管理

（一）编号

对肉羊育种工作来说，编号是一项必不可少的工作。编号便于选种选配，常用的方法有耳标法、剪耳法、墨刺法和烙角法等，现介绍前两种。

（1）**耳标法** 耳标有金属耳标和塑料耳标两种，形状有圆形和长条形。耳标用以记载羊的个体号、品种符号及出生年月等。以金属耳标为例，用钢字钉把羊的出生年月和个体号打在耳标上，上边第一个数字代表年份的最末一个字，第二个和第三个数字代表月份，后面的数字代表个体号，中间的"0"的多少应根据羊群的大小来决定。在种羊场，一般公羊的编号为单号，母羊的编号为双号。例如 51200031，前面的 512 代表 1995 年 12 月生的，后面的 00031 即为个体号，为公羊编号。个体号每年由 1 或 2 编起。耳标一般戴在左耳上。用打孔钳打孔时，应在靠近耳根软骨部，避开血管，先用碘酊消毒，然后打孔。塑料耳标使用也很方便，先把羊的出生年月及个体号同时写上，然后再打孔戴上即可。塑料耳标有红、黄、蓝 3 种颜色，颜色代表羊的等级。

（2）**剪耳法** 剪耳法是指利用耳号钳在羊耳朵上打号，每剪一个耳缺，代表一定的数字，把几个数字相加，即得所要的编号。以羊耳的左右而言，一般应采取左大右小，下 1 上 3，公单母双（或连续排列）。右耳下部一个缺口代表 1，上部一个缺口代表 3，耳尖缺口代表 100，耳中圆孔代表 400。左耳下部一个缺口代表 10，上部一个缺口代表 30，耳尖缺口代表 200，耳中圆孔代表 800。

（二）保持适宜的环境条件

初生羔羊，特别是瘦弱母羊所生羔羊体质较弱，生活力差，调节体温的能力尚低，对疾病的抵抗力弱，保持良好的环境有利于羔羊的生长发育。羔羊周围的环境应该保持清洁、干燥，空气应新鲜又无贼风。羊舍内最好铺一些干净的垫草，室温保持在 5～10℃，不要有较大的变化。刚出生的羔羊，如果体质较弱，应安排在较温暖的羊舍或热炕上，但温度不能超过体温，等到羔羊能够吃奶、精神好转时，可逐渐降低室温直到羊舍的常温。喂羔羊奶的人员，在喂奶之前应洗净双手。平时不要接触病羊，要尽量减少或避免致病因素，出现病羔应及时隔离，由单人分管。迫不得已病羔、健康羔都由同一人管理时，应先哺喂健康羔，换上衣服再哺喂病羔。喂完病羔应马上清洗、消毒手臂，脱下的衣服单独放置，并用开水冲洗进行消毒。羔羊的胃肠功能还不健全，消化机能尚待完善，最容易"病从口入"，因此羔羊所食的奶类、豆浆、粥类以及水源、草料等都应注意卫生。例如，奶类在喂前应加热到 62 ~ 64℃经 30 分钟，或 80 ~ 85℃瞬间，可以杀死大部分病菌。粥类、米汤等在喂前必须煮沸，羔羊的奶瓶应保持清洁卫生，健康羔与病羔的奶瓶应分开用，喂完奶后随即消毒。

（三）加强运动

运动能使羔羊增加食欲，增强体质，促进生长和减少疾病，从而为提高羔羊肉用性能奠定基础。随着羔羊日龄的增长，应将其赶到运动场附近的牧地上放牧，加强运动。

（四）搞好圈舍消毒

应严格执行消毒隔离制度。羔羊出生 7 ~ 10 天后，羔羊痢疾增多，主要原因是圈舍肮脏，潮湿拥挤，污染严重。这一时期要深入检查，包括食欲、精神状态及粪便情况，做到有病及时治疗。对羊舍及周围环境要严格消毒，隔离病羔，及时处理死羔及其污染物，控制传染源。

（五）断奶

发育正常的羔羊 2 ~ 3 月龄即可断奶。羔羊断奶多采用一次性断奶法，即将母、仔分开，不再合群。断奶后母羊移走，羔羊继续留在原羊舍饲养，尽量给羔羊保持原来的环境。断奶后，根据羔羊的性别、强弱、体格大小等因素，加强饲养，力求不因断奶影响羔羊的生长发育。羔羊断奶后的适应期为 5 ~ 7 天，应饲喂优质新鲜的牧草和豆科干草，并逐渐增加精料，适应期结束精料增加到 40％以上。断奶后开始每天饲喂 5 ～ 6 次，经过 3 ～ 7 天后每天饲喂 3 ～ 4 次，以后可改为自由采食。

（六）去角

去角是为了便于饲养管理。有的羊好斗，角斗往往造成颜伤或导致母羊流产，特别是公羊有角后特别凶狠。因此，对有角的羊，特别是公山羊及乳用山羊，应在生后 5 ～ 10 天内进行去角手术。去角方法有烧烙法和腐蚀法两种。

（1）烧烙法　把 14 ～ 16 号钢筋棒（长 30 厘米左右）一头截平，把周边的棱磨秃一些，然后放火炉上烧热。去角前应确定羔羊是否有角，有角的羊，角基处的毛有旋，用手摸可感到有硬的突起。术者坐在小凳上，把羔羊横放在两腿之上，一手固定羊头，另一手把烧成紫红色的钢筋棒对准角基部旋转，一直烧烙到头的骨面为止，范围应稍大于角基。手术时不要用力下压，以防把头骨烧破。在手术过程中，最好配备一个保定人员，保定人可蹲在术者的对面固定羔羊四肢。此法简单、易操作，同时也起到了消毒的作用。也可用 300 瓦的电烙铁烧烙去角，但速度稍慢。

（2）腐蚀法　腐蚀法保定方法同上。具体方法是：先将角基处的毛剪掉，周围涂上凡士林，目的是防止氢氧化钠溶液侵蚀其他部分和流入眼内。取氢氧化钠（烧碱）棒一支，一端包好，以防腐蚀手，另一端蘸水后在角的突起部反复研磨，直到微出血为止，但不要摩擦过度，以防出血过多。摩擦面要照准角基部并略大于角基部，如果摩擦面过小或位置偏在一方，日后会出短角。摩擦后，在角基上撒一层消炎粉，然后将羔羊单独放在隔离栏内，与母羊隔开，以防止哺乳时火碱溶液沾在母羊的乳房上而损伤乳房。1 小时后就可把羔羊放回母羊舍。

第三招
快速育肥肉羊

【核心提示】

在短时间内，用低廉的成本，获得品质好、数量多的肉羊，需要选择优良品种和适宜的育肥方式，根据不同类型羊的特点进行科学的饲养管理。

从羔羊断奶至上市出栏的阶段是育肥期。国外近几十年来对肉类的要求都由成畜肉转向幼畜肉。肥羔由于瘦肉多、脂肪少、肉质鲜嫩、易消化吸收、膻味少等优点而很受欢迎，所以育肥羊常采用羔羊育肥方法。

一、影响肉羊育肥效果的因素

(一)品种与类型

不同品种肉羊增重的遗传潜力不一样。在相同的饲养管理条件下，优良品种可以获得较好的育肥效果。最适宜育肥的肉羊品种应具备早熟性好、体重大、生长速度快、繁殖率高、肉用性能好、抗病性强等特征。肉用绵、山羊品种如杜泊羊、萨福克羊、夏洛莱羊、波尔山羊及其改良羊的育肥效果通常好于本地绵、山羊品种。杂种羊的生长速度、饲料利用率往往超过双亲品种。因此，杂种羊的育肥效果较好。小型早熟羊比大型晚熟羊、肉用羊比乳用羊及其他类型的羊，能较早地结束生长期，及早进入育肥阶段。饲养这类羊不仅能提高出栏率，节约饲养成本，而且还能获得较高的屠宰率、净肉率和良好的肉品品质。

（二）年龄与性别

肉羊在 8 月龄前生长速度较快，尤其是断奶前和 5～6 月龄时生长速度最快。10 月龄以后生长逐渐减缓。因此，当年羔羊当年屠宰比较经济。如果继续饲养，生长速度明显减缓，而且胴体脂肪比例上升，肉质下降，养殖效益越来越差。

羊的性别也影响其育肥效果。一般来说，羔羊育肥速度最快的是公羊，其次是羯羊，最后是母羊。阉割影响羊的生长速度，但可使脂肪沉积率增强。母羊（尤其是成年母羊）易长脂肪。

（三）饲养管理

饲养管理是影响育肥效果的重要因素。良好的饲养管理条件不仅可以增加产肉量，还可以改善肉质。

1. 营养水平

同一品种羊在不同营养水平条件下饲养，其日增重会有一定差异。高营养水平的肉羊育肥，日增重可达 300 克以上；而低营养水平条件下的羊，日增重可能还不到 100 克。

2. 饲料类型

以饲喂青粗饲料为主的肉羊与以谷物等精料为主的肉羊相比，不仅肉羊日增重不一样，而且胴体品质也有较大差异。前者胴体肌肉所占比例高于后者，而脂肪比例则远低于后者。

（四）季节

羊最适生长的温度为 25 ~ 26℃，最适季节为春、秋季。天气太热或太冷都不利于羔羊育肥。气温高于 30℃ 时，绵、山羊自身代谢快，饲料报酬低。但对短毛型绵羊来说，如果夏季所处的环境温度不太高，其生长速度可达到最佳状态。

（五）疾病

疾病影响肉羊的育肥效果。

二、肉羊育肥的一般饲养管理方法

（一）育肥进度和强度的确定

根据羊的品种类型、年龄、体型大小、体况等，制定育肥的进度和强度。绵羊羔羊育肥，一般细毛羔羊在 8 ~ 8.5 月龄结束，半细毛羔羊在 7 ~ 7.5 月龄结束，肉用羔羊 6 ~ 7 月龄结束。采用强度育肥羔羊，一般要求体重不小于 32 ~ 35 千克。采用强度育肥，可获得较好的增重效果，育肥期短；若采用放牧育肥，则需延长育肥期。

（二）选择合适的饲养标准和育肥日粮

由于育肥羊的品种类型、年龄、活重、膘情、健康状况不同，所以首先要根据育肥羊状况及计划日增重指标，确定合适的育肥日粮标准。例如，同为体重 30 千克的羔羊，由于其父本品种不同，则需要提供不同的能量和蛋白质水平。小型品种的羊育肥需要稍低量的蛋白质和较高的增重净能，大型品种的羔羊则与此相反。早断奶和刚断奶的羔羊也需要提供不同的营养水平。刚断奶的 4 月龄羔羊应比 7 月龄羔羊的饲养水平高些。比如两类羔羊的育肥始重同为 30 千克，刚断奶的 4 月龄羔羊需要较多的精料和蛋白质，才能取得最大的日增重。

育肥日粮的组成应就地取材，同时搭配上要多样化。精料用量可以占到日粮的45%～60%。一般地讲，能量饲料是决定日粮成本的主要饲料，应以就地生产、就地取材为原则，配制日粮时应先计算粗饲料的能量水平至满足日粮能量的程度，不足部分再由精料补充调整，日粮中蛋白质不足时，要首先考虑饼、粕类植物性高蛋白饲料，正常断乳羔羊和成年羊育肥日粮中也可添加适量的非蛋白氮饲料。

（三）育肥羊舍的准备

育肥羊舍应该通风良好、地面干燥、卫生清洁、夏挡强光、冬避风雪。圈舍地面上可铺少许垫草。羊舍面积每只羔羊0.75～0.95米^2、大羊1.1～1.5米^2，保证育肥羊的运动、歇卧。饲槽长度应与羊数量相称，每只羊平均饲槽长度大羊40～50厘米、羔羊23～30厘米；若为自动饲槽，长度可缩小为大羊10～15厘米、羔羊2.5～5厘米，避免由于饲槽长度不足，造成羊吃食拥挤，进食量不均，从而影响育肥效果。

（四）育肥羊进舍时的管理

育肥羊育肥前，自繁的羔羊要早龄补饲，可以加快羔羊生长速度，缩小单、双羔及出生稍晚羔羊体重差异，为以后提高育肥效果，尤其是缩短育肥期打好基础。育肥羊到达育肥舍当天，给予充足饮水和喂给少量干草，减少惊扰，让其安静休息。休息过后，应进行健康检查、驱虫、药浴、防疫注射和修蹄等，并将其按年龄、性别、体格大小、体质强弱状况等组群。对于育肥公羊，可根据其品种、年龄决定是否去势。早熟品种8月龄、晚熟品种10月龄以上的公羊和成年公羊应去势，这有利于育肥并且所产羊肉不产生膻味。但是6～8月龄以下的公羊不必去势。不去势的公羔在断乳前的平均日增重比阉羔可高18.6克；断乳至160日龄左右出栏的平均日增重比阉羔高77.18克；从达到上市标准的日龄看，不去势公羔比阉羔少15天，但平均出栏重反而比阉羔高2.27千克，羊肉的味道却没有差别。显然公羔不去势比阉羔更为有利。育肥开始后，要注意对各组羊的体况、健康状况及增重进行计划，调整日粮和饲养方法。最初2～3周要勤观察羊只表现，及时挑出伤、病、弱羊，给予治疗和改善环境。

（五）育肥期的饲喂及饮水

一般每天饲喂两次，每次投料量以羊30～45分钟内能吃完为准。量不够要添，量过多要清扫。饲料一旦出现发霉或变质不宜饲喂。饲料变换时要有个过渡时期，绝不可在1～2天内改喂新换饲料。精饲料间的变换，应新旧搭配，逐渐加大新饲料比例，3～5天内全部换完。粗饲料换成精饲料，应采用精料增加先少后多、逐渐增加的方法，10天左右换完。用作育肥羊日粮的饲料可以草、料分开喂给，也可精、粗饲料混合喂给。由精、粗饲料混合而成的日粮，品质一致，并不易挑拣，故饲喂效果较好，这种日粮可以做成粉粒状或颗粒状。粉粒饲料中的粗饲料要适当粉碎，粒径1～1.5厘米，饲喂时应适当拌湿。颗粒饲料制作粒径大小为羔羊1～1.3厘米、大羊1.8～2.0厘米。羊采食颗粒饲料，可增大采食量，日增重提高25％，减少饲料浪费，但易出现反刍次数减少而吃垫草或啃木桩等现象，胃壁增厚，但不影响育肥效果。

育肥羊必须保证有足够的清洁饮水。多饮水有助于减少消化道疾病、肠毒血症和尿结石的发生率，同时可获得较高的增重。每只羊每天的饮水量随气温而变化，通常在气温12℃时为1.0千克，15～20℃时为1.2千克，20℃上时为1.5千克。饮水夏季要防晒，冬季防冻，雪水或冰水禁止饮用。定期清洗消毒饮水设备。

育肥期间不应在羊体内埋植或者在饲料中添加镇静剂、激素类等违禁药物。肉羊育肥后期使用药物治疗时，应根据所用药物执行休药期。

三、肉羊育肥的方式

（一）放牧肥育

放牧肥育是最经济、应用最为普遍的一种肥育方法。放牧育肥是利用天然草场、人工草场或秋茬地放牧，羊采食青绿饲料种类多，易获得全价营养，能满足羊生长发育的需要和达到放牧抓

膘的目的。放牧增加了羊的运动量，并能接受阳光中紫外线照射
和各种气候的锻炼，有利于羊的生长发育和健康。其优点是成本
低和经济效益相对较高；缺点是常常要受到气候和草场等多种不
稳定因素变化的干扰和影响，造成育肥效果不稳定和不理想。

把待育肥的羊，按年龄、体格大小、性别、体况分群，进行
放牧肥育的准备。肥育前，先将不作种用的公羔及淘汰公羊去势，
同时要驱虫、药浴和修蹄。肥育期一般在 8 ～ 10 月进行，此时牧
草生长茂盛，开始开花结籽，营养丰富，气候适宜，羊只抓膘，
肥育效果好。一般放牧抓膘 60 ～ 120 天，有条件的给予精料适当
补饲，成年肉羊可增重 20％～ 40％，羔羊体重可成倍增长。

放牧肥育期的长短因羊类型不同而异。羯羊在夏场结束，淘汰
母羊在秋场结束，中下膘情羊群和当年羔羊在放牧期之后适当补饲
达到上市标准后结束。总之，放牧育肥不宜在春场和夏场初期结束。

（二）舍饲肥育

舍饲肥育是根据羊育肥前的状态，按照饲养标准和饲料营养
价值配制羊的饲喂日粮，并完全在舍内喂、饮的一种育肥方式。
与放牧育肥相比，在相同月龄屠宰的羔羊，活重可高 10％，胴体
重高 20％，故舍饲育肥效果好，能提前上市。在市场有需求的情
况下，舍饲育肥可确保育肥羊在 30 ～ 60 天的育肥期内迅速达到
上市标准，育肥期短。此方式适于饲草饲料丰富的农区。现代舍
饲肥育主要用于羔羊生产，人工控制羊舍小气候，采用全价配合
饲料，让羊自由采食、饮水，是我国农区充分、合理、科学有效
地利用退耕种草优势及农作物秸秆和农副产品加工下脚料的一条
好途径，是优化农业产业结构，增加农民收入的有效措施。

舍饲育肥羊的来源应以羔羊为主，其次来源于放牧育肥的
羊群。如在雨季来临或旱年牧草生长不良时放牧育肥羊可转入舍
饲育肥；当年羔羊放牧育肥一段时期，估计入冬前达不到上市标
准的部分羊，也可转入舍饲育肥。

舍饲育肥羊日粮中精料可以占到日粮的 45％～ 60％，随着精

料比例的增加，育肥强度增大。加大精料喂量时，必须防过食精料引起的肠毒血症和钙磷比例失调引起的尿结石症等。防止肠毒血症，主要靠注射疫苗；防止尿结石，在以各类饲料和棉籽饼为主的日粮中可将钙含量提高到 0.5％的水平或加 0.25％氯化铵，避免日粮中钙磷比例失调。

　　育肥圈舍要保持干燥、通风、安静和卫生，育肥期不宜过长，达到上市要求即可。舍饲育肥通常为 75 ～ 100 天，时间过短，育肥增重效果不显著；时间过长，饲料转化率低，育肥经济效益不理想。在良好的饲料条件下，育肥期一般可增重 10 ～ 15 千克。

（三）混合肥育

　　混合肥育有两种情况：一是在秋末冬初，牧草枯萎后，对放牧肥育后膘情仍不理想的羊，补饲精料、延长肥育时间，进行短期强化肥育 30 ～ 40 天，使其达到屠宰标准，提高胴体重和羊肉质量；二是由于草场质量或放牧条件差，仅靠放牧不能满足快速增长的营养需要，在放牧的同时，给肥育羊补饲一定数量的混合精料和优质青干草。

　　混合育肥较放牧育肥可缩短羊肉生产周期，增加肉羊出栏量和出肉量。混合育肥适用于生长强度较小及增重速度较慢的羔羊和周岁羊，育肥耗用时间较长，不符合现代肉羊短期快速育肥的要求；放牧育肥适用于生长强度较大和增重速度较快的羔羊，同样可以按要求实现强度直线育肥。

　　如果仅补草，应安排在归牧后；如果草、料都补，则可在出牧前补料，归牧后补草。精料每日每只喂量 250 ～ 500 克，粗料不限，自由采食，每日饮水 2 ～ 3 次。为使日粮满足肥育羊的饲养标准要求，每千克日粮中含干物质 0.87 千克，消化能 13.5 兆焦，粗蛋白质 12％ ～ 14％，可消化蛋白质 106 克。混合育肥可使育肥羊在整个育肥期内的增重比单纯依靠放牧育肥提高 50％左右，而且所生产羊肉的味道也较好。因此，只要有一定的补饲条件，还是采用混合育肥方式效果更好。

　　上述三种育肥方式比较，舍饲育肥增重效果一般高于混合育肥和放牧育肥。从单只羊经济效益分析，混合育肥、放牧育肥经济效益高于舍饲育肥，但从大规模集约化羔羊育肥角度讲，舍饲育肥的生产效率及经济效益比混合育肥和放牧育肥高。

四、肉羊育肥技术

（一）羔羊育肥技术

羔羊早期育肥技术包括1.5月龄羔羊断奶全精料育肥和哺乳羔羊育肥两种方法。羔羊早期育肥时，为了预防羔羊疾病，常用一些抗生素添加剂，但要使用允许使用的肉羊饲料添加剂，并在出栏前按规定停药期停药，不使用国家禁用的饲料添加剂和饲料药物添加剂。

（1）45日龄羔羊断奶全精料育肥　羔羊早期（3月龄以前）的主要特点是生长发育快，胴体组成部分的重量增加大于非胴体部分（如头、蹄、毛、内脏等），脂肪沉积少。消化系统的特点是瘤胃发育不完全，消化方式与单胃家畜相似。羔羊所吸吮乳汁不经瘤胃作用而由食道沟直接流入真胃被消化利用；补饲固体饲料，特别是整粒玉米通过瘤胃被破碎后进入真胃，然后转化成葡萄糖被吸收，饲料利用率高。而发育完全的瘤胃，微生物活动增强，对摄入的玉米经发酵后转化成挥发性脂肪酸，这些脂肪酸只有部分被吸收，饲料转化率明显低于瘤胃发育不全时。因此，采用45日龄早期断奶全精料育肥能获得较高屠宰率、饲料报酬和日增重。1.5月龄羔羊体重在10.5千克时断奶，育肥50天，平均日增重280克，育肥终重达25～30千克，料重比为3：1。

日粮配制可选用任何一种谷物饲料，但效果最好的是玉米等高能量饲料。谷物饲料不需破碎，其效果优于破碎谷粒，主要表现在饲料转化率高和胃肠病少。使用配合饲料则优于单喂某一种谷物饲料。较佳饲料配合比例为：整粒玉米83%，黄豆饼15%，石灰石粉 1.4%，食盐 0.5%，维生素和微量元素 0.1%。其中维生素和微量元素的添加量按千克饲料计算为维生素 A、维生素 D、维生素 E 分别是 500 单位、1000 单位和 20 单位；硫酸锌 150 毫克，硫酸锰 80 毫克，氧化镁 200 毫克，硫酸钴 5 毫克，碘酸钾 1 毫克。改用其他油饼类饲料代替黄豆饼时，日粮中钙磷比例可能失调，应注意防治尿结石。

饲喂方式采用自由采食、自由饮水。饲料投给最好采用自动饲槽，以防止羔羊四肢踩入槽内，造成饲料污染而降低饲料摄入量和扩大球虫病与其他病菌的传播；饲槽离地面高度应随羔羊日龄增长而提高，以饲槽内饲料不堆积或不溢出为宜。如发现某些羔羊啃食圈墙时，应在运动场内添设盐槽，槽内放入食盐或食盐加等量的石灰石粉，让羔羊自由采食。饮水器或水槽内始终保持有清洁的饮水。

管理技术上应注意以下几个方面：第一，羔羊断奶前半月龄实行补饲。第二，断奶前补饲的饲料应与断奶育肥饲料相同。玉米粒在刚补饲时稍加破碎，待习惯后则喂以整粒，羔羊在采食整粒玉米的初期，有吐出玉米粒现象，反刍次数也较少，随着羔羊日龄增加，吐玉米粒现象逐渐消失，反刍次数增加，此属正常现象，不影响育肥效果。第三，羔羊育肥期间常见的传染病是肠毒血症和出血性败血症。肠毒血症疫苗可在产羔前给母羊注射或断奶前给羔羊注射，一般情况下，也可以在育肥开始前注射快疫、猝疽和肠毒血症三联苗。第四，育肥期一般为 50～60 天，其长短主要取决于育肥终体重，而终体重又与品种类型和育肥初重有关，如大型品种羔羊 3 月龄育肥终重可达到 35 千克以上；一般细毛羔羊和非肉用品种育肥 50 天可达到 25～30 千克以上（断奶重小于 12 千克时，育肥终重 25 千克左右；断奶重在 13～15 千克时，育肥终重达 30 千克以上）。

哺乳羔羊育肥，也同样着眼于羔羊 3 月龄出栏上市，但不提前断奶，只是隔栏补饲水平提高，到时从大群中挑出达到屠宰体重的羔羊（25～27 千克）出栏上市，达不到者断奶后仍可转入一般羊群继续饲养。其目的是利用母羊的全年繁殖，安排秋季和冬季产羔，供节日（元旦、春节等）时特需的羔羊肉。

哺乳羔羊育肥基本上以舍饲为主，从羔羊中挑选体格大、早熟，性能好的公羔作为育肥对象。为了提高育肥效果，母子同时加强饲喂，要求母羊母性好、泌乳多，哺乳期间每日喂给足量的优质豆和干草，另加 0.5 千克精料。羔羊要求及早开食，每天喂 2 次，饲料以谷粒饲料为主，搭配适当黄豆饼，配方同 1.5 月龄早期断奶育肥羔羊，每次喂量以 20 分钟内吃完为宜。另给上等苜蓿干草，由羔羊自由采食，干草品质差时，每只羔羊日粮中应添加 50～100 克蛋白质饲料。到了 3 月龄，活重达到标准者出栏上市。

（2）断乳羔羊育肥技术　断乳羔羊育肥是羊肉生产的主要形式，因为断乳羔羊除部分被选留到后备群外，大部分需出售处理。一般情况下，体重小或体况差的进行适度育肥，体重大或体况好的进行强度育肥，均可进一步提高经济效益。各地可根据当地草场状况和羔羊类型选择适宜的育肥方式。采用舍饲育肥或混合育肥后期的圈舍育肥，通常在入圈舍育肥之前先利用一个时期的较好牧草地或农田茬子地，使羔羊逐渐适应饲料转换过程，同时也可降低育肥饲料成本。

① 饲养哺乳羔羊　健壮羔羊是育肥的基础。因此，羔羊出生后要及时吃足初乳，对多胎羔羊和母羊死亡的羔羊要实行人工哺喂，配方为：面粉 50%、糖 24%、油脂 20%、磷酸氢钙 2%、食盐 1%、黄豆粉 3%。可用瓶喂或盆喂，饲喂要定时、定温、定质和定量。7 日龄开始用嫩青草诱食。15 日龄加强补饲，配方为：干草粉 30%、麦秸 44%、精料 25%、食盐 1%。30 日龄后以放牧为主，补足精料。加强运动，强化管理。羔羊 3～4 月龄断乳即可育肥。羊对精料质量反应很敏感，应不喂发霉或发酵的饲料。

② 断奶时间　断乳时间可根据开食情况掌握，应在其可食 70～80 克精料时断乳，为了减少羔羊转群时的应激反应，在羔羊转出之前应先集中暂停给水给草，空腹一夜，第二天装车运出，运出时速度要快，尽量少延误时间，到肥育地后的当天不要喂饲，

只饮水和给少量干草让羊安静休息，避免惊扰，然后再进行称重、注射四联苗和灌驱虫药等。

③育肥前准备　羔羊出生后1～3周内均可断尾，但以2～7天最理想。选择晴天的早晨进行，可采用胶筋、烧烙或快刀等断尾方法，创面用5%碘酒消毒。去势可与断尾同时进行，采用手术或胶筋等方法。同时驱虫健胃。按羊每5千克体重用虫星粉剂5克或虫克星胶囊0.2粒，口服或拌料喂服，或用左旋咪唑或苯丙咪唑驱虫。驱虫后3天每次用健胃散25克，酵母片5～10片，拌料饲喂，连用2次。

④预饲过渡期管理　育肥开始后，不论采用何种肥育方式都要有预饲过渡期。预饲过渡期在适度育肥时为两个阶段：第一阶段1～3天，只喂干草，让其适应新环境；第二阶段7～10天，给予70%干草、25%玉米粒、4%豆饼、1%食盐。强度肥育羔羊预饲过渡期大致分为三个阶段：第一阶段1～3天，只喂干草，让羔羊适应新环境；第二阶段7～10天，参考日粮为玉米粒25%、干草64%、糖蜜5%、豆饼5%、食盐1%；第三阶段为10～14天，参考日粮为玉米粒39%、干草50%、糖蜜5%、豆饼5%、食盐1%、抗生素35毫克。以上日粮日喂2次，投料以能在40分钟内食完为好。另外，还可根据各地不同资源自行调整。

⑤育肥期管理

a.舍饲育肥管理：舍饲育肥不但可以提高育肥速度和出栏率，而且可保证市场羊肉的均衡供应。适用于无放牧场所、农作物副产品较多、饲料条件较好的地区。春、夏、秋季在有遮阴棚的院内或围栏内，秋末至春初寒冷季节在暖舍或塑料棚内喂养。舍饲育肥为密集式，包括饲喂场地、通道，每只羊应占1.2米^{2}的面积。要求冬暖夏凉、空气新鲜、地面干爽；有充足的精、粗饲料贮备，最好有专用的饲料地。

每天饲喂3次，夜间加喂1次。夏秋饮井水，冬春饮温水。饲喂顺序是：先草后料，先料后水。早饱，晚适中，饲草搭配多样化，禁喂发霉变质饲料。干草要切短。羊减食每只喂干酵母

4～6片。

配方1：玉米粉、草粉、豆饼各21.5%，玉米17%，花生饼10.3%，麦麸6.9%，食盐0.7%，尿素0.3%，添加剂0.3%。前20天每只羊日喂精料350克，以后20天每只400克，再20天每只450克，粗料不限量，适量青料。

配方2：玉米66%，豆饼22%，麦麸8%，骨粉1%，细贝壳粉0.5%，食盐1.5%，尿素1%，添加含硒微量元素和 AD$_3$ 粉。混合精料与草料配合饲喂，其比例为60∶40。一般羊4～5月时每天喂精料0.8～0.9千克，5～6月龄时喂1.2～1.4千克，6～7月龄时喂1.6千克。

b. 放牧加补饲育肥管理：在草场条件不够理想的地区，多采用这种育肥方式。首先要延长放牧时间，尽量使羊只吃饱、饮足。归牧后再补给混合精料。采取放牧为主、补饲为辅，降低饲养成本，充分利用草场。

配方1：玉米粉26%，麦麸7%，棉籽饼7%，酒糟48%，草粉10%，食盐1%，尿素0.6%，添加剂0.4%。混合均匀后，羊每天傍晚补饲300克左右。

配方2：玉米70%，豆饼28%，食盐2%。日补饲0.3～0.5千克，上午补给总量的30%，晚间补给70%。饲喂方法为加粗饲料（草粉、地瓜秧粉、花生秧粉）15%，混均拌湿，槽饲。

遇到雨雪天气不能出牧时，粗饲料以秸秆微贮为主。在枯草期除补饲秸秆微贮外，还要在混合精料中另加5%～10%的麦麸及适量的微量元素和 AD$_3$ 粉。有条件的还要喂些胡萝卜、南瓜等多汁饲料。入冬气温低于4℃时，夜间应进入保温圈、棚内。

⑥ 增重剂的使用　可以使用如下增重剂：育肥复合饲料添加剂，每只羊每天2.5～3.3克混合饲喂，适于生长期和育肥期；莫能菌素，每千克日粮中添加25～30毫克，均匀混入饲料中饲喂；杆菌肽锌，每千克混合饲料中添加10～20毫克，混均喂羔羊；喹乙醇，每千克日粮添加50～80毫克混料饲喂；牛

羊乐（又名磷酸脲），每只羊每天添加 10 克混料饲喂；尿素，在日粮中添加 1.5%～2%饲喂，忌溶于水中或单独饲喂，防止中毒，中毒者可用 20%～30%糖水或 0.5%食醋解救。

⑦ 精心管理　要求羊舍地势干燥，向阳避风，建成塑料大棚暖圈，高度 1.5 米左右，每只羊占地面积 0.8～1.2 米²。保持圈舍冬暖夏凉，通风流畅。勤扫羊舍，保持地面洁净。育肥前要对圈舍、墙壁、地面及舍外环境等严格消毒。大小羊要分圈饲养，易于管理育肥。定期给羊注射炭疽、快疫、羊痘、羊肠毒血症等四联疫苗免疫。经常刷拭羊体，保持皮肤洁净。随时观察羊体健康状况，发现异常及时隔离诊断治疗。

（二）成年羊育肥技术

1. 选羊

成年羊育肥一般采用淘汰的老、弱、乏、瘦以及失去繁殖机能的羊，还有少量的去势公羊进行育肥。选羊要选购个体高大、精神、无病、灵活、毛色光亮、牙齿好的羊进行育肥，并且膘情中等、价格适中。淘汰膘情很好、极差或有病的羊。

2. 驱虫、健胃

寄生虫不但能消耗羊的大量营养，而且还分泌毒素，破坏羊只消化、呼吸和循环系统的生理功能，对羊只的危害是严重的，所以在羊育肥之前应首先进行驱虫，用高效驱虫药左旋咪唑每千克体重 8 毫克兑水溶化，配制成 5%的水溶液作肌内注射，能驱除羊体内多种圆虫和线虫，同时用硫双二氯酚按每千克体重 80 毫克，加少许面粉兑水 250 毫升喂料前空服灌服，能驱除羊肝片吸虫和绦虫，这就避免了羊只额外的体内损失，对快速育肥和减少饲草料损耗都将十分重要。羊只健胃一般采用人工盐和大黄苏打进行，驱虫、健胃在反刍动物中意义很大，当然要注意用药剂量，否则会导致无效或中毒死亡。

3. 饲喂

精料配方1：玉米粉50%，胡麻饼30%，糠9%，麸皮10%，盐1%。

精料配方2：玉米55%，油饼35%，麸皮8%，盐、尿素溶于水各1%。冬季可结合胡萝卜、甜菜渣来饲喂。将羊购进后按大小分圈进行驱虫，健胃后，减少其活动量，一般日喂精料0.7千克左右，育肥50天即可出栏。平均日增重达到250克左右。

4. 管理

（1）分群　挑选出来的羊应按体重大小和体质状况分群，一般把相近情况的羊放在同一群育肥，避免因强弱争食造成较大的个体差异。

（2）入圈前的准备　对待育肥羊只注射肠毒血症三联苗和驱虫。同时在圈内设置足够的水槽和料槽，并进行环境（羊舍及运动场）清洁与消毒。

（3）选择最优配方配制日粮　选好日粮配方后严格按比例称量、配制日粮。为提高育肥效益，应充分利用天然牧草、秸秆、树叶、农副产品及各种下脚料，扩大饲料来源。合理利用尿素及各种添加剂（如育肥素、喹乙醇、玉米赤霉醇等）。据资料，成年羊日粮中，尿素可占到2%，矿物质和维生素可占到3%。

（4）安排合理的饲喂制度　成年羊只日粮的日喂量依配方不同而有差异，一般为2.5～2.7千克。每天投料两次，日喂量的分配与调整以饲槽内基本不剩为标准。喂颗粒饲料时，最好采用自动饲槽投料，雨天不宜在敞圈饲喂，午后应适当喂些青干草（每只0.25千克），以利于反刍。

五、羊的饲养管理日程及不同季节具体安排

（一）羊饲养管理日程

羊饲养管理日程见表3-1。

表 3-1　羊饲养管理日程

类型	季节	饲养方式	时间	日程安排
大羊（成羊、育成羊）	夏秋季	舍饲	5：30～6：30	检查羊群
			6：30～9：30	第一次饲喂、饮水。先粗料，后精料，最后饮水或自由饮水
			9：30～15：30	运动、反刍、卧息，清扫羊舍、饲槽，检查羊群
			15：30～18：30	第二次饲喂、饮水，次序同第一次饲喂
			18：30～5：30	运动、添草、饮水、反刍、卧息，检查羊群
		半舍饲半放牧	5：30～6：30	检查羊群
			6：30～9：30	第一次放牧，清扫羊舍、饲槽
			9：30～11：30	第一次饲喂、饮水。先粗料，后精料，最后饮水或自由饮水
			17：30～18：30	归牧、卧息、反刍
			18：30～21：30	第二次饲喂、饮水或自由饮水，次序同第一次饲喂
			21：30～6：30	卧息、反刍
	冬春季	舍饲	6：30～7：30	检查羊群
			7：30～9：30	第一次饲喂、饮水。先粗料，后精料，最后饮水或自由饮水
			9：30～15：30	运动、反刍、卧息，清扫羊舍（不扫粪）和饲槽，检查羊群
			15：30～17：30	第二次饲喂、饮水，次序同第一次饲喂
			17：30～19：30	运动、反刍、卧息，清扫羊舍（不掏粪）和饲槽，检查羊群
			19：30～21：30	添草、饮水，检查羊群
		半舍饲半放牧	6：30～7：30	检查羊群
			7：30～9：30	第一次饲喂、饮水。先粗料，后精料，最后饮水或自由饮水
			9：30～17：30	放牧（若草场距羊舍较近，也可放牧到14：30归牧，人吃午饭后再第二次出牧），清扫羊舍（不扫粪）和饲槽
			17：30～18：30	归牧、卧息、反刍
			18：30～21：30	第二次饲喂、饮水或自由饮水，次序同第一次饲喂
			21：30～6：30	卧息、反刍

羊场盈利八招

续表

类型	季节	饲养方式	时间	日程安排
羔羊	冬春羔	舍饲	时间安排与大羊相同	仅在大羊两次运动场活动时母仔同场所活动、吃奶，其他时间与大羊分开饲喂。
		半舍饲半放牧	6:30~7:00	检查羊群
			7:30~9:30	第一次饲喂、饮水。先粗料，后精料，最后饮水或自由饮水
			9:00~9:30	羔羊归大羊群吃奶
			9:30~17:30	运动，运动场添草，反刍、卧息，清扫羊舍和饲槽，检查羊群
			17:30~18:30	运动、吃奶、反刍、卧息，清扫羊舍、饲槽，检查羊群
			18:30~21:30	添草，饮水，检查羊群
			21:30~6:30	卧息，反刍
	秋羔	舍饲	时间安排与大羊相同	仅在两次饲喂时与大羊分开，其他时间与大羊同圈活动、吃奶
		半舍饲半放牧	5:30~6:30	检查羊群
			6:30~9:30	第一次放牧，清扫羊舍和饲槽
			9:00~9:30	羊羔归大羊群吃奶
			9:30~11:30	第一次饲喂、饮水。先粗料，后精料，最后饮水或自由饮水
			11:30~15:30	卧息、反刍、运动，羊羔归大羊群吃奶
			15:30~18:30	第二次放牧
			18:30~21:30	第二次饲喂精料，添草，自由饮水
			21:30~5:30	卧息，反刍

（二）不同季节工作具体安排

不同季节工作具体安排见表3-2。

68

表 3-2　不同季节工作具体安排

季节	任务	时间	安排
春季 (3～5 月份)	保膘保羔，全产全活，适时配种，种草放牧，选种建档，剪毛药浴，防疫驱虫，推广种羊	3月1日至 4月20日	接产育羔，全产全活；母羊保膘，种草放牧
		3月1日至 5月15日	适时配种，是实现两年三产的保证；防疫驱虫，为健康度春和抓好夏膘奠定基础
		3月20日至 4月20日	对基础母羊、断奶羔羊和种公羊进行鉴定，建立基本档案，选优汰劣，示范点羊群编号、建档等
		4月10日至 5月1日	适时种草（预先做好牧草引种及种植计划），推广种羊，剪毛药浴，制定秋配和种公羊调换计划
		5月1日至 5月31日	做好羊只由干饲到青饲的过渡，逐渐减少干饲料和精料，增加青饲量。加强羔羊培育，有计划地推广种羊
夏季 (6～7 月份)	抓膘育羔，避热防暑，准备秋配，贮备干草	6月1日至 7月31日	始终抓好全舍饲或半放牧羊的膘情，夏膘达到中上水平；做好防暑工作，不必洗羊；按夏季管理日程饲喂。同时，抓好断奶后青年羊的培育
		6月20日至 7月31日	调换好种公羊，抓好种公羊秋配前抓膘、精液品质检查等准备工作
		7月10日至 7月31日	抓住晴好天气，将多余牧草制成干草，备冬春用
秋季 (8～10 月份)	抓膘配种，接产育羔；备料草，适时种草；防疫驱虫，剪毛药浴；选种建档，推广种羊	8月1日至 10月31日	抓好秋膘，达到满膘配种，使多数母羊在两个情期内受胎，公羊始终保持中上等膘情。部分春季受胎母羊产秋羔，要做好接产育羔工作
		8月1日至 9月20日	抓紧时机种草，为来年青草期提供优质高产饲草；对所有种公羊和种母羊及断奶春羔进行鉴定，选优汰劣
		9月1日至 9月20日	做好秋季防疫驱虫工作，进行秋季剪毛、药浴
		9月21日至 10月15日	抓好青贮、微贮、氨化和收购青干草工作，这是保证羊只过好冬季的关键措施，做好羊只由青草期转入枯草期的准备工作
		10月1日至 10月31日	为羊只准备好一定数量的过冬精饲料；下半月做好由青草期向枯草期的过渡，做好防风保暖、消毒灭病工作。同时，做好种羊提留和推广工作

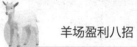
续表

季节	任务	时间	安排
冬季（11月份至翌年2月份）	防寒保暖，保膘保胎，精心饲管，接产育羔，全活全壮，肉羊出栏，年终总结，安排来年工作	11月1日至翌年2月28日	做好防寒保暖工作，精心安排日粮，搞好饲养管理，达到保膘保胎、全产全活、全活全壮的目的，做好必要的检查、交流活动
		11月1日至12月31日	抓好育肥羊（指品质差的公羊和杂种羊）的后期催肥，适时出栏。此期羊只不掉膘是来年春天保膘的重要基础，必须给予足够重视
		12月1日至12月31日	做好年终总结，发扬成绩，总结经验教训，以利来年再上新台阶，同时做好下年度生产计划

第四招
使羊群更健康

使羊群更健康，必须注重预防，遵循"防重于治""养防并重"的原则。加强饲养管理（采用"全进全出"制饲养方式、提供适宜环境条件、保证舍内空气清新洁净、提供营养全面平衡的优质日粮），增强羊体抗病力，注重生物安全（隔离卫生、消毒、免疫），避免病原侵入羊体，以减少疾病的发生。

一、科学的饲养管理

科学的饲养管理可以增强羊群的抵抗力和适应力，从而提高羊体的抗病力。

（一）满足营养需要

羊体摄取的营养成分和含量不仅影响生产性能，而且会影响健康。

1. 饲料营养对羊的生产和健康的影响

家畜要维持自身的生长发育，必须从外界环境中摄取养分以维持机体正常活动的需要，也就是从饲料中获得营养物质转化为机体的组织，形成畜产品或供给热能。羊生产的过程就是物质和能量转化的过程。饲料中含有的蛋白质、能量、矿物质、维生素和水等营养物质是羊必需的，供给不适宜会影响羊的健康和生产。

（1）蛋白质　蛋白质是一种含氮化合物，由许多氨基酸连接而成，氨基酸的种类很多，但组成蛋白质的仅有 20 多种，蛋白质是构成羊体组织、细胞的成分，是维持生命、生长、繁殖不可缺乏的物质，必须由饲料中供给。蛋白质也是羊机体组织的结构物质，肌肉、皮肤、内脏、血液、神经、骨骼、毛、角等的基本成分都是蛋白质，其肉、奶、毛绒等的主要成分也是蛋白质。另外蛋白质可以形成羊体内活性物质如酶、激素、抗体等，也是修补和更新机体组织的原料，蛋白质还可以分解产生能量，作为机体的能源。羊日粮中蛋白质不足，会影响瘤胃的生理效果，羊只生长发育缓慢，繁殖率、产毛量、产乳量下降。严重缺乏，会导致羊只消化紊乱，体重下降，贫血，水肿以致抗病力减弱。饲喂蛋白质过多，多余的蛋白质变成低效的能量，很不经济。过量的非蛋白氮和高水平的可溶性蛋白可造成氨中毒。所以，合理的蛋白质水平很重要。由于羊是反刍动物，它能利用瘤胃中的微生物制造氨基酸，合成高品质的菌体蛋白质。因此，对饲料蛋白质的品质要求不是很严格。瘤胃微生物能利用非蛋白质含氮化合物（如尿素、铵盐），将之转化为羊体所需要的蛋白质，根据这一特点，可在羊的日粮中添加适量尿素作为饲料蛋白质的代用品。一般羊日粮中蛋白质含量在 6%～10% 时，添加尿素的效果最好。

（2）能量　能量是机体进行各种活动的能力。能量主要来源于饲料的碳水化合物，如糖和淀粉等，是由碳、氢、氧三种元素组成的，饲料中的碳水化合物进入机体后，经消化吸收和氧化分解后而产生热能。

碳水化合物可分为无氮浸出物（糖和淀粉）和粗纤维两部分，又称可溶性和难溶性两部分，可溶性部分主要包括淀粉和糖类，营养价值高，易于消化吸收，又称易溶性碳水化合物，在玉米、高粱、薯类里含量最多，占干物质的60%～70%。难溶性的部分，主要是粗纤维，粗纤维包括纤维素、半纤维素和木质素等成分，在作物的秸秆和皮壳内含量最多。羊的第一胃中有大量能分解利用粗纤维的微生物，所以羊能较多地利用青粗饲料里的粗纤维。粗纤维除供羊热能外，还是羊奶脂肪的重要来源，饲料中易发酵的粗纤维在胃中分解产生挥发性低级脂肪酸，由胃壁吸收经血液运到乳腺中变成乳脂肪。此外，粗纤维对胃肠有填充作用，使羊采食后产生饱感，并能刺激胃肠蠕动，有利于消化和粪便排泄。

　　碳水化合物是畜禽饲料中最重要的能量来源，主要为羊只提供能量。能量的作用是保证羊体内部器官正常活动、维持羊的日常生命活动和体温。饲料中的能量水平是影响生产力的重要因素之一。能量不足，会导致幼年羊生长缓慢，母羊繁殖率下降，泌乳期缩短，生产力下降，羊毛生长缓慢，毛纤维直径变细等。能量过高，对生产和健康同样不利。因此饲料所含的能量水平适宜，对保羊体健康，提高生产力，降低饲料消耗具有重要作用。

　　（3）矿物质　饲料经过充分燃烧，剩余的部分就称为矿物质或灰分。矿物质的种类很多，一般根据其占畜体重的比例大小可分为常量元素（0.01%以上）和微量元素（0.01%以下）。在常量元素中有钙、磷、钠、氯、硫、镁、钾等。在微量元素中有铁、铜、锰、锌、硅、硒、钴、碘、铬、氟、钼等，其在羊体内含量虽少，但具有重要作用。

　　羊正常营养需要多种矿物质。矿物质是羊体组织、细胞、骨骼和体液的重要成分。体内缺乏矿物质，会引起神经系统、肌肉运动、食物消化、营养输送、血液凝固和体内酸碱平衡等功能紊乱，影响羊体健康、生长发育、繁殖和畜产品产量，乃至死亡。

　　（4）维生素　维生素就是维持生命的要素。属于低分子有机化合物，其功能在于启动和调节有机体的物质代谢。在饲料中虽然含量甚微，但所起作用极大。维生素种类很多，目前已知20多种．分为脂溶性（维生素A、维生素D、维生素E、维生素K）和水溶性（B族维生素和维生素C）两大类。B族维生素包括硫胺素（维生素B₁）、核黄素（维生素B₂）、烟酸（维生素B₃）、吡哆醇（维生素B₆）、泛酸（维生素B₅）、叶酸、生物素（维生素B₄）、胆碱和维生素B₁₂。羊对维生素的需要量虽然极少，但缺乏了，就会引起许多疾病。维生素不足会引起机体代谢紊乱。羔羊表现生长停滞，抗病力弱。成年羊则出现生产性能下降和繁殖机能紊乱。羊体所需的维生素，除由饲料中获取外，还可由消化道微生物合成。养羊业中一般对维生素A、维生素D、维生素E、维生素B和维生素K比较重视。

（5）水　水是家畜机体一切细胞和组织的必需构成成分。在组成畜体的所有化学成分中水的比例最高。动物体平均有水分55%～60%，年幼动物占的比例更大。羊要生存，一天也离不开水。如果缺乏水，可使动物比缺乏任何营养都死得快。长时间饮水不足，会造成组织和器官缺水，消化机能减弱，食欲下降，影响体内代谢，严重时可造成死亡。当体内失去10%的水分时，即会导致严重的代谢紊乱。失去20%～25%水分时，就会危及生命，可见水分对有机体是非常重要的。水的主要功能是调节体温、保持体型、散发体内热量、运输各种营养、帮助消化吸收、排除废物、缓解关节摩擦、促进新陈代谢等。水的需要量因年龄、外界环境条件等的不同而异，一般按采食饲料中的干物质含量来计算需水量，一般每采食1千克干物质需要水3～4升。饲料中蛋白质和食盐含量增加，饮水量随之增加。摄入高水分饲料时饮水量降低。饮水量随气温升高而增加，夏季饮水量高于冬季饮水量12倍。妊娠和泌乳期饮水量要增加。

2. 饲料营养对羊免疫机能的影响

羊日粮营养水平和成分均影响其本身对疾病的抵抗力和恢复力，而这种抵抗力和恢复力需要免疫系统的高度协调，需要氨基酸、能量、酶、辅助因子支持抗性淋巴细胞的增殖，从骨髓中补充新的单核白细胞和嗜异细胞，合成免疫球蛋白、溶菌酶、补体及含氮氧化物。

羊免疫系统对营养素的过剩或缺乏都很敏感，但获得最大免疫力所需要的营养水平高于正常生产所需量，如果某一种或几种营养素摄取不足，就会影响免疫机能的正常发挥，但过多则可能引起其他营养素的继发性缺乏或免疫抑制。一般来说，微量营养素比常量营养素对家畜免疫系统的影响更大，因此人们越来越重视营养调节，希望借此来增强家畜防御机能，减少疾病造成的损失。

（1）氨基酸 抗体是由细胞中自由氨基酸库合成的。这一合成作用要求充足的氨基酸补充，因此对氨基酸库的干扰可能对抗体合成系统造成严重的后果。家畜有机体出现免疫应激时，其代谢加快，对氨基酸的需求量增加。含硫氨基酸的缺乏会抑制体液免疫功能，多形核白细胞在这种缺乏状态下不能以氧化方法去破坏被吞噬的微生物。这种缺乏与胆碱缺乏的相加效应导致淋巴退化，并且抑制脾淋巴细胞对许多促细胞分裂剂的反应。缬氨酸还有刺激骨骼前 T 淋巴细胞分化为成熟 T 淋巴细胞的作用。缬氨酸、亮氨酸、异亮氨酸、赖氨酸、苯丙氨酸的缺乏可使动物胸腺、脾脏萎缩。腹腔注射缬氨酸可以提高绵羊红细胞免疫后的脾免疫球蛋白 M（IgM）分泌细胞数。绵羊日粮中添加亮氨酸与 α-酮异己酸，可调节其 T 淋巴细胞亚群的免疫功能。苏氨酸也是免疫球蛋白 G（IgG）合成的第一限制性氨基酸，日粮中添加赖氨酸和苏氨酸可使胸腺重量提高，皮肤对异源移植的排斥反应增加。精氨酸在生物体防御机能中的作用比维持生产更为重要。

（2）脂肪酸 ω-3 不饱和脂肪酸能够促进抗体产生，亚油酸不仅影响脾脏淋巴细胞增殖和细胞分裂素的产生，而且能够改善应激引起的生长迟缓。

（3）低聚糖 低聚糖，也叫寡糖，为化学益生素。目前动物用低聚糖主要有甘露寡糖和果寡糖等功能性低聚糖。这类低聚糖在动物胃和小肠中不易被利用，但却能直接或间接地提高动物有机体的免疫功能。

① 能促进双歧杆菌增殖，增强动物免疫功能 寄居于动物肠道后段的有益菌，特别是双歧杆菌可以利用甘露寡糖和果寡糖迅速繁殖。双歧杆菌对宿主健康的作用是：一是可作为免疫修饰因子，激活巨噬细胞的吞噬活力；二是可合成多种维生素（维生素 B_1、维生素 B_6、维生素 B_{12} 等），还可产生消化酶和溶菌酶，可预防、抑制和杀死肿瘤细胞，提高机体的抗感染能力和抗体水平；三是在抗生素治疗疾病期间，可维持肠道的正常菌群；四是双歧杆菌的代谢产物主要是乙酸和乳酸，较低的 pH 值可以抑制肠道中一些有害菌的生长。另外，双歧杆菌在肠道的定植，可诱发机体的特异性免疫反应。

② 具有免疫佐剂和抗原特性 低聚糖不仅可以降低机体对疫苗的吸收，延缓疫苗释放，增加疫苗刺激机体的时间，从而增强其效应，而且对脂多糖有辅助作用，可增强细胞和体液免疫功能。

③ 可激活机体体液免疫和细胞免疫 甘露寡糖不仅可以提高动物 B 淋巴细胞的数目，提高体液免疫功能，而且还具有以下功能：一是增加可以协调不同免疫细胞活力的细胞因子的释放；二是能提高白细胞介素（IL-2）的浓度、T 细胞的增殖和分化；三是能增强干扰素（IFN）的活性。IFN 是由活化的 T 细胞释放的细胞因子，它的出现可增强白细胞、体液、蛋白质向感染部位迁移，并激活巨噬细胞吞噬其所包围的细菌。低聚甘露糖（MOS）可与病原菌，如大肠杆菌和沙门菌细胞壁表面上的植物凝集素受体结合，使病原体不能黏附到肠上皮细胞膜上的受体之上，而与动物粪便一起被排出体外。

（4）维生素 不同形式的维生素 A 产生免疫效应的途径不同。视黄醇通过 B 淋巴细胞介导来增加免疫球蛋白的合成。视黄酸通过 T 淋巴细胞介导或产生淋巴因子促进免疫球蛋白合成。胡萝卜素是通过增强脾细胞增殖反应和使腹腔巨噬细胞产生细胞毒因子，起到抑制肿瘤细胞转移和促进免疫功能的作用，具有保护动物免遭癌症侵害、减轻紫外线致皮肤癌作用。维生素 A 的免疫作用还表现在它的抗氧化性方面，它可以通过降低自由基来调节免疫功能。另外，维生素 A 可通过保护细胞膜的强度而使病毒不能穿透细胞而达到增强动物机体免疫力的功效。不同程度的维生素 A 缺乏，不仅使动物 T 细胞亚群分化异常，胸腺淋巴细胞减少，细菌、病毒和原虫的感染机会增加，而且还可以导致呼吸道黏膜纤毛机能降低和黏液分泌减少，使细菌定居、增殖和侵入，家畜出现腹泻、感冒、肺炎等病症。胡萝卜素在肠壁中转变成维生素 A，任何一种对肠壁有损害的疾病，都会干扰这种转化作用，因此，家畜患病时应注意维生素 A 的供给。

维生素 C 是细胞外液中最重要的抗氧化剂，具有抗应激作用和提高动物免疫力等功能。当家畜受到病毒和细菌感染时，其特异性免疫细胞，如巨噬细胞，首先形成第一道防线，而这些细胞中维生素 C 的含量比血浆中的含量高 40 倍。巨噬细胞中高水平的维生素 C 同细胞的活化膜转运结构一起吞噬或杀死入侵的微生物，同时保护巨噬细胞免遭损伤。家畜遭受病毒和细菌感染时，其代谢活力发生应激变化，即肾上腺分泌皮质酮的速度加快，以动用储备能量，保证葡萄糖异生产生能量，确保即刻生存。一旦皮质酮耗竭或合成不足，葡萄糖异生产生能量的作用就会停止，而皮质酮的合成需要维生素 C，在急性免疫应激时，维生素 C 的生物合成不能满足动物的生理需要和抗应激需要。因此在家畜免疫应激期间，应补充一定量的维生素 C。

维生素 E 对各种动物都有免疫调节作用，主要是通过激活原发性免控反应来调节免疫球蛋白 G 的生物合成，通过激活 B 细胞而促进免疫球蛋白 G 的分泌。家畜服用足量的维生素 E 后，合成抗体的细胞增加，脾脏重量增加，网状内皮系统中的巨噬细胞增加。维生素 E 具有抗氧化功能，可促进不同动物的淋巴细胞增殖，可维持巨噬细胞膜的完整性，而细胞完整性对于免疫调节中接收及反馈信息是非常重要的。维生素 E 还可通过调节白细胞介素（IL-1）水平来促进 B 细胞分化及抗体的产生。

（5）矿物元素　矿物元素，尤其是微量元素在家畜日粮中的比例较小，但其作用很关键，其不仅是家畜不可缺少的营养素，而且直接参与机体免疫，维持免疫机能，减少疾病发生。

铜主要是通过由它构成酶组成动物机体的防御系统而起增强机体免疫机能的作用。家畜缺铜时，其体液性、细胞性及非特异性免疫功能下降，如血液中免疫球蛋白 G、免疫球蛋白 A 和免疫球蛋白 M 水平下降，对各种微生物易感性增加，而且还产生不完整的抗体，巨噬细胞内铜锌-超氧化物歧化酶活性及杀伤白色念珠菌的活性降低，杀伤酵母细胞数量减少。缺铜可导致动物脾脏 T 淋巴细胞减少，尤其是亚群辅助性 T 细胞数量减少，胸腺萎缩，肝脏肿大。放牧羊只很容易发生铜缺乏症，易感染消化道和呼吸道疾病，且炎症反应较重。缺铜会降低家畜对寄生虫的抵抗力。给缺铜羔羊接种毛圆线虫和蛇形毛圆线虫，两周后就在粪中发现有大量虫卵，而且出现血液白蛋白减少症。感染也会降低血铜水平，但补铜羔羊未出现这种现象。因此，羔羊日粮中补铜对控制蠕虫感染也至关重要。

锌直接参与免疫调节活动，保持免疫系统的完整性，包括维持胸腺素的生物活性。胸腺素是以含锌复合物的形式存在的，在免疫系统的发育、应激反应、免疫调节、抗感染、抗肿瘤的免疫监视等方面发挥着重要作用。细胞内锌浓度对巨噬细胞活力和嗜中性白细胞的杀菌能力起决定性作用，锌能诱导 B 细胞分泌免疫球蛋白，从而达到抑菌作用。缺锌可使家畜胸腺和脾脏的 T 细胞依赖区域全面萎缩，辅助性 T 细胞的功能也受到损害。补锌可提高动物 B 细胞的免疫性能、羊只布氏杆菌凝集反应抗体滴度和血清 γ-球蛋白含量。

硒被称作免疫促进剂，硒通过谷胱甘肽过氧化物酶（GSH-Px）来及时清除白细胞内的过氧化氢，防止白细胞本身受到危害，从而达到提高免疫活性的目的。家畜缺硒就抑制了谷胱甘肽过氧化物酶的合成，降低嗜中性白细胞和巨噬细胞的谷胱甘肽过氧化物酶活性，使细胞不能及时清除过氧化物而降低免疫细胞的活性。适量的硒还利于淋巴细胞分泌淋巴因子，增强 T 细胞与 NK 细胞吞噬或杀伤病原体和癌细胞的能力。补硒可提高家畜有机体的抗体水平，增强免疫力。

铁是动物体内许多酶的辅助因子，它能促进免疫球蛋白 M 的水平升高，从而明显地影响细胞免疫功能。铁同锌、硒、铜、铬等均可使动物胸腺、脾脏等免疫器官重量增加。缺铁可导致酶的活性下降，生长受阻，机体免疫功能受到影响。羊在遭受细菌和病毒感染初期，血清铁浓度降低，恢复期内迅速上升；碘能诱导甲状腺球蛋白加强主动免疫功能；补铬可提高靶组织中胰岛素和类胰岛素生长因子的敏感度，提高血清免疫球蛋白水平，降低直肠温度，减少发病率；妊娠期缺钴的母羊所产羔羊在出生前后生活力下降，免疫力降低。

3. 饲料污染对羊健康的影响

（1）饲料被有毒有害物质污染　饲料和饲草被农药污染（如饲料作物从污染的土壤、水体和空气中吸收；对作物直接喷洒农药以及饲料仓库用农药、杀虫剂防虫、运输饲料工具被农药污染等以及大量使用除草剂等），羊采食后可能引起中毒。

（2）饲料中添加剂使用不当　饲料中使用饲料添加剂，主要是为了补充饲料的营养成分，防止饲料品质劣化，提高饲料适口性和利用率，增强抗病力，促进生长发育，提高生产性能，满足饲料加工过程中某些工艺的特殊需要。饲料添加剂使用剂量极小而作用效果显著，近年来取得了长足的发展。但是，由于部分饲料添加剂具有毒副作用，加之过量、无标准地使用，不仅不能达到预期的饲养效果，反而会造成羊中毒，轻则造成生产性能下降，重则造成动物大批死亡。特别是抗生素和化学合成药的滥用和一些违禁及淘汰药的非法使用，不仅危害羊的健康，也危害人的健康。

（3）饲料被病原微生物污染　饲料的温度过低（低于 10℃）或过高（高于 42℃），湿度过大（水分含量 ≥ 12%，相对湿度 80% ~ 90%）或运输储藏不当等原因，均会使饲料中滋生有害的腐败性微生物（如细菌、真菌和霉菌等）。这些有害菌大量生长会引起饲料营养价值降低、适口性变差及组成成分变质。用这种饲料饲喂动物，会发生动物疾病或死亡等不良情况，而且动物的排泄物、尸体及污水还会成为二次污染牧草和饲料的主要途径。

如谷物原料等在收割后的晾晒过程中受到禽类和啮齿动物等沙门菌主要宿主的偷食，植物蛋白原料（如豆粕和菜籽粕等）和动物蛋白原料（如鱼粉、鱼油、血粉和肉骨粉等）在储藏时受到鼠类污染以及动物自身携带并在采食过程中污染饲料等，可以引起羊的感染，甚至交叉感染给人。

（二）供给充足卫生的饮水

水是最廉价的营养素，也是最重要的营养素，水的供应情况和卫生状况对维护羊体健康有着重要作用，必须保证充足而洁净卫生的饮水。羊场饮水的水质检测项目及标准见表4-1。

表4-1　羊场饮水的水质检测项目及标准

检测项目	标准值
色度	＜5
浑浊度	＜2
臭气	无异常
味	无异常
氢离子浓度（pH 值）	5.8～8.6
硝酸氮及亚硝酸氮 /（毫克 / 升）	＜10
盐离子 /（毫克 / 升）	＜200
过锰酸钾使用量 /（毫克 / 升）	＜10
铁 /（毫克 / 升）	＜0.3
普通细菌 /（毫克 / 升）	＜100
大肠杆菌	未检出
残留氯 /（毫克 / 升）	0.1～1.0

1.适当的水源位置

水源位置要选择远离生产区的管理区内，远离其他污染源（羊舍与井水水源间应保持适宜的距离），建在地势高燥处。羊场可以打自建深水井和建水塔，深层地下水经过地层的过滤作用，又是封闭性水源，受污染的机会很少。

2. 加强水源保护

水源附近不得建厕所、粪池、垃圾堆、污水坑等，井水水源周围 30 米、江河水取水点周围 20 米、湖泊等水源周围 30～50 米范围内应划为卫生防护地带，四周不得有任何污染源。保护区内禁止一切破坏水环境生态平衡的活动以及破坏水源林、护岸林、与水源保护相关植被的活动；严禁向保护区内倾倒工业废渣、城市垃圾、粪便及其他废弃物；运输有毒有害物质、油类、粪便的船舶和车辆一般不准进入保护区；保护区内禁止使用剧毒和高残留农药，不得滥用化肥；避免污水流入水源。最易造成水源污染的区域，如病羊隔离舍化粪池或堆粪场更应远离水源，粪污进行无害化处理，并注意排放时防止流进或渗进饮水水源。

3. 搞好饮水卫生

定期清洗和消毒饮水用具和饮水系统，保持饮水用具的清洁卫生。保证饮水的新鲜。

4. 注意饮水的检测和处理

定期检测水源的水质，污染时要查找原因，及时解决；当水源水质较差时要进行净化和消毒处理。地面水一般水质较差，需经沉淀、过滤和消毒处理，地下水较清洁，可只进行消毒处理，也可不做消毒处理。地面水源常含有泥沙、悬浮物、微生物等。在水流减慢或静止时，泥沙、悬浮物等靠重力逐渐下沉，但水中细小的悬浮物，特别是胶体微粒因带负电荷，相互排斥不易沉降，因此，必须加混凝剂，混凝剂溶于水可形成带正电的胶粒，可吸附水中带负电的胶粒及细小悬浮物，形成大的胶状物而沉淀，这种胶状物吸附能力很强，可吸附水中大量的悬浮物和细菌等一起沉降，这就是水的沉淀处理。常用的混凝剂有铝盐（如明矾、硫酸铝等）和铁盐（如硫酸亚铁、三氯化铁等）。经沉淀处理，可使水中悬浮物沉降 70%～95%，微生物减少 90%。水的净化还可用过滤池，用滤料将水过滤、沉淀和吸附后，可阻留消除水中大部分悬浮物、微生物等而得以净化。常用滤料为砂，以江河、湖泊等作分散式给水水源时，可在水边挖渗水井、砂滤井等，也可建砂滤池；集中式给水一般采用砂滤池过滤。经沉淀过滤处理后，水中微生物数量大大减少，但其中仍会存在一些病原微生物，为防止疾病通过饮水传播，还须进行消毒处理。消毒的方法很多，其中加氯消毒法投资少、效果好，较常采用。氯在水中形成次氯酸，次氯酸可进入菌体破坏细菌的糖代谢，使其致死。加氯消毒效果与水的 pH 值、浑浊度、水温、加氯量及接触时间有关。大型集中式给水可用液氯消毒，液氯配成水溶液，加入水中；大型集中式给水或分散式给水多采用漂白粉消毒。

（三）减少应激发生

转群、免疫接种、运输、饲料转换、无规律的供水供料等生产管理因素，以及饲料营养不平衡或营养缺乏、温度过高或过低、湿度过大或过小、不适宜的光照、突然的音响等环境因素，都可引起应激。加强饲养管理和改善环境条件，避免和减轻应激因素对羊群的不良影响，也以在应激发生的前后 2 天内在饲料或饮水中加入维生素 C、维生素 E 和电解多维以及镇静剂等。

（四）其他管理措施

1. 断尾

断尾主要针对肉用绵羊品种公羊同本地母绵羊的杂交羔羊、半细毛羊羔羊。这些羊均有一条细长的尾巴，为避免粪、尿污染羊毛，防止夏季苍蝇在母羊阴部产卵而导致疾病，便于母羊配种，必须断尾。断尾应在羔羊生后 10 天内进行，此时尾巴较细，出血少。断尾有热断法和结扎法两种。

（1）热断法　需要一个特制的断尾铲（厚 0.5 厘米，宽 7 厘米，高 10 厘米）和两块 20 厘米 ×20 厘米的木板。在一块木板的下方，挖一个半圆形的缺口，断尾时把尾巴正好压在这个半圆形的缺口里。木板的两面钉上铁皮，以防止烧热的断尾铲把木板烧着或烫伤羔羊的肛门和睾丸。另一块木板两面钉上铁皮，断尾时把它衬在板凳上面，以防把板凳烫坏。操作时需两个人配合。助手保定羔羊，即两手分别握住羔羊的前后肢，把羔羊的背贴胸前。助手骑在板凳上，让羔羊正好蹲坐在板上，术者在离尾根4厘米处（即第三、第四尾椎之间），用带有半圆形缺口的木板把尾巴紧紧地压住，把烧成暗红色的断尾铲放在尾巴上稍微用力往下压，即可将尾巴断下。切的速度不宜过快，否则止不住血。断下尾巴后若仍出血，可用热的断尾铲再烫一烫。此法的优点是速度快、操作简便、失血少。

（2）结扎法　结扎法即用橡皮筋在尾巴适中的位置（第三、第四尾椎之间）紧紧扎住，断绝血液流通，下端的尾巴10天左右即自行脱落。

2. 药浴

一般情况下剪过毛的羊都应药浴，以防疥癣病的发生。药浴使用的药剂有0.05%辛硫磷水溶液、石硫合剂。石硫合剂的配制方法：生石灰15千克、硫黄粉25千克，用水搅成糊状，加水300千克，用铁锅煮沸，边煮边用棒搅拌，到呈浓茶色时止。然后倒入木桶或水缸里，沉淀后取上清液兑入1000千克温水，即可用于药浴。

药浴的注意事项有以下几点：一是在药浴前8小时停止喂料，在入浴前2～3小时给羊饮足水，以防止羊喝药液；二是先浴健康羊，有疥癣的羊最后浴；三是药液的深度以没及羊体为原则，羊出浴后应在滴流台上停10～20分钟；四是在出口处，工作人员应把每只羊的头部压入药液中1～2次；五是药浴后5～6小时可转入正常饲养；六是怀孕2个月以上的母羊一般不可进行药浴；七是药浴时间以剪毛后6～8天为好，第一次药浴后8～10天再重复药浴一次。

3. 刷拭

刷拭羊体可增加羊的血液循环，为保持羊体的清洁卫生，可每天进行一次或两天进行一次，工具可用棕刷、旧的扫把、旧的钢刷、旧木工锯条等。刷拭顺序一般是从前到后，从上到下。刷拭可以饲喂后进行。山羊更应当刷拭。

4. 修蹄

长期舍饲的羊，蹄磨损少，蹄不断生长，造成行走不便、采食困难，严重者引起蹄病或蹄变形。

修蹄一般在雨后进行，这时蹄质软易修剪。修蹄时让羊坐在地上，人站在羊背后，使羊半躺在人的两腿中间。修蹄时从左前肢开始，术者用左腿架住羊的左肩，使羊的左前膝靠在术者的膝盖上，左手握蹄，右手持刀、剪，先除去蹄下污泥，将生长过长的蹄尖剪掉，然后用利刀把蹄底的边缘修整到和蹄底一样平齐。修到蹄底可见淡红色的血管为止，不要修剪过度。整形后的羊蹄，蹄底平整，前蹄呈椭圆形。变形蹄需多次修剪，逐步校正。

二、保持适宜的环境条件

（一）科学设计羊舍

建造羊舍的目的是保暖防寒，便于南方地区降温防暑，北方地区防冻、免受风寒侵害。同时，利于各类羊群管理。专业性强的规模羊场，羊舍建造应考虑不同生产类型的特殊生理需求，以保证羊群有良好的生活环境。

1. 羊舍的结构及要求

羊舍由各部分组成，包括基础、屋顶及顶棚、墙、地面及楼板、门窗、楼梯等（其中屋顶和外墙组成羊舍的外壳，将羊舍的空间与外部隔开，屋顶和外墙称外围护结构）。羊舍的结构不仅影响到羊舍内环境的控制，而且影响到羊舍的牢固性和利用年限。

（1）基础　基础是羊舍地面以下承受畜舍的各种荷载并将其传给地基的构件，也是墙突入土层的部分，是墙的延续和支撑。

它的作用是将畜舍本身重量及舍内固定在地面和墙上的设备、屋顶积雪等全部荷载传给地基。基础决定了墙和畜舍的坚固性和稳定性，同时对畜禽舍的环境改善具有重要意义。对基础的要求：一是坚固、耐久、抗震；二是防潮（基础受潮是引起墙壁潮湿及舍内湿度大的原因之一）；三是具有一定的宽度和深度。例如，条形基础一般由垫层、大放脚（墙以下的加宽部分）和基础墙组成。砖基础每层放脚宽度一般宽出墙 60 毫米；基础的底面宽度和埋置的深度应根据畜舍的总荷重、地基的承载力、土层的冻胀程度及地下水位高低等情况计算确定。北方地区在膨胀土层修建畜舍时，应将基础埋置在土层最大冻结深度以下。

（2）墙体　墙是基础以上露出地面的部分，其作用是将屋顶和自身的全部荷载传给基础的承重构件，也是将畜舍与外部空间隔开的外围护结构，是畜舍的主要结构。以砖墙为例，墙的重量占畜舍建筑物总重量的 40%～65%，造价占总造价的 30%～40%。同时墙体也在畜舍结构中占有特殊的地位。据测定，冬季通过墙散失的热量占整个畜舍总失热量的 35%～40%，舍内的湿度、通风、采光也要通过墙上的窗户来调节，因此，墙对畜舍小气候状况的保持起着重要作用。对墙体要求：一是坚固、耐久、抗震、防火、抗震。二是良好的保温隔热性能。墙体的保温、隔热能力取决于所采用的建筑材料的特性与厚度，尽可能选用隔热性能好的材料，保证最好的隔热设计，在经济上是最有利的措施。三是防水、防潮。受潮不仅可使墙的导热加快，造成舍内潮湿，而且会影响墙体寿命，所以必须对墙进行严格的防潮、防水处理（如用防水耐久材料抹面，保护墙面不受雨雪侵蚀；做好散水和排水沟；设防潮层和墙围，如墙裙高 1.0～1.5 米。生活办公用房踢脚高 0.15 米，勒脚高约为 0.5 米等）。四是结构简单，便于清扫消。

（3）屋顶　屋顶是畜舍顶部的承重构件和围护构件，主要作用是承重、保温隔热、防风沙和雨雪。它由支承结构和屋面组成。支承结构承受着畜舍顶部包括自重在内的全部荷载，并将其传给墙或柱；屋面起围护作用，可以抵御降水和风沙的侵袭，以及隔绝太阳辐射等，以满足生产需要。对屋顶的要求：一是坚固防水。屋顶不仅承接本身重量，而且承接着风沙、雨雪的重量。二是保温隔热。屋顶对于畜舍的冬季保温和夏季隔热都有重要意义。屋顶的保温与隔热的作用比墙重要，因为屋顶的面积大于墙体。舍内上部空气温度高，屋顶内外实际温差总是大于外墙内外温差，热量容易散失或进入舍内。三是不透气、光滑、耐久、耐火、结构轻便、简单、造价便宜。任何一种材料不可能兼有防水、保温、承重三种功能，所以正确选择屋顶材料、处理好三方面的关系，对于保证畜舍环境的控制极为重要。四是保持适宜的屋顶高度。肉羊舍的高度依羊舍类型、地区气温而异。按屋檐高度计，一般为 2.5～3.0 米，双坡式为 2.8～3.0 米，单坡式为 2.5～2.8 米，钟楼式稍高点，棚舍式略低些。北方羊舍应低，南方羊舍应高。如果为半钟楼式屋顶，后檐比前檐高 0.5 米。在寒冷地区，适当降低净高有利保温。而在炎热地区，加大净高则是加强通风、缓和高温影响的有力措施。

（4）地面　地面的结构和质量不仅影响羊舍内的小气候、卫生状况，还会影响羊体的清洁，甚至影响羊的健康及生产力。北方通常用地面作羊床，供羊只卧息，排泄粪尿。一般要求地面保温性好，用导热小的材料建造。地面处理采取夯实黏土或三合土，即石灰:碎石:黏土＝1:2:4。国外已有用镀锌钢丝作羊床的，但成本较高。地面处理要求致密、坚实、平整、无裂缝、不硬滑，使卧息舒服，防止四肢受伤或蹄病发生。为保证不渗水，地面应有 1.0%～1.5% 的斜度，便于排污，利于清扫、消毒，能抗消毒液浸蚀。也有采用砖铺地面的，效果也佳；南方地区采用竹木漏缝地板作羊床，上述条件均可达到要求，是最佳的羊床。

（5）门窗　开设门以能保证羊只自由出入、安全生产。羊舍门应向外开，不设门槛。视羊舍大小设 1～2 个门，一般设于羊舍两端，正对通道。大型羊舍门宽度 2.5～3.0 米，高度 2.0～2.5 米。寒冷北方地区可设套门。窗宽 1.0～1.2 米、高 0.7～0.9 米，窗台距地面高 1.3～1.5 米。

2.羊舍的类型及特点

羊舍按墙壁的封闭程度不同可分为封闭式、半开放式、开放式和棚舍式；按屋顶的形状不同可分为钟楼式、半钟楼式、单坡式、双坡式和拱顶式；按羊床在舍内的排列不同分为单列式、双列式和多列式；按舍饲羊的对象不同分为成年羊舍、羔羊舍、后备羊舍、育肥羊舍和隔离观察舍等。

（1）棚舍　或称凉亭式牛舍，有屋顶，但没有墙体。在棚舍的一侧或两侧设置运动场，用围栏围起来。棚舍结构简单、造价低，适用于温暖地区和冬季不太冷的地区的成年牛舍。

炎热季节为了避免羊受到强烈的太阳辐射，缓解热应激对羊体的不良影响，可以修建凉棚。凉棚的轴向以东西向为宜，避免阴凉部分移动过快；棚顶材料和结构有秸秆、树枝、石棉瓦、钢板瓦以及草泥挂瓦等，根据使用情况和固定程度确定。如长久使用可以选择草泥挂瓦、夹层钢板瓦、双层石棉瓦等，如果临死使用或使用时间很短，可以选择秸秆、树枝等搭建。秸秆和树枝等搭建的棚舍只要达到一定厚度，其隔热作用就较好，棚下凉爽；棚的高度一般为3～4米，棚越高越凉爽。冬季可以使用彩条布、塑料布以及草帘将北侧和东西侧封闭起来，避免寒风直吹羊体。

（2）半开放羊舍

① 一般半开放舍　半开放羊舍有屋顶，三面有墙（墙上有窗户），向阳一面敞开或半敞开，墙体上安装有大的窗户，有部分顶棚，在敞开一侧设有围栏，水槽、料槽设在栏内，肉羊散放其中。这类羊舍适用于后备羊和成年羊。

这类羊舍在我国许多地区采用，尤其是炎热地区和温暖地区应用最多。北方地区20世纪50年代建国营种羊场采用。近年来，南方农区养羊专业户也普遍应用，区别在于南方建造加大窗户的面积。建造样式分为单列式或双列式两种。优点在于造价低，简单，管理方便。

半开放单列式普通羊舍。这类羊舍适合于北方牧区放牧为主，土地广阔，规划中运动场占地较大的羊场。以冬季关羊时间较长，夏、秋季羊只卧息于运动场的羊场居多。这类羊舍见图4-1。

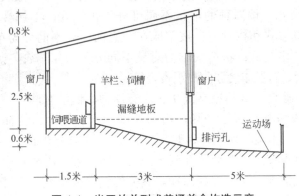

图 4-1　半开放单列式普通羊舍构造示意

　　半开放双列式普通羊舍。这类羊舍适合于温暖潮湿地区，可用于饲养优良种羊。优点是结构合理科学，羊舍通风良好，采光强，羊舍保持干净卫生，操作方便。目前，南方地区新建种羊场普遍应用。羊舍内是通圈，用移动式钢栏调节圈舍面积。漏缝地板是拼装式，可定期启开清扫和消毒。地面是斜坡式，便于定期冲洗打扫，劳动强度小，可提高劳动效率，减轻工人劳动强度。但造价稍高，一般农户养羊可简化结构，降低成本，南方农区应普遍推广。这类羊舍见图4-2。

　　② 塑料暖棚羊舍　是近年北方寒冷地区推出的一种较保温的半开放羊舍。与一般半开放羊舍比，保温效果较好。塑料暖棚羊舍三面全墙，向阳一面有半截墙，有 1/2 ～ 2/3 的顶棚。向阳的一面在温暖季节露天开放，寒季在露天一面用竹片、钢筋等材料做支架，上覆单层或双层塑料，两层膜间留有间隙，使牛舍呈封闭的状态，借助太阳能和羊体自身散发热量，使羊舍温度升高，防止热量散失。适用于各种肉羊。采用普通塑膜暖棚羊舍，冬季的舍温可保持在 5 ～ 20℃。

　　单列半拱面塑料薄膜暖棚羊舍。这类羊舍是利用现有的简易

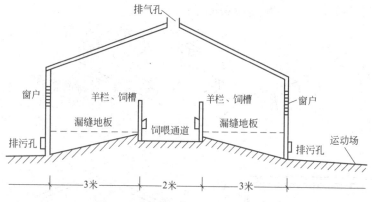

图 4-2　半开放双列式普通羊舍示意

敞圈或原羊舍外的运动场搭建，投资少，易建造。方向坐北朝南，棚舍中梁高 2.5 米，后墙高 1.7 米，前沿墙高 1.1 米。后墙与中梁间用木椽或管材等材料搭棚，中梁和前沿墙间用竹片搭成拱形支架。上面覆盖塑膜，一般前后跨度 6 米，左右宽 10 米，中梁垂直于地面与前沿墙距 2～3 米。舍门高 1.8 米、宽 1.2 米，设于棚舍山墙，供羊只出入。在前沿墙基 5～10 厘米处设进气口，棚顶设百叶窗式排气口，一般排气口面积是进气口的 2 倍。舍内沿墙设补饲槽、产仔栏等设施。这类羊舍见图 4-3。

单列半坡式保暖板暖棚羊舍。是四川省草原研究所推广的保暖板暖棚羊舍，在高寒地区效果好。采用的双层中空塑料保暖板效果较聚氯乙烯膜、聚乙烯膜、无滴膜更具优点。

保暖板的技术性能要求：抗拉断力大于 160 牛；断裂伸长率大于 150 牛；平面压缩力大于 900 牛；垂直压缩力小于 60 牛。一般可见光（400～800 纳米）的透光率在 82.4%～86%，即大部分太阳光波可穿过保暖板进入暖棚，太阳能得到合理利用。耐老化，寿命长，一般建成可使用 3～5 年。舍内采光温度比外界提高 13℃，最高相差 18.8℃。而且，抗风、抗冰雹、抗雪压。据试验，暖棚最大面积不超过 200 米^2，最大饲养量 300 只；一般以建棚面积在 100～150 米^2 为宜。

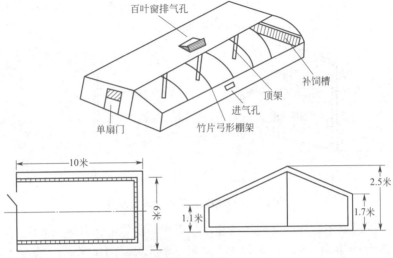

图 4-3　单列半拱面塑膜暖棚羊舍构造示意

修筑塑膜暖棚羊舍要注意：一是选择合适的朝向，塑膜暖棚羊舍需坐北朝南，南偏东或西的角度最多不要超过 15°，舍南至少 10 米应无高大建筑物及树木遮蔽；二是选择合适的塑料薄膜，应选择对太阳光透过率高、而对地面长波辐射透过率低的聚氯乙烯等塑膜，其厚度以 80 ～ 100 微米为宜；三是合理设置通风换气口，棚舍的进气口应设在南墙，其距地面高度以略高于羊体高为宜，排气口应设在棚舍顶部的背风面，上设防风帽，排气口的面积为 20 厘米 ×20 厘米为宜，进气口的面积是排气口面积的一半，每隔 3 米设置一个排气口；四是有适宜的棚舍入射角，棚舍的入射角应大于或等于当地冬至时太阳高度角；五是注意塑膜坡度的设置，塑膜与地面的夹角以 55° ～ 65° 为宜。

（3）封闭式羊舍　封闭式羊舍四面有墙和窗户，顶棚全部覆盖，分单列封闭舍和双列封闭舍。单列封闭羊舍只有一排羊床，舍宽 6 米、高 2.6 ～ 2.8 米，舍顶可修成平顶，也可修成脊形顶，这种牛舍跨度小，易建造，通风好，但散热面积相对较大。单列封闭羊舍适用于小型羊场。双列封闭羊舍舍内设有两排羊床，中央为通道。双列式封闭羊舍适用于规模较大的羊场。

（4）装配式羊舍　装配式羊舍以钢材为原料，工厂制作，现场装备，属敞开式羊舍。屋顶为镀锌板或太阳板，屋梁为角铁焊接；"U"字形食槽和水槽为不锈钢制作，可随羊只的体高随意调节；隔栏和围栏为钢管。装配式羊舍舍内设施与普通羊舍基本相同，其适用性、科学性主要表现在屋架、屋顶和墙体及可调节饲喂设备上。装配式羊舍采用先进技术设计，适用、耐用和美观，且制作简单、省时，造价适中。

3. 羊舍的内部设计

（1）羊舍面积　生产方向和生长发育阶段不同，羊只的羊舍面积也有别。设计时，羊舍过小，舍内易潮湿，空气污染严重，带来健康受阻，管理不便，影响生产效果。而羊舍建造过大，浪费财物，管理不便，而且还增加建场成本。

不同类型羊只所需羊舍面积：产羔母羊 $1 \sim 2$ 米^2，种公羊（单饲）$4 \sim 6$ 米^2，种公羊（群饲）$2 \sim 2.5$ 米^2，青年公羊 $0.7 \sim 1$ 米^2，青年母羊 $0.7 \sim 0.8$ 米^2，断奶羔羊 $0.2 \sim 0.3$ 米^2，商品肥羔（当年羔）$0.6 \sim 0.8$ 米^2。随着南方养羊产业的发展，采用大圈通栏式羊舍，活动铁架隔栏，按生产季节变换羊圈面积，更有利于羊舍有效利用。羊舍设置的运动场面积应为羊舍的 2 倍，产羔室的面积按产羔母羊面积的 25% 计。

（2）排水设施　分为传统式和漏缝地板式两种。

① 传统式排水设施　采用干清粪方式，人工清理粪便后，污水通过排水系统进入污水池。由排尿沟（设于羊栏后端，紧靠降粪便道，至降口有 1% $\sim$ 1.5% 坡度）、降口（指连接排尿沟和地下排水管的小井，在降口下部设沉淀井，以沉淀粪水中的固形物，防止堵塞管道。降口上盖铁网，防粪草落入）、地下排出管（与粪水池有 3% $\sim$ 5% 坡度）和粪水池（粪水池容积应能贮 20 $\sim$ 30 天的粪水尿液，选址离饮水井 100 米以外）构成。

② 漏缝地板式排水设施　由用钢筋混凝土或竹木板制成。可

仅设于粪沟之上，或用于羊床，多采用拼接式，便于清扫和消毒，粪沟相通。

（3）走道　羊舍内有饲喂走道、清粪走道。饲喂走道一般宽度为1.3～2米，全缝隙地板也可以不专门设置饲喂通道；地面饲养在羊床的后端设置1.2米左右宽的清粪走道。

（二）舍内环境控制

1. 舍内温度的控制

羊的生产性能，只有在一定的外界温度条件下才能得到充分发挥。温度过高或过低，都会使生产水平下降，育肥成本提高，甚至使羊的健康和生命受到影响。例如，冬季温度太低，羊吃进去的饲料全被用于维持体温，没有生长发育的余力，有的反而掉膘，造成"一年养羊半年长"的现象，甚至发生严重冻伤；温度过高，超过一定界限时，绵、山羊的采食量随之下降，甚至停止采食，喘息。羊育肥的适宜温度，取决于品种、年龄、生理阶段及饲料条件等多种因素，很难划出统一的范围。根据有关研究资料，中国五种不同类型绵羊育肥对气温适应的生态幅度列入表4-2中。舍内温度控制就是要做好夏季的防暑降温和冬季的防寒保暖，避免温度过高和过低对羊的不良影响。

表4-2　不同类型绵羊育肥对气温适应的生态幅度

类型	掉膘极端低温 /℃	掉膘极端高温 /℃	抓膘气温 /℃	最适抓膘气温 /℃
细毛羊	≤－5	≥25	8～22	14～22
半细毛羊	≤－5	≥25	8～22	14～22
中国卡拉库尔羊	≤－10	≥32	8～22	14～22
粗毛肉用羊	≤－15	≥30	8～24	14～22

（1）羊舍的防寒与保暖　通过隔热以达到防寒目的是最根本的措施，对多数羊舍只要合理设计、施工，基本可以保证适宜的温度环境。只有羔羊由于热调节机能尚不完善，对低温极其敏感，故在冬季比较寒冷的地区，需要在产羔舍、羔羊舍通过采暖以保证羔羊所要求的适宜温度。

在我国东北、西北、华北等寒冷地区，由于具有冬季气温低、持续期长（建筑设计的计算温度一般在－25～－15℃，黑龙江省甚至到－30℃左右），四季及昼夜气温变化大，冬春风大，且多为偏西、偏北风等特点，因此在这些地区发展养羊业必须有良好的羊舍越冬，必须重视羊舍的设计、修建，必须重视羊舍合适环境的建立。

（2）加强羊舍的保温隔热设计　加强羊舍的隔热设计与施工，以提高羊舍的保温能力，比羊只消耗饲料能量以维持体温或通过采暖以维持舍温更加经济、更加有效。

① 屋顶、天棚的保温隔热　在畜舍外围护结构中，失热最多的是屋顶与天棚，其次是墙壁、地面。屋顶失热多，一方面因为它的面积一般均大于墙壁，另一方面热空气上升，故热能易通过屋顶散失。

在寒冷地区，天棚是一个重要的防寒保温结构。它的作用在于使屋顶与畜舍空间之间形成一个不流动的空气缓冲层，所以对保温极为重要。天棚铺足够的保温层（炉灰、锯末等），是加大屋顶热阻值的一项重要措施。

屋顶、天棚的结构必须严密、不透气。随着建材工业的发展，一些轻型的高效合成隔热材料已开始用于天棚隔热，这就为改进屋顶保温措施开辟了广阔的远景。用于天棚隔热的合成材料有玻璃棉、聚苯乙烯泡沫塑料、聚氨酯板等。在寒冷地区适当降低畜舍净高，有助于改善舍内温度状况。

② 墙壁的保温隔热　墙壁是畜舍的主要外围护结构，失热仅次于屋顶。故在寒冷地区为建立符合羊要求的适宜的羊舍环境，必须加强墙壁的保温设计。根据应有的热工指标，通过选择当地常用的热导率最小的材料，确定最合理的隔热结构，提高畜舍墙壁的保温能力。比如，选用空心砖代替普通红砖，墙的热阻值可提高41%，而用加气混凝土块，则可提高6倍。采用空心墙体或在空心中充填隔热材料，也会大大提高墙的热阻值。

在外门加门斗、设双层窗或临时加塑料薄膜、窗帘等，在受冷风侵袭的北墙、西墙少设窗、门，对加强羊舍冬季保温效果均有重要意义。在寒冷地区，对任何畜舍，北侧门均不宜设。此外，对冬季受主风和冷风影响大的北墙和西墙加强保温，也是一项切实可行的措施。

③ 地面的保温隔热　与屋顶、墙壁比较，地面失热在整个外围护结构中虽然位于最后，但由于羊只直接在地面上活动，因而地面保温具有特殊的意义。在干燥状况下，夯实土及三合土地面具有良好的温热特性，故在较干燥、很少产生水分，又无重载物通过的羊舍里适用；水泥地面具有坚固、耐久和不透水等优良特点，但既硬又冷，在寒冷地区对羊只极为不利，直接用作羊床必须加铺木板、厩垫或垫草。

保持干燥状态的木板是理想的温暖地面——羊床。但实际上木板铺在地上往往吸水而变成良好的热导体，故很冷也不结实。此外，木板很贵。

④ 选择有利保温的羊舍形式与朝向　羊舍形式和朝向与保温效果有密切关系。在热工学设计相同的情况下，大跨度羊舍的外围护结构的面积相对地比小型羊舍、小跨度羊舍的小，故通过外围结构的总失热值也小，所用建筑材料也节省。同时，羊舍的有效面积大、利用率高，便于实现生产过程机械化和采用新技术。

小跨度羊舍，外围护结构的面积相对较大，不利冬季保温。如两端墙有门，极易形成穿堂风。但南向单列舍较之跨度羊舍可充分利用阳光取暖。

羊舍朝向，不仅影响采光，而且与冷风侵袭有关。在寒冷的北方，由于冬春季风多偏西、偏北，故在实践中，羊舍以南向为好，有利保温。

（3）加强防寒管理

① 提高饲养密度　在不影响饲养管理及舍内卫生状况的前提下，适当加大舍内羊的密度，等于增加热源，所以是一项行之有效的辅助性防寒保温措施。

② 保持舍内干燥　采取一切措施保持舍内干燥是间接保温

的有效办法。在寒冷地区设计、修建羊舍不仅要采取严格的防潮措施，而且要尽量避免羊舍内潮湿和水气的产生。同时也要清扫舍内与及时清除粪尿，以防止空气污浊。

③利用垫草　利用垫草以改善羊只周围小气候，是在寒冷地区常用的一种简便易行的防寒措施。铺垫草不仅可改进冷硬地面的使用价值，而且可在畜体周围形成温暖的小气候。此外，铺垫草也是一项防潮措施。

④加强羊舍的维修保养　入冬前进行认真仔细的越冬御寒准备工作，包括封门、封窗、设置防风林、挡风障、粉刷、抹墙等，对改进羊舍防寒保温有不容低估的意义。

⑤合理的饲养管理　一是加大饲养密度。在不影响饲养管理和卫生状况的前提下，适当加大羊的饲养密度，可降低羊的临界温度。二是地面加铺垫草、木板等，特别是水泥地面加铺垫草、木板等，既能隔热，又可防潮，从而减少羊体热向地面的散失，降低羊的临界温度。三是防止舍内潮湿。羊舍外围护结构受潮后，导热性增强，保温性能下降；潮湿的空气导热性增强，使羊感到冷；为了排除舍内潮湿的空气，又要加大换气量，增加羊舍失热，故在建造羊舍时，外围护结构的材料应保温性能好、吸湿性差，有利于防寒和防潮，保证外围护结构的保温能力，防止其内表面达到或低于露点而凝结水珠甚至结成冰；合理安排给水与排水，及时清除舍内粪尿，减少水汽来源。四是控制气流、防止贼风。气流经过羊体可加快热量的散失，降低羊的临界温度，贼风还会影响羊的健康。所以，冬季换气时应加以控制，防止气流过大，避免进气口的冷空气直接吹到羊身上；此外，入冬前应注意关闭门窗，堵塞漏洞，设置挡风障。五是合理利用太阳辐射。太阳辐射可通过玻璃和透明塑料将热量传至舍内，提高舍温。羊舍阳面可增设塑料暖棚，尽可能利用太阳辐射热。故冬季应注意保持玻璃的清洁，增加辐射热量。

（4）羊舍的采暖　在生产中，只要能按舍温要求进行相应的热工学设计，并按设计施工，对于成年羊舍，基本上可以有效利用羊体自身产生的热能维持适当的舍温。对于羔羊，由于其热调节机能发育不全，要求较高的舍温，故在寒冷地区，冬季需采暖。此外，当羊舍保温不好或舍内过于潮湿、空气污浊时，为保持比较高的温度和有效的换气，也必须采暖。一般情况下，采暖是极不经济的。羊舍的供暖包括集中供暖、局部供暖、太阳能供暖等。

① 集中供暖 集中供暖是由一个集中供暖设备，通过煤、油、煤气、电能等的燃烧产热来加热水或空气，再通过管道将热介质输送到舍内的散热器，放热加温羊舍的空气，保持舍内温度适宜，一般要求分娩舍温度在 15～22℃，最好在 18～22℃，保育舍温度 20℃左右。集中供暖主要用于提高舍温，常用的设备有锅炉和热风炉。

② 局部供暖 局部供暖设备有红外线灯、电热保温板等，主要用于哺乳羔羊的局部供暖，一般要求达到 20～28℃。红外线灯，一般为 250 瓦，吊于羔羊躺卧区效果比较理想。缺点是红外线灯寿命较短，容易碰坏或溅上水滴击坏。电热保温板，由电热丝和工程塑料外壳等组成。使用时可放在羔羊躺卧区。电热保温板使用寿命较长，缺点是羔羊周围空气环境温度较低。

③ 太阳能供暖 我国北方有着漫长而寒冷的冬季，低温严重影响羊的正常生长和繁殖，为了节约能源、降低养羊成本，一些养羊专业户和部分规模羊场采用塑料暖棚养羊，利用太阳能供暖，取得了良好的效果，提高了养羊经济效益。

另外，还有采用火墙、地龙、火炉等方式供暖，这些方式虽简便易行，但对热能的利用不甚合理，供暖效果不太理想。

2. 羊舍的防暑与降温

羊的生理特征是比较耐寒而怕热，因而在养羊生产中要采取措施消除或缓和高温对羊只健康和生产力的影响，以减少由此而造成的经济损失。与低温情况下防寒保温措施相比，在炎热季节解决防热降温更为艰巨和复杂。

（1）加强羊舍外围护结构的隔热设计 在炎热地区，造成舍内过热的原因有 3 个，即大气温度高、强烈的太阳辐射及羊在舍内产生热。因此，加强羊舍外围护结构的隔热设计的出发点就在于防止或削弱高温与太阳辐射对舍内环境的影响。

①屋顶的隔热　在炎热地区，由于强烈的太阳辐射和气温高，屋顶温度可达到 60～70℃，甚至更高。可见，屋顶不采取隔热措施，舍内温度必然升高而致过热。解决方法是选用隔热材料和确定合理结构。尽量选用热导率小的材料，以加强隔热。一般一种材料往往不可能保证最有效的隔热，所以从结构上综合几种材料的特点而形成较大的热阻来求得良好的隔热，是常用的也是有效的办法。如在屋面的最下层，铺设热导率小的材料，其上为蓄热系数比较大的材料，再上为热导率大的材料。采用这样的多层结构，当屋面受太阳照射变热后，热传到蓄热系数大的材料层而蓄积起来，而再向下传导时受到阻抑，从而缓和了热量向舍内传播。而当夜晚来临，被蓄积的热又通过其上热导率大的材料层迅速散失。这样，白天可避免舍温升高而致过热（这种结构只适用于夏热、冬暖地区，而在夏热冬冷地区，则应将上层热导率大的材料换成热导率小的材料）。

②充分利用空气的隔热特性　由于空气具有较小的热导率，不仅可用作保温材料，而且由于具有可吸收、容纳热量和受热后因密度发生变化而流动的特性，也常作为防热材料。

空气用于屋面隔热，通常采用空气间层屋顶来实现。为了保证通风间层隔热良好，应使间层内壁光滑，以利通风和对流散热。进风口要对夏季主风方向，排风口应设在高处，以充分利用风压和热压。排风口面积应大于或等于进风口面积。间层通风路线应尽可能短，以克服气流阻力。间层应有适宜的高度：坡屋顶可取 120～200 毫米；平屋顶可取 200 毫米左右。但在夏热冬暖地区，如屋顶深度大或坡度较小时，为使通风顺畅，可适当提高间层高度；而在夏热冬冷地区，则间层高度宜在 100 毫米上下，并要求间层的基层能满足冬季热阻。

由此可见，在炎热地区，羊舍设置天棚对防热具有极其重要的意义。但设置天棚时，只有处理好顶楼的通风，才能起到隔热作用。

③增强围护结构的反射，以减少太阳辐射热　由于白色或其他浅色反射光的能力强，故墙面采用浅色以减少太阳辐射热，对缓和强烈阳光对舍内温度的影响有一定的意义。

④墙壁的隔热在炎热地区多采用开放舍或半开放舍，在这种情况下，墙壁的隔热没有实际意义。但是在夏热冬冷地区，必须兼顾冬季保温，故墙壁必须具备适宜的隔热要求，既有利于冬季保温，又有利于夏天防热。

（2）组织好羊舍的通风　通风是羊舍防热措施的重要组成部分。目的在于驱散舍内产生的热能，不使其在舍内积累而致舍温升高。羊舍的通风分为自然通风和机械通风。自然通风主要利用羊舍内外温差和自然风力进行羊舍内外空气交流。

①地形　地形与气流活动关系密切，与在寒冷地区相反，在炎热地区羊场场址一定要选在开阔、通风良好的地方；而切忌选在背风、窝风的场所。

②畜舍朝向　畜舍朝向对畜舍通风降温也有一定影响。为组织好畜舍通风降温，在炎热地区畜舍朝向除考虑减少太阳辐射和防暴风雨外，必须同时考虑夏季主风向。

③羊场布局　羊舍布局和羊舍间距除与防疫、采光有关外，也可影响通风，故必须遵守总体布局原则与间距。牧场建筑以行列式布置有利于生产、采光。在这种情况下，当畜舍的朝向均朝夏季主导风向时，前后行应左右错开，即呈品字形排列，等于加大间距，有利于通风。

④合理布置通风口位置　为保证舍内有穿堂风，应使进气口位于正压区（迎风一面），排气口位于负压区，并且过气口要均匀布置，使进入舍内的气流方向不变。同时进气口要远离尘土飞扬及污浊空气产生的地方。

一般来说，在炎热地区通风口面积越大，通风量越大，越有利于降温。但开口太大，又会引进大量辐射热和使舍内光线过强，所以要在所要求的范围内综合考虑通风口面积。

（3）实行遮阳与绿化　遮阳指阻挡阳光直接射进舍内的措施。绿化指栽树、种植牧草和饲料作物，覆盖裸露地面以缓和太阳辐射。可以在羊舍和运动场南侧种植爬行植物，在屋顶和运动场上形成遮阳物。

（4）羊舍降温　通过隔热、通风与遮阳，只能削弱、防止太阳辐射与气温对舍内温度的影响及驱散舍内畜体放散的热能，并造成对羊体舒适的气流，而并不能降低大气温度，所以当气温接近羊体温度时，为缓和高温对羊只健康和生产力的影响，必须采取降温措施。

① 喷雾冷却　这是一种在往羊舍内送风之前，用高压喷嘴将低温的水呈雾状喷出，以降低空气温度的办法。

② 蒸发冷却　这是一种在通风时，使进入舍内的空气经过一个盛优质垫料（如细木刨花）并不断向其上喷洒冷水的木槽，由于水分蒸发而降低温度的办法。

③ 干式冷却　使空气经过盛冷物质（水、冰、干冰等）的设备（如水管、金属箱等）而降温的形式，这种方式有别于湿式冷却，空气和水不直接接触。

（5）防暑管理　保持饲料、饮水的清洁卫生和环境卫生；改善饲养管理制度，在一天凉爽的时间饲喂，增加青绿多汁饲料的喂量等。

3. 舍内湿度的控制

空气相对湿度的大小，直接影响着绵、山羊体热的散发。在一般温度条件下，空气湿度对绵、山羊体热的调节没有影响，但在高温、低湿时，能加剧高、低温对羊体的危害。羊在高温、高湿的环境中，散热更困难，甚至受到抑制，往往引起体温升高，皮肤充血，呼吸困难，中枢神经因受体内高温的影响，机能失调，最后致死。在低温、高湿的条件下，绵、山羊易患感冒、神经痛、关节炎和肌肉炎等各种疾病。潮湿的环境还有利于微生物的发育和繁殖，使绵、山羊易患疥癣、湿疹及腐蹄病等。对羊来说，较干燥的空气环境对健康有利，应尽可能地避免出现高湿度环境。不同类型的绵羊对空气湿度的适应生态幅度列入表4-3中。生产中要注意舍内湿度的控制。建筑羊舍时基础要做防潮处理，舍内排水系统畅通，适当使用垫草和防潮剂等加强羊舍防潮。湿度低时，可在舍内地面洒水或用喷雾器在地面和墙壁上喷水；湿度高时，加大舍内换气量或提高舍内温度。

表4-3 不同类型绵羊育肥对湿度适应的生态幅度

绵羊类型	适宜的相对湿度 /%	最适宜的相对湿度 /%
细毛羊	50 ～ 75	60
茨盖型半细毛羊	50 ～ 75	60
肉毛兼用半细毛	50 ～ 80	60 ～ 70
卡拉库尔羊	40 ～ 60	45 ～ 50
粗毛肉用羊	55 ～ 80	60 ～ 70

4. 羊舍内光照的控制

光照是影响羊舍环境的重要因素，对绵、山羊的生理机能具有重要调节作用，不仅影响羊的健康与生产力（如影响繁殖和肥育），也影响管理人员的工作条件。首先，光照的连续时间影响生长和肥育。贾志海报道，对绒山羊分别给予16小时光照、8小时黑暗（长光照制度）和16小时黑暗、8小时光照（短光照制度），结果在采食相同日粮情况下，短光照组山羊体重增长速度高于长光照组；公羊体重增长高于母羊，见表4-4。其次，光照的强度对育肥也有影响，如适当降低光照强度，可增重提高3%～5%，饲料转化率提高4%。

表4-4 不同光照周期对山羊体重影响

项目	光照周期		性别	
	短光照	长光照	公	母
始重 / 千克	31.2	30.6	35.4	26.3
结束体重 / 千克	39.0	37.3	45.6	30.6
平均日增重 / 克	130	112	170	72

为便于舍内得到适宜的光照，通常采用自然采光与人工照明

相结合的方式来实现。

开放式或半开放式羊舍的墙壁有很大的开露部分，主要靠自然采光，封闭式有窗羊舍也主要靠自然采光。

自然采光就是用太阳的直射光或散射光通过羊舍的开露部分或窗户进入舍内以达到照明的目的。自然采光的效果受羊舍方位、舍外情况、窗户大小、窗户上缘和下缘高度、玻璃清洁度、舍内墙面反光率等多种因素影响。

羊舍要获得较好的采光，最好坐北朝南，周围近距离没有高大建筑物，窗户面积大小适中（采光系数是指窗户的有效采光面积与羊舍地面面积之比）。种羊舍一般 1∶10～1∶12，肥羊舍 1∶12～1∶15），窗户上下缘距离较大（透光角大）、舍内墙面呈白色或浅色等。

人工照明仅应用于密闭式无窗羊舍。

5. 舍内通风的控制

保证舍内适量通风，维持适宜的气流速度，便于排出羊舍污浊空气，进入新鲜空气；气温高时，加大气流，使羊体感到舒服，缓和高温不良影响。在一般情况下，气流对绵、山羊的生长发育和繁殖没有直接影响，而是加速羊只体内水分的蒸发和热量的散失，间接影响绵、山羊的热能代谢和水分代谢。在炎热的夏季，气流有利于对流散热和蒸发散热，因而对绵、山羊育肥有良好作用。因此，在气候炎热时应适当提高舍内空气流动速度，加大通风量，必要时可辅以机械通风。冬季，气流会增强羊体的散热量，加剧寒冷的影响。寒冷季节，舍内仍应保持适当的通风，这样可使空气的温度、湿度、化学组成均匀一致，有利于将污浊气体排出舍外，气流速度以 0.1～0.2 米/秒为宜，最高不超过 0.25 米/秒。

（1）通风方式

① 自然通风 借助自然界的风压和热压通风。如依靠开启门窗达到通风换气。或安装通风管道装置，进气管通常用板木做成，断面呈正方形或矩形，断面积 20 厘米×20 厘米或 25 厘米×25

厘米，均匀交错嵌于两面纵墙，距天棚 40～50 厘米。墙外受气口向下，防止冷空气直接侵入。墙内受气口设调节板，把气流扬向上方，防止冷空气直吹羊体。炎热地区设进气管于墙下方，排气管断面积为 50 厘米×50 厘米或 70 厘米×70 厘米。排气管设于屋脊两侧，下端伸向天棚处，上端高出屋脊 0.5～0.7 米。管顶设屋顶式或百叶窗式管帽，防降水落入。两管间距离为 8～12 米。

② 机械通风　用机械驱动空气产生气流，一是负压通风，用风机把舍内污浊空气往外抽，舍内气压稍低于舍外，舍外空气由进气口入舍，风机装置于侧壁或屋顶；二是正压通风，强制向舍内送风，使舍内气压稍高于舍外，污染空气被压出舍外。

（2）羊舍内通风换气量参数　每只绵羊冬季 0.6～0.7 米^3/秒，夏季 1.1～1.4 米^3/秒；冬季每只肥育羔羊 0.3 米^3/秒，夏季 0.65 米^3/秒。

6. 舍内有害气体、微粒和微生物的控制

由于羊的呼吸、排泄物和生产过程的有机物分解，使羊舍内有害气体含量较高。打扫地面、分发干草和粉干料，刷拭、翻动垫草等会产生大量的微粒。同时，微粒上会附着许多微生物，这些都可以直接或间接引起羊群发病或生产性能下降，影响羊群安全和产品安全。

减少舍内有害气体、微粒和微生物：一是加强绿化。加强绿化可以净化环境。绿色植物进行光合作用可以吸收二氧化碳，生产出氧气，如每公顷阔叶林在生长季节每天可吸收 1000 千克二氧化碳，产出 730 千克氧气。绿色植物可大量地吸附氨而生长。植物表面粗糙不平，多绒毛，有些植物还能分泌油脂或黏液，能阻留和吸附空气中的大量微粒。含微粒的大气流通过林带，风速降低、大径微粒下沉，小的被吸附。夏季可吸附 35.2%～66.5% 微粒。二是注意隔离。羊场远离工矿企业、养殖场、屠宰场等污染源。三是加强舍内管理。保持舍内排水系统畅通，维持适宜湿度。舍内要卫生，在进气口安装过滤器，对羊舍和环境定期消毒。四是

使用饲料添加剂，提高消化吸收率等。

7. 舍内的垫草管理

使用垫料可改善羊舍环境条件，是舍内空气环境控制的一项重要辅助性措施。垫料（垫草或褥草）指的是在日常管理中给地面铺垫上的材料。垫料有保暖、吸潮、吸收有害气体、避免碰伤和褥疮、保持羊体清洁等作用。由于以上原因，铺垫料可收到良好的效果。凡是较冷的地区，冬季皆应尽量采用。

垫料应具备导热性低、吸水力强、柔软、无毒、对皮肤无刺激性等特性。同时还要考虑它本身有无肥料价值、来源是否充足、成本高低等。常用的垫草有秸秆类（稻草、麦秸等，价廉易得，铡短后再用）、树叶（柔软适用）、野草（往往夹杂有较硬的枝条，易刺伤皮肤和乳房，有时还可能夹杂有毒植物）、锯末（易引起蹄病）及干土等。垫草要进行熏蒸或阳光下暴晒消毒。要保持垫草相对干燥，及时更换污浊的垫料。无疫病时更换的垫草在阳光下暴晒后可以再利用，有疫病时垫料要焚烧或深埋，不能再使用。

（三）场区的环境管理

1. 合理规划羊场

选择适宜的场地，并进行合理的分区规划，注意羊舍朝向、间距、羊场道路等设计适宜是维持场区环境良好的基础。

2. 绿化

绿化不仅可以美化环境，而且能够隔离和净化环境。

（1）场区周围绿化　在场界周围种植乔木和灌木混合林带，如乔木的小叶杨、旱柳、榆树及常绿针叶树等，灌木的河柳、紫穗槐、刺榆等。为加强冬季防风效果，主风向应多排种植。行距幼林时1～1.5米，成林2.5～3.0米。要注意缺空补栽和按时修剪，以维持美观。

（2）路旁绿化　既要夏季遮阴，防止道路被雨水冲刷，也可起防护林的作用。也多以种植乔木为主。乔灌木搭配种植效果更佳。

（3）遮阴林　主要种植在运动场周围及房前屋后，但要注意不影响通风采光，一般要求树木的发叶与落叶发生在 5～9 月份（北方）或 4～10 月份（南方）。

（4）美化林　场区多以种植花草灌木为主，羊场将种植牧草与花灌木结合进行。

3. 水源防护

羊饲养过程中，需要大量水。不仅在选择羊场场址时，应将水源作为重要因素考虑（作为羊场水源的水质，必须符合卫生要求，见表 4-1。当饮用水含有农药时，农药含量不能超过表 4-5 中的规定），而且羊场建好后还要注意水源的防护，减少对水源的污染，使羊场水源一直处于优质状态。

表 4-5　畜禽饮用水中农药限量指标　单位：毫克 / 毫升

项目	马拉硫磷	内吸磷	甲基对硫磷	对硫磷	乐果	林丹	百菌清	甲萘威	2，4-D
限量	0.25	0.03	0.02	0.003	0.08	0.004	0.01	0.05	0.1

（1）水源位置适当　水源位置要选择远离生产区的管理区内，远离其他污染源（羊舍与井水水源间应保持 30 米以上的距离），建在地势高燥处。羊场可以自建深水井和水塔，深层地下水经过地层的过滤作用，又是封闭性水源，水质水量稳定，受污染的机会很少。

（2）加强水源保护　水源附近不得建厕所、粪池、垃圾堆、污水坑等，井水水源周围 30 米、江河水取水点周围 20 米、湖泊等水源周围 30～50 米范围内应划为卫生防护地带，四周不得有任何污染源。保护区内禁止一切破坏水环境生态平衡的活动以及破坏水源林、护岸林、与水源保护相关植被的活动；严禁向保护区内倾倒工业废渣、城市垃圾、粪便及其他废弃物；运输有毒有害物质、油类、粪便的船舶和车辆一般不准进入保护区；保护区内禁止使用剧毒和高残留农药，不得滥用化肥；避免污水流入水源。最易造成水源污染的区域，如病羊隔离舍化粪池或堆肥场更应远离水源，粪污应做到无害化处理，并注意排放时防止流进或渗进饮水水源。

（3）加强饮水卫生管理　定期清洗和消毒饮水用具和饮水系统，保持饮水用具的清洁卫生。保证饮水的新鲜；定期检测水源的水质，污染时要查找原因，及时解决；当水源水质较差时要进行净化和消毒处理。地面水一般水质较差，需经沉淀、过滤和消毒处理，地下水较清洁，可只进行消毒处理。

4. 灭鼠

鼠是人、畜多种传染病的传播媒介，鼠还盗食饲料、咬坏物品、污染饲料和饮水，危害极大，羊场必须加强灭鼠。

（1）防止鼠类进入建筑物　鼠类多从墙基、天棚、瓦顶等处窜入室内，在设计施工时注意墙基最好用水泥制成，碎石和砖砌的墙基应用灰浆抹缝。墙面应平直光滑，防鼠沿粗糙墙面攀登。砌缝不严的空心墙体，易使鼠隐匿营巢，要填补抹平。为防止鼠类爬上屋顶，可将墙角处做成圆弧形。墙体上部与天棚衔接处应砌实，不留空隙。瓦顶房屋应缩小瓦缝和瓦、椽间的空隙并填实。用砖、石铺设的地面，应衔接紧密并用水泥灰浆填缝。各种管道周围要用水泥填平。通气孔、地脚窗、排水沟（粪尿沟）出口均应安装孔径小于1厘米的铁丝网，以防鼠窜入。

（2）器械灭鼠　器械灭鼠方法简单易行，效果可靠，对人、畜无害。灭鼠器械种类繁多，主要有夹、关、压、卡、翻、扣、淹、粘、电等。近年来还研究和采用电灭鼠和超声波灭鼠等方法。

（3）化学灭鼠　化学灭鼠效率高、使用方便、成本低、见效快，缺点是能引起人、畜中毒，有些鼠类对药物有选择性、拒食性和耐药性。所以，使用时须选好药剂和注意使用方法，以保安全有效。灭鼠药剂种类很多，主要有灭鼠剂、熏蒸剂、烟剂、化学绝育剂等。羊场的鼠类以饲料库、羊舍最多，是灭鼠的重点场所。饲料库可用熏蒸剂毒杀。投放的毒饵，要远离羊栏和饲槽、水槽，并防止毒饵混入饲料。鼠尸应及时清理，以防被人、畜误食而发生二次中毒。选用鼠吃惯了的食物作饵料，突然投放，饵料充足，分布广泛，以保证灭鼠的效果。常用的慢性灭鼠药物见表4-6。

表4-6 常用的慢性灭鼠药物

名称	特性	作用特点	用法	注意事项
敌鼠钠盐	为黄色粉末，无臭，无味，溶于沸水、乙醇、丙酮，性质稳定	作用较慢，能阻碍凝血酶原在鼠体内的合成，使凝血时间延长，而且其能破坏毛细血管，增加血管的通透性，引起内脏和皮下出血，最后死于内脏大量出血。一般在投药1～2天出现死鼠，第5～8天死鼠量达到高峰，死鼠可延续10多天	①敌鼠钠盐毒饵：取敌鼠钠盐5克，加沸水2升搅匀，再加10千克杂粮，浸泡至毒水全部吸收后，加入适量植物油拌匀，晾干备用。②混合毒饵：将敌鼠钠盐加入面粉或滑石粉中制成1％毒粉，再取毒粉1份，倒入19份切碎的鲜菜中拌匀即成。③毒水：用1％敌鼠钠盐1份，加水20份即可	对人、畜、禽毒性较低，但对猫、犬、兔、猪毒性较强，可引起二次中毒。在使用过程中要加强管理，以防家畜误食中毒或发生二次中毒。如发现中毒，可使用维生素K解救
氯敌鼠（又名氯鼠酮）	黄色结晶性粉末，无臭，无味，溶于油脂等有机溶剂，不溶于水，性质稳定	是敌鼠钠盐的同类化合物，但对鼠的毒性作用比敌鼠钠盐强，为广谱灭鼠剂，而且适口性好，不易产生拒食性。主要用于毒杀家鼠和野栖鼠，尤其是可制成蜡块剂，用于毒杀下水道鼠类。灭鼠时将毒饵投在鼠洞或鼠活动的地区即可	有90％原药粉、0.25％母粉、0.5％油剂3种剂型。使用时可配制成如下毒饵。① 0.005％水质毒饵：取90％原药粉3克，溶于适量热水中，待凉后，拌于50千克饵料中，晒干后使用。② 0.005％油质毒饵：取90％原药粉3克，溶于1千克热食油中，冷却至常温，洒于50千克饵料中拌匀即可。③ 0.005％粉剂毒饵：取0.25％母粉1千克，加入50千克饵料中，加少许植物油，充分混合拌匀即成	

续表

名称	特性	作用特点	用法	注意事项
杀鼠灵（又名华法令）	白色粉末，无味，难溶于水，其钠盐溶于水，性质稳定	属香豆素类抗凝血灭鼠剂，一次投药的灭鼠效果较差，少量多次投放灭鼠效果好。鼠类对其毒饵接受性好，甚至出现中毒症状时仍采食	毒饵配制方法如下。①0.025%毒米：取2.5%母粉1份、植物油2份、米渣97份，混合均匀即成。②0.025%面丸：取2.5%母粉1份，与99份面粉拌匀，再加适量水和少许植物油，制成每粒1克重的面丸。以上毒饵使用时，将毒饵投放在鼠类活动的地方，每堆约39克，连投3～4天	对人、畜和家禽毒性很小，中毒时维生素K₁为有效解毒剂
杀鼠迷	黄色结晶粉末，无臭，无味，不溶于水，溶于有机溶剂	属香豆素类抗凝血杀鼠剂，适口性好，毒杀力强，二次中毒极少，是当前较为理想的杀鼠药物之一，主要用于杀灭家鼠和野栖鼠类	市售有0.75%的母粉和3.75%的水剂。使用时，将10千克饵料煮至半熟，加适量植物油，取0.75%杀鼠迷母粉0.5千克，撒于饵料中拌匀即可。毒饵一般分2次投放，每堆10～20克。水剂可配制成0.0375%饵剂使用	
杀它仗	白灰色结晶粉末，微溶于乙醇，几乎不溶于水	对各种鼠类都有很好的毒杀作用。适口性好，急性毒力大，1个致死剂量被吸收后3～10天就发生死亡，一次投药即可	用0.005%杀它仗稻谷毒饵，杀黄毛鼠有效率可达98%，杀室内褐家鼠有效率可达93.4%，一般一次投饵即可	适用于杀灭室内和农田的各种鼠类。对其他动物毒性较低，但犬很敏感

5. 杀虫

蚊、蝇、蚤、蜱等吸血昆虫会侵袭羊并传播疫病，因此，在养羊生产中，要采取有效的措施防止和消灭这些昆虫。

（1）环境卫生　搞好羊场环境卫生，保持环境清洁、干燥，是杀灭蚊蝇的基本措施。蚊虫需在水中产卵、孵化和发育，蝇蛆也需在潮湿的环境及粪便等废弃物中生长。因此，填平无用的污水池、土坑、水沟和洼地。保持排水系统畅通，对阴沟、沟渠等定期疏通，勿使污水储积。对储水池等容器加盖，以防蚊蝇飞入产卵。对不能清除或加盖的防火储水器，在蚊蝇滋生季节，应定期换水。永久性水体（如鱼塘、池塘等），蚊虫多滋生在水浅而有植被的边缘区域，修整边岸，加大坡度和填充浅湾，能有效地防止蚊虫滋生。羊舍内的粪便应定时清除，并及时处理，储粪池应加盖并保持四周环境的清洁。

（2）物理杀灭　利用机械方法以及光、声、电等物理方法，捕杀、诱杀或驱逐蚊。

（3）生物杀灭　利用天敌杀灭害虫，如池塘养鱼可达到鱼类治蚊的目的。此外，应用细菌制剂——内菌素杀灭吸血蚊的幼虫，效果良好。

（4）化学杀灭　化学杀灭是使用天然或合成的毒物，以不同的剂型（粉剂、乳剂、油剂、水悬剂、颗粒剂、缓释剂等），通过不同途径（胃毒、触杀、熏杀、内吸等），毒杀或驱逐蚊蝇。化学杀虫法具有使用方便、见效快等优点，是当前杀灭蚊蝇的较好方法。常用的杀虫剂及使用方法见表4-7。

表4-7　常用的杀虫剂及使用方法

名称	性状	使用方法
敌百虫	白色块状或粉末；有芳香味；低毒、易分解、污染小；杀灭蚊（幼）、蝇、蚤、蟑螂及家畜体表寄生虫	25％粉剂撒布，1％溶液喷雾；0.1％溶液畜体涂抹，0.02克/千克体重口服驱除畜体内寄生虫
敌敌畏	黄色、油状液体；微芳香；易被皮肤吸收而中毒，对人、畜有较大毒害，畜舍内使用时应注意安全；杀灭蚊（幼）、蝇、蚤、蟑螂、螨、蜱	0.1％～0.5％溶液喷雾，表面喷洒；10％熏蒸
马拉硫磷	棕色、油状液体；强烈臭味；其杀虫作用强而快，具有胃毒、触毒作用，也可熏杀，杀虫范围广。对人、畜毒害小，适于畜舍内使用；世界卫生组织推荐的室内滞留喷洒杀虫剂，杀灭蚊（幼）、蝇、蚤、蟑螂、螨	0.2％～0.5％乳油喷雾，灭蚊、蚤；3％粉剂喷洒灭螨、蜱
倍硫磷	棕色、油状液体；蒜臭味；毒性中等，比较安全；杀灭蚊（幼）、蝇、蚤、臭虫、螨、蜱	0.1％的乳剂喷洒，2％的粉剂、颗粒剂喷洒、撒布

续表

名称	性状	使用方法
二溴磷	黄色、油状液体；微辛辣；毒性较强；杀灭蚊（幼）、蝇、蚤、蟑螂、螨、蜱	50%的油乳剂。0.05%～0.1%用于室内外杀蚊、蝇、臭虫等，野外用5%浓度
杀螟松	红棕色、油状液体；蒜臭味；低毒、无残留；杀灭蚊（幼）、蝇、蚤、臭虫、螨、蜱	40%的湿性粉剂灭蚊蝇及臭虫；2毫克/升灭蚊
地亚农	棕色、油状液体；酯味；中等毒性，水中易分解；杀灭蚊（幼）、蝇、蚤、臭虫、蟑螂及体表害虫	滞留喷洒0.5%，喷浇0.05%；撒布2%粉剂
皮蝇磷	白色结晶粉末；微臭；低毒，但对农作物有害；杀灭体表害虫	0.25%喷涂皮肤，1%～2%乳剂灭臭虫
辛硫磷	红棕色、油状液体；微臭；低毒，日光下短效；杀灭蚊（幼）、蝇、蚤、臭虫、螨、蜱	2克/米²室内喷洒灭蚊蝇；50%乳油剂灭蚊成蚊或水体内幼蚊
杀虫畏	白色固体；有臭味；微毒；杀灭家蝇及家畜体表寄生虫（蜱、蚊、螨、蠓）	20%乳剂喷洒，涂布家畜体表；50%粉剂喷洒体表灭虫
双硫磷	棕色、黏稠液体；低毒稳定；杀灭幼蚊、人蚤	5%乳油剂喷洒，0.5～1毫升/升撒布，1毫克/升颗粒剂撒布
毒死蜱	白色结晶粉末；中等毒性；杀灭蚊（幼）、蝇、螨、蟑螂及仓储害虫	2克/米²喷洒物体表面
西维因	灰褐色、粉末；低毒；杀灭蚊（幼）、蝇、臭虫、蜱	25%的可湿性粉剂和5%粉剂撒布或喷洒
害虫敌	淡黄色、油状液体；低毒；杀灭蚊（幼）、蝇、蚤、蟑螂、螨、蜱	2.5%的稀释液喷洒，2%粉剂，1～2克/米²撒布，2%气雾
双乙威	白色结晶；芳香味；中等毒性；杀灭蚊、蝇	50%的可湿性粉剂喷雾，2克/米²喷洒灭成蚊
速灭威	灰黄色、粉末；中毒；杀灭蚊、蝇	25%的可湿性粉剂和30%乳油喷雾灭蚊
残杀威	白色结晶粉末；酯味；中等毒性；杀灭蚊（幼）、蝇、蟑螂	2克/米²用于灭蚊、蝇，10%粉剂局部喷洒灭蟑螂
胺菊酯	白色结晶；微毒；杀灭蚊（幼）、蝇、蟑螂、臭虫	0.3%的油剂，气雾剂，须与其他杀虫剂配伍使用

6. 羊场废弃物处理

（1）粪尿处理　见第六招。

（2）污水处理　由于畜牧业经营与管理的方式改变，畜产废弃物的形式也有所变化。如羊的密集饲养，取消了垫料，或者是用漏缝地面，并为保持羊舍的清洁用水冲刷地面，使粪尿都流入下水道。因而，污水中含粪尿的比例更高，有的羊场每千克污水中含干物质达 50～80 克；有些污水中还含有病原微生物，直接排至场外或施肥，危害更大。如果将这些污水在场内经适当处理，并循环使用，则可减少对环境的污染，也可大大节约水费的开支。污水的处理主要经分离、分解、过滤、沉淀等过程。

① 将污水中固形物与液体分离　污水中的固形物一般只占 1/6～1/5，将这些固形物分出后，一般能成堆，便于储存，可作堆肥处理。即使施于农田，也无难闻的气味，剩下的是稀薄的液体，水泵易于抽送，并可延长水泵的使用年限。液体中的有机物含量下降，从而减轻了生物降解的负担，也便于下一步处理。将污水中的固形物与液体分离，一般用分离机。

② 通过生物滤塔使分离的稀液净化　生物滤塔是依靠滤过物质附着在滤料表面所建立的生物膜来分解污水中的有机物，以达到净化的目的。通过这一过程，污水中的有机物浓度大大降低，得到相当程度的净化。

用生物滤塔处理工业污水已较为普遍，处理畜牧场的生产污水，在国外也已从试验阶段进入实用阶段。

③ 沉淀　粪液或污水沉淀的主要目的是使一部分悬浮物质下沉。沉淀也是一种净化污水的有效手段。据报道，将羊粪以 10∶1 的比例用水稀释，在放置 24 小时后，其中 80%～90% 的固形物沉淀下来。在 24 小时沉淀下来的固形物中 90% 是开始 10 小时沉淀的。试验结果表明，沉淀可以在较短的时间去掉高比例的可沉淀固形物。

④ 淤泥沥水　沉淀一段时间后，在沉淀池的底部，会有一些较细小的固形物沉降而成为淤泥。这些淤泥无法过筛，因为在总固形物中约有 50% 是直径小于 10 微米的颗粒，采用沥干去水的办法较为有效，可以将湿泥再沥去一部分水，剩下的固形物可以堆起，便于储存和运输。

沥水柜一般直径 3.0 米，高 1.0 米，底部为孔径 50 毫米 ^{2} 的焊接金属网，上面铺以草捆，容量为 4 米³。淤泥在此柜沥干需 1～2 周，沥干时大约剩 3 米³淤泥，每千克含干物质 100 克，成能堆起的固形物，体积相当于开始放在柜内湿泥的 3/4。

以上对污水采用的 4 个环节的处理，如系统结合、连续使用，可使羊场污水大大净化，使其有可能重新利用。

污水经过机械分离、生物过滤、氧化分解、沥水沉淀等一系列处理后，可以去掉沉下的固形物，也可以去掉生化需氧量及总悬浮固形物的 75%～90%。达到这一水平即可作为生产用水，但还不适宜作家畜的饮水。要想能为家畜饮用，必须进一步减少生化需氧量及总悬浮固形物，大大减少氮、磷的含量，使之符合饮用水的卫生标准。

在干燥缺水地区，将羊场污水经处理后再供给家畜饮用，有其更为现实的意义。国外已试行将经过一系列处理后的澄清液加压进行反向渗透，可以达到这一目的。渗透通过管径为 127 毫米的管子，管子内壁是成束的环氧树脂，外覆以乙酸纤维素制成的薄膜，膜上的孔径仅为 1～3 微米。澄清液在每立方厘米 21～35 千克的压力下经此管反向渗透，去掉了所有的悬浮固形物，颜色与浊度几乎全部去掉，通过薄膜的渗透液基本上无色、澄清，质量大体符合家畜饮用的要求。

（3）病死羊及其产品的无害化处理　羊患传染病、寄生虫病以及中毒性疾病的肉尸、皮毛、内脏及其产品蹄、血液、骨、角，已被病原体污染，危害很大，极易造成传播，必须进行无害化处理。国家标准《畜禽病害肉及其产品无害化处理规程》，规定了畜禽病害肉尸及其产品的销毁、化制、高温处理和化学处理的技术规范。

① 病、死羊的无害化处理方法

销毁。经确认为炭疽、羊快疫、羊肠毒血症、肉毒梭菌中毒症、羊猝狙、蓝舌病、口蹄疫、钩端螺旋体病（以黄染肉尸）、李氏杆菌病、布鲁氏菌病等传染病和恶性肿瘤或两个器官以上发现肿瘤的整个羊尸体，必须销毁。可采用湿法化制（熬制工业用油）、焚毁炭化的方法予以销毁。

化制。用于上述传染病以外的其他传染病、中毒性疾病、囊虫病及自行死亡或不明原因死亡的绵羊尸体。化制的方法主要有干化制、分类化制或湿法化制。

高温处理。用于经确认为羊痘、绵羊梅迪／维斯纳病、弓形虫病的羊尸体；属销毁处理的传染病羊的同群绵羊和怀疑受其污染的绵羊尸体和内脏。其方法是把肉尸切成 2 千克重、8 厘米厚的肉块，放入高压锅内，在 112 千帕压力下蒸煮 1.5 ～ 2 小时；或把切成的肉块，放在普通锅内煮沸 2 ～ 2.5 小时。

② 病羊产品的无害化处理

血液。属销毁传染病羊以及血液寄生虫病病羊的血液，需进行无害化处理。其方法是：漂白粉消毒法，将 1 份漂白粉加入到 4 份血液中充分搅拌，放置 24 小时后掩埋；高温处理，将凝固血液切成方块，放入沸水中烧煮，烧至血块深部呈黑红色并成蜂窝状时为止。

蹄、骨和角。把肉尸作高温处理时剔出的羊骨、蹄、角，用高压锅蒸煮至骨脱或脱脂为止。

三、加强隔离卫生

（一）完善隔离卫生设施

场址选择及规划布局、羊舍设计和设备配备等方面都直接关系到场区的温热环境和环境卫生状况等。羊场场地选择不当，规划布局不合理，羊舍设计不科学，必然导致隔离条件差，温热环境不稳定，环境污染严重，羊群疾病频发，生产性能不能正常发挥，经济效益差。所以，科学选择好场地，合理规划布局，并注重羊舍的科学设计和各种设备配备，使隔离卫生设施更加完善，以维护羊群的健康和保证生产潜力发挥。

1. 注意场址选择

（1）地势　绵羊、山羊喜干燥、通风，羊舍应建在地势高燥区，至少高于当地历史洪水的水线以上。其地下水应在 2 米以下，这样的地势可以避免雨季洪水的威胁和减少因土壤毛细管水上升而造成的地面潮湿。背风向阳，特别是避开西北方向的山口和长形谷地，以保持场区小气候气温能保持相对恒定，减少冬春寒风的侵袭。羊场的地面要平坦且稍有坡度，以便排水，防止积水和泥泞。地面坡度以 1%～3% 较为理想，坡度过大，建筑施工不便，也会因雨水长年冲刷而使场区坎坷不平。地形要开阔整齐。场地不要过于狭长或边角太多，场地狭长往往影响建筑物合理布局，拉长了生产作业线，同时也使场区的卫生防疫和生产联系不便；边角太多会增加场区防护设施的投资。排水良好、通风干燥的地方，地势以坐北朝南或坐西北朝东南方向的斜坡地为好，切忌在洼涝地、冬季风口等地建羊场。山区或丘陵地区建在靠山向阳坡，但坡度不宜过大，南面应有广阔的运动场。低洼、潮湿的地方容易发生羊的腐蹄病和滋生各种微生物病，诱发各种病，不利于羊的健康。

（2）水源　在选择场址时，对水源的水量和水质都应重视，才能保证羊只的健康和生产力的不断提高。在舍饲条件下，应有自来水或井水，注意保护水源，保证供水。不给羊喝沼泽地和洼地的死水。

饮水的质量直接关系到动物的生长发育和健康。不洁饮水会引起动物腹泻、营养吸收障碍和其他多种疾病。在目前养殖业中，人们对饲养卫生比较重视，而往往对饮水卫生状况注意不够，造成多种疾病发生而导致羊只生产能力下降。

水源最好是不经处理即符合饮用标准，新建水井时，要调查当地是否因水质不良而出现过某些地方病，同时还要做水质化验，以利人、羊健康。此外，羊场用水要求取用方便，处理技术简便易行。同时要保证水源水质经常处于良好状态，不受周围条件污染。畜饮用水水质标准见表 4-8。

（3）土壤　羊场场地的土壤情况对机体健康影响很大，土壤透气性、透水性、吸湿性、毛细管特性以及土壤中的化学成分等，

表4-8　畜饮用水水质标准

指标	项目	畜
感官性状及 一般化学指标	色度	≤30
	浑浊度	≤20
	臭和味	不得有异臭异味
	肉眼可见物	不得含有
	总硬度（$CaCO_3$计）/（毫克/升）	≤1500
	pH值	5.0～5.9
	溶解性总固体/（毫克/升）	≤1000
	氯化物（Cl计）/（毫克/升）	≤1000
	硫酸盐（SO_4^{2-}计）/（毫克/升）	≤500
细菌学指标	总大肠杆菌群数/（个/100毫升）	成畜≤10；幼畜≤1
毒理学指标	氟化物（F^-计）/（毫克/升）	≤2.0
	氰化物/（毫克/升）	≤0.2
	总砷/（毫克/升）	≤0.2
	总汞/（毫克/升）	≤0.01
	铅/（毫克/升）	≤0.1
	铬（六价）/（毫克/升）	≤0.1
	镉/（毫克/升）	≤0.05
	硝酸盐（N计）/（毫克/升）	≤30

都直接或间接地影响场区的空气、水质，也可影响土壤的净化作用。适合建立羊场的土壤，应该是土壤透气性好、易渗水、热容量大、毛细管作用弱、吸湿性和导热性小、质地均匀、抗压性强的土壤。其中，沙壤土地区为理想的羊场场地。沙壤土透水透气性良好，持水性小，因而雨后不会泥泞，易于保持适当的干燥环境，防止病原菌、蚊蝇、寄生虫卵等生存和繁殖，同时也利于土壤本身的自净。选择沙壤土质地区作为羊场的场地，对羊的健康、卫生防疫、绿化种植等都有好处。但在一定的地区，由于客观条件的限制，选择理想的土壤是不容易的，这就需要在羊舍的设计、施工、使用和其他日常管理中，设法弥补当地土壤的缺陷。

　　场地的土壤要洁净未被污染（生物学指标见表4-9）。选址时应避免在旧羊场（包括其他旧牧场）场地上改建或新建。

表 4-9　土壤的生物学指标

污染情况	每千克土寄生虫卵数/个	每千克土细菌总数/万个	每个大肠杆菌值/克土
清洁	0	1	1/1000
轻度污染	1～10	—	—
中等污染	10～100	10	1/50
严重污染	>100	100	1/（1～2）

注：清洁和轻度污染的土壤适宜作场址

（4）饲草资源　周围及附近要有丰富的饲草资源，特别是像花生秧、甘苗秧、大豆秸、玉米秸等优质的农副秸秆资源。

（5）周边环境　羊场生产的产品需要运出，饲料等物资需要运入，对外联系十分密切，因此，羊场必须选在交通便利的地方。为了满足羊场防疫的需要，羊场不紧邻交通要道，主要圈舍区应距公路、铁路交通干线300～500米以上，但必须有能通行卡车的道路与公路相连，以便于组织生产。最好选择有天然屏障的地方建羊舍。羊场应建在居民区下风向地势略低的地方，距离住宅区应在150米以上；主要圈舍区应距河流300～500米以上。

（6）其他　规模化养羊除一般照明用电外，可能还需要安装一些饲料和饲草加工设备，因而应具备足够的供电力。若能选建在电力设施已经配套的地方更好；在土地有偿使用的情况下，对于土地的占用，一定做到能少就少，以便减少租赁开支，尽可能占用非耕地资源，充分利用荒坡作为羊场场地；羊场建设还要考虑以后的发展需要。

2. 合理规划布局

羊场的规划布局就是根据羊场的近期和远景规划和拟建场地的环境条件（包括场内的主要地形、水源、风向等自然条件），科学确定各区的位置，合理确定各类屋舍建筑物、道路、供排水和供电等管线、绿化带等的相对位置及场内防疫卫生的安排。场区布局要符合兽医防疫和环境保护要求，便于进行现代化生产操作。场内各种建筑物的安排，要做到土地利用经济，建筑物间联系方便，布局整齐紧凑，尽量缩短供应距离。羊场的规划布局是否合理，直接影响羊场的环境控制和卫生防疫。集约化、规模化程度越高，规划布局对其生产的影响越明显。场址选定以后，要进行合理的规划布局。

（1）分区规划 羊场分区规划的要求是应从人和羊的保健角度出发，建立最佳的生产联系和卫生防疫条件，合理安排不同区域的建筑物，特别是在地势和风向上进行合理的安排和布局。羊场一般分成管理区、生产辅助区、生产区、病畜隔离与粪污处理区（见图4-4），各区之间保持一定的卫生间距。

图4-4 羊场的规划布局模式

羊场根据功能一般分为生产区、管理区与病畜隔离区。管理区是生产经营管理部门所在地。生产区是羊场的核心，羊舍、饲料贮存与加工、消毒设施等生产与辅助生产性建筑物集中于此。为了防止疫病传播，保障羊群健康，需要设置病畜隔离区。羊的隔离观察、疾病诊断治疗以及病死羊的处理等在此区域内进行。兽医室、病羊隔离室、动物无害化处理等应位于羊舍的下风向、地势低处，并与羊舍保持300米的卫生间隔，有围墙和独立的通路与外界隔绝。生产区与病羊隔离区必须用严密的界墙、界沟封闭，并彼此保持300米间隔。管理区从事生产经营管理，与外界保持经常性联系，宜靠近公共道路。

（2）合理布局 羊场布局要兼顾隔离防疫和提高生产效率。

① 羊舍布置羊舍应布置在生产区的中心位置，平行整齐排列布置，如不超过4栋，可排列一行，需要饲料多的羊舍集中在中央。超过4栋的要呈两行排列，但两行羊舍的端墙（或山墙）之间应有15米间隔。这样的布局既可保证最短的运输、供水、输

电距离，也可保证一致的采光，并有利于通风。

前后羊舍距离应考虑防疫、采光与通风的要求。前后两栋羊舍之间的距离应不小于20米。我国地处北纬20°～50°之间，太阳高度角冬季小、夏季大，羊舍朝向在全国范围内均以南向（即羊舍长轴与纬度平行）为好。这样的排列，冬季有利于太阳光照入舍内，提高舍温；夏季阳光照不到舍内，可避免舍内温度升高。由于地区、地势的差异，结合考虑当地地形、主风向以及其他条件，羊舍朝向可因地制宜向东或向西作15°的偏转。南方夏季炎热，以适当向东偏转为好。羊舍的布局次序应是先种羊，后母羊、羔羊、育肥羊。

为了减轻劳动强度，给提高劳动生产率创造条件，应尽量紧凑地配置建筑物，以保证最短的运输、供电和供水线路，便于机械化操作。集约化羊场生产过程的机械化饲养系统，包括饲料加工、调制、分发三个部分，这三部分应按流水作业线布置，供水系统包括提水、送水、自动饮水等；除粪、排水系统，包括由舍内清除粪尿、由粪沟中清除粪尿。要求有关建筑物适当集中配置，使有关生产环节保持最紧凑的联系。

② 饲草加工与贮存类建筑物布局 因为与外界联系较多，通常设在管理区的一侧。加工调制间靠近需要饲料多的羊舍；饲料贮存间一侧紧贴生产区围墙，门开在围墙上。这样的布置可避免运送饲料的车辆进入生产区，以保证生产安全。干草垛与垫草堆要设在羊舍的下风向，并保持不小于60米的防火间隔。垛草台及草棚是专供堆垛干草、秸秆或袋装成品饲草的台子及棚舍。垛草台高60～70厘米，表面摆放木棍或石块，以便隔潮。有条件的场应修建草棚，地面为水泥结构并设有隔水层，草棚的门应设计得宽些，门扇朝外，以方便开门和运草车辆的出入。

③ 晒场 晒场应设在草棚、精料库之前供晒晾草料之用，也可用于掺和饲料。为避免压坏，在经常过车的地方应当修建专用的车道。

④ 饲料池 饲料池是进行青绿饲料、秸秆等饲料青贮、贮存

③ 排水设施　场内排水系统多设置在各种道路的两旁及运动场周边，一般采用大口径暗管埋在冻土层以下，以免受冻阻塞。如果距离超过 200 米，应增设沉淀井，以尽量减少污染物积存，人、畜损坏。

此外，规模化羊场还需要附属建筑物有谷物湿贮窖、药浴池等。谷物湿贮窖是专门用来存放湿贮谷物的地下或半地下窖；药浴池则是专供用药水洗浴羊只的池子。由于肉羊在封闭的舍饲条件下断绝了许多体外寄生虫的来源，一般不易发生疥螨、蜱的感染，故不像放牧养羊那样必须建有药浴池。至于开始引进种羊时，只要加强对于外寄生虫（病）方面的检疫，并做好药物预防癣病的工作，不建药浴池也就无妨了。

（二）加强隔离卫生管理

1. 严格检疫

坚持自繁自养和全进全出制度。引种时应从非疫区，取得《动物防疫合格证》的种羊场或繁育场引进经检疫合格的种羊。采取血清学或病原学的方法，定期有计划地对种羊群进行疫病动态监测，坚决淘汰阳性和带毒（菌）羊；发生疑似疫病时要及时对患病羊和疑似感染羊进行隔离治疗或淘汰处理，对假定健康的羊进行紧急预防接种。

2. 加强隔离

（1）科学选择场址和规划布局　注意羊场场址选择和规划布局；羊舍应建在地势干燥、通风向阳、光线充足、水源丰富的地方。饲养场应设立围墙或防护沟，门口设置消毒池，严禁非生产人员、车辆入内。

（2）实行全进全出或分单元全进全出饲养管理制度　商品羊出栏后，圈舍应空置 2 周以上，并彻底清洗、消毒，杀灭病原，防止连续感染和交叉感染。饲养人员不得相互窜舍，不得使用其他圈舍的用具及设备。

羊场盈利八招

（3）人员管理　谢绝无关人员进入生产区。本场工作人员，确因工作需要必须进入的人员、车辆，应进行严格消毒。对饲养员定期进行特定的人畜共患病检查，以保证饲养人员身体健康，防止疾病扩散。

（4）灭鼠除害　定期捕杀鼠类、蝇类，防止疾病传播。

（5）引种隔离　种羊引进后应在隔离观察舍隔离观察2周以上，确认健康后方可进入大群羊舍饲养。

四、严格消毒

消毒是指用物理的、化学的和生物的方法清除或杀灭外环境（各种物体、场所、饲料饮水及畜禽体表皮肤、黏膜及浅表体）中病原微生物及其他有害微生物。

（一）消毒的方法

1. 物理消毒法

物理消毒法是指应用物理因素杀灭或清除病原微生物及有害微生物的方法。物理消毒法包括清除、辐射、煮沸、干热、湿热、火焰焚烧及滤过除菌、超声波、激光、X射线消毒等，是简便、经济而较常用的一种消毒方法，常用于养殖场的场地、羊舍设备、卫生防疫器具和用具的消毒。

2. 化学消毒法

化学消毒法就是利用化学药物（或消毒剂）杀灭或清除微生物的方法。是生产中最常用的消毒方法，主要应用于养殖场内外环境中，畜禽笼、舍、饲槽、各种物品表面及饮水消毒等。常用的化学消毒的方法如下。

（1）浸洗法　如接种或打针时，对注射局部用酒精棉球、碘酒擦拭；对一些器械、用具、衣物等浸泡。一般应洗涤干净后再行浸泡，药液要浸过物体，浸泡时间应长些，水温应高些。养殖场入口和畜禽舍入口处消毒槽内，可用浸泡药物的草垫或草袋对人员的靴鞋消毒。

（2）喷洒法　喷洒地面、墙壁、舍内固定设备等，可用细眼喷壶；对舍内空间消毒，则用喷雾器。喷洒要全面，药液要喷到物体的各个部位。一般喷洒地面，药液量 2 升 / 米^{2}面积，喷墙壁、顶棚为 1 升 / 米^{2}面积。

（3）熏蒸法　适用于可以密闭的畜禽舍和其他建筑物。这种方法简便、省事，对房屋结构无损，消毒全面，羔羊舍、饲料厂库等常用。常用的药物有福尔马林（40% 的甲醛水溶液）、过氧乙酸水溶液。为加速蒸发，常利用高锰酸钾的氧化作用。

（4）气雾法　气雾粒子是悬浮在空气中的气体与液体的微粒，直径小于 200 纳米、重量极轻，能悬浮在空气中较长时间，可到处飘移穿透到鸡舍内的周围及其空隙。气雾是消毒液倒进气雾发生器后喷射出的雾状微粒，是消灭气携病原微生物的理想办法。畜禽舍的空气消毒和带畜消毒等常用。如全面消毒羊舍空间，每立方米用 5% 的过氧乙酸溶液 25 毫升喷雾。

3. 生物消毒法

生物消毒法是利用自然界中广泛存在的微生物在氧化分解污物（如垫草、粪便等）中的有机物时所产生的大量热能来杀死病原体。在畜禽养殖场中最常用粪便和垃圾的堆积发酵，它是利用嗜热细菌繁殖产生的热量杀灭病原微生物。但此法只能杀灭粪便中的非芽孢性病原微生物和寄生虫卵，不适用于芽孢菌及患危险疫病畜禽的粪便消毒。粪便和土壤中有大量的嗜热菌、噬菌体及其他抗菌物质，嗜热菌可以在高温下发育，其最低温度界限为 35℃，适温为 50 ～ 60℃，高温界限为 70 ～ 80℃。在堆肥内，开始阶段由于一般嗜热菌的发育使堆肥内的温度提高到 30 ～ 35℃，此后嗜热菌便发育而将堆肥的温度逐渐提高到 60 ～ 75℃，在此温度下大多数病毒及除芽孢以外的病原菌、寄生虫幼虫和虫卵在几天到 3 ～ 6 周内死亡。粪便、垫料采用此法比较经济，消毒后不失其作为肥料的价值。生物消毒方法多种多样，在畜禽生产中常用的有地面泥封堆肥发酵法、地上台式堆肥发酵和坑式堆肥发酵法等。

（二）消毒的程序

1. 入口消毒

场大门、生产区入口及各栋羊舍的入口都要设消毒池，消毒池内要有消毒液。大门口的车辆消毒池长度为汽车轮周长的2倍，深度为15～20厘米，宽度与大门口同宽；生产区入口要有消毒室或淋浴室供出入人员淋浴消毒；各栋兔舍的入口也有脚踏消毒槽。消毒液可选用2%～5%火碱（氢氧化钠）、1%菌毒敌、1∶200百毒杀、1∶（300～500）喷雾灵中的任一种。药液每周更换1～2次，雨过天晴后立即更换，确保消毒效果。

进入场门的车辆除要经过消毒池外，还必须对车身、车底盘进行高压喷雾消毒，消毒液可用2%过氧乙酸或1%灭菌威。严禁车辆（包括员工的摩托车、自行车）进入生产区。生产区的料车每周需彻底消毒一次。

所有工作人员进入场区大门必须进行鞋底消毒，并经自动喷雾器进行喷雾消毒。进入生产区的人员必须淋浴、更衣、换鞋、洗手，并经紫外线照射15分钟（注：不能用眼看灯管，否则可能发生光照性眼炎）。工作服、鞋、帽等定期消毒（可放在1%～2%碱水内煮沸消毒，也可每立方米空间42毫升福尔马林熏蒸20分钟消毒）。严禁外来人员进入生产区。进入羊舍人员先踏消毒池（消毒池的消毒液每3天更换一次），再洗手后方可进入。工作人员在接触畜群、饲料等之前必须洗手，并用消毒液浸泡消毒3～5分钟。病兔隔离人员和剖检人员操作前后都要进行严格消毒。

2. 环境消毒

（1）生活区、办公区消毒 生活区、办公区院落或门前屋后4～10月份每7～10天消毒一次，11月至次年3月每半个月一次。可用2%～3%的火碱或甲醛溶液喷洒消毒。

（2）生产区的消毒　生产区道路、每栋舍前后每2～3周消毒一次；每月对场内污水池、堆粪坑、下水道出口消毒一次；使用2%～3%的火碱或甲醛溶液喷洒消毒。

（3）垃圾处理消毒　生产区的垃圾实行分类堆放，并定期收集。每逢周六进行环境清理、消毒和焚烧垃圾。可用3%的氢氧化钠喷湿，阴暗潮湿处撒生石灰。

（4）地面土壤消毒　土壤表面可用10%漂白粉溶液、4%福尔马林或10%氢氧化钠溶液。停放过芽孢杆菌所致传染病（如炭疽）病羊尸体的场所，应严格加以消毒，首先用上述漂白粉澄清液喷洒地面，然后将表层土壤掘起30厘米左右，撒上干漂白粉，并与土混合，将此表土妥善运出掩埋。其他传染病所污染的地面土壤，则可先将地面翻一下，深度约30厘米，在翻地的同时撒上干漂白粉（用量为每平方米面积0.5千克），然后以水湿润，压平。如果放牧地区被某种病原体污染，一般利用自然因素（如阳光）来消除病原体；如果污染的面积不大，则应使用化学消毒药消毒。

3. 羊舍消毒

（1）空舍消毒　羊出售或转出后对羊舍进行彻底的清洁消毒，消毒步骤如下：

① 清扫　首先对空舍的粪尿、污水、残料、垃圾和墙面、顶棚、水管等处的尘埃进行彻底清扫，并整理归纳舍内饲槽、用具，当发生疫情时，必须先消毒后清扫。

② 浸润　对地面、羊栏、出粪口、食槽、粪尿沟、风扇匣、护仔箱进行低压喷洒，并确保充分浸润，浸润时间不低于30分钟，但不能时间过长，以免干燥、浪费水且不好洗刷。

③ 冲刷　使用高压冲洗机，由上至下彻底冲洗屋顶、墙壁、栏架、网床、地面、粪尿沟等。要用刷子刷洗藏污纳垢的缝隙，尤其是食槽、水槽等，冲刷不要留死角。

④ 消毒　晾干后，选用广谱高效消毒剂，消毒舍内所有表面、设备和用具，用2%～3%的火碱溶液进行喷雾消毒，30～60分钟后低

压冲洗，晾干后用另一种广谱高效消毒药（0.3%好利安）喷雾消毒。

⑤复原 恢复原来栏舍内的布置，并检查维修，做好进羊舍前的充分准备，进行第二次消毒。

⑥喷雾消毒 进羊前 1 天再喷雾消毒。

⑦熏蒸消毒 对封闭羊舍冲刷干净、晾干后，最好进行熏蒸消毒。用福尔马林、高锰酸钾熏蒸。方法：熏蒸前封闭所有缝隙、孔洞，计算房间容积，称量好药品。按照福尔马林：高锰酸钾：水以 2：1：1 比例配制，福尔马林用量一般为 28 ～ 42 毫升 / 米^3。容器应大于甲醛溶液加水后容积的 3 ～ 4 倍。放药时一定要把甲醛溶液倒入盛高锰酸钾的容器内，室温最好不低于 24℃，相对湿度在 70% ～ 80%。先从羊舍一头逐点倒入，倒入后迅速离开，把门封严，24 小时后打开门窗通风。无刺激味后再用消毒剂喷雾消毒一次。

（2）产房和隔离舍的消毒 在产羔前应进行 1 次，产羔高峰时进行多次，产羔结束后再进行 1 次。在病羊舍、隔离舍的出入口处应放置浸有消毒液的麻袋片或草垫，消毒液可用2%～4%氢氧化钠、1%菌毒敌（对病毒性疾病）或用 10%克辽林溶液（对其他疾病）。

（3）带羊消毒 正常情况下选用过氧乙酸或喷雾灵等消毒剂，0.5%浓度以下对人、畜无害。夏季每周消毒 2 次，春秋季每周消毒 1 次，冬季 2 周消毒 1 次。如果发生传染病每天或隔日带羊消毒 1 次。带羊消毒前必须彻底清扫，消毒时不仅限于羊的体表，还包括整个舍的所有空间。应将喷雾器的喷头高举空中，喷嘴向上，让雾料从空中缓慢地下降，雾粒直径控制在 80 ～ 120 微米，压力为 0.2 ～ 0.3 千克力 / 厘米^2（1 千克力 / 厘米^2=98.0665 千帕）。注意不宜选用刺激性大的药物。

4. 废弃物消毒

（1）粪便消毒 羊的粪便消毒主要采用生物热消毒法，即在距羊场 100 ～ 200 米以外的地方设一堆粪场，将羊粪堆积起来，上面覆盖 10 厘米厚的沙土，堆放发酵 30 天左右，即可用作肥料。

（2）污水消毒　最常用的方法是将污水引入污水处理池，加入化学药品（如漂白粉或其他氯制剂）进行消毒，用量视污水量而定，一般 1 升污水用 2 ～ 5 克漂白粉。

5. 皮毛消毒

羊患炭疽病、口蹄疫、布氏杆菌病、羊痘、坏死杆菌病等，其羊皮、羊毛均应消毒。应当注意，羊患炭疽病时，严禁从尸体上剥皮；在储存的原料皮中即使只发现 1 张患炭疽病的羊皮，也应将整堆与它接触过的羊皮进行消毒。皮毛的消毒，目前广泛利用环氧乙烷气体消毒法。消毒时必须在密闭的专用消毒室或密闭良好的容器（常用聚乙烯或聚氯乙烯薄膜制成的篷布）内进行。在室温 15℃时，每立方米密闭空间使用环氧乙烷 0.4 ～ 0.8 千克维持 12 ～ 48 小时，相对湿度在 30％以上。此法对细菌、病毒、霉菌均有良好的消毒效果，对皮毛中的炭疽芽孢也有较好的消毒作用。但本品对人、畜有毒性，且其蒸气遇明火会燃烧以致爆炸，故必须注意安全，具备一定条件时才可使用。

6. 尸体的消毒处理

尸体含有较多病原微生物，也容易分解腐败，散发恶臭，污染环境。特别是发生传染病的病死畜的尸体，处理不善，其病原微生物会污染大气、水源和土壤，造成疾病的传播与蔓延。因此，必须及时地无害化处理病死畜禽尸体，坚决不能图一私利而出售。消毒处理见第八招废弃物处理。

7. 兽医器械及用品的消毒

兽医诊疗器械及用品是直接与畜禽接触的物品。用前和用后都必须按要求进行严格的消毒。根据器械及用品的种类和使用范围不同，其消毒方法和要求也不一样。一般对进入畜禽体内或与黏膜接触的诊疗器械，如手术器械、注射器及针头、胃导管、导尿管等，必须经过严格的消毒灭菌；对不进入动物组织内，也不与黏膜接触的器具，一般要求去除细菌的繁殖体及亲脂类病毒。各种诊疗器械及用品的消毒方法见表 4-10。

表 4-10　各种诊疗器械及用品的消毒方法

消毒对象	消毒药物及方法
体温计	先用 1%过氧乙酸溶液浸泡 5 分钟，然后再放入 1%过氧乙酸溶液中浸泡 30 分钟
注射器	0.2%过氧乙酸溶液浸泡 30 分钟，清洗，煮沸或高压蒸汽灭菌（注意针头用肥皂水煮沸消毒 15 分钟后，洗净，消毒后备用；煮沸时间从水沸腾时算起，消毒物应全部浸入水内）
各种塑料接管	将各种接管分类浸入 0.2%过氧乙酸溶液中，浸泡 30 分钟后用清水冲净；接管用肥皂水刷洗，清水冲净，烘干后分类高压灭菌
药杯、换药碗（搪瓷类）	将药杯用清水冲净残留药液，然后浸泡在 1∶1000 新洁尔灭溶液中 1 小时；将换药碗用肥皂水煮沸消毒 15 分钟；然后将药杯与换药碗分别用清水刷洗冲净后，煮沸消毒 15 分钟或高压灭菌（如药杯系玻璃类或塑料类，可用 0.2%过氧乙酸浸泡 2 次，每次 30 分钟后清洗烘干）。（注意药杯与换药碗不能放在同一容器内煮沸或浸泡。若用后的药杯染有各种药液颜色，应煮沸消毒后用去污粉擦净、清洗，揩干后再浸泡；冲洗药杯内残留药液下来的水须经处理后再弃去）
托盘、方盘、弯盘（搪瓷类）	将其分别浸泡在 1%漂白粉清液中 1 小时；再用肥皂水刷洗、清水冲净后备用；漂白粉清液每 2 周更换 1 次，夏季每周更换 1 次
污物敷料桶	将桶内污物倒出后，用 0.2%过氧乙酸溶液喷雾消毒，放置 30 分钟；用碱水或肥皂水将桶刷洗干净，用清水冲洗后备用。注意：污物敷料桶每周消毒 1 次；桶内倒出的污物、敷料须消毒处理后回收或焚烧处理
污染的镊子、止血钳等金属器材	放入 1%肥皂水中煮沸消毒 15 分钟，用清水将其冲净后，再煮沸 15 分钟或高压灭菌后备用
锋利器械（刀片及剪、针头等）	浸泡在 1∶1000 新洁尔灭水溶液中 1 小时，再用肥皂水刷洗，清水冲净，揩干后浸泡于 1∶1000 新洁尔灭溶液的消毒盒中备用（注意被脓、血污染的镊子、钳子或锐利器械应先用清水刷洗干净，再进行消毒；洗刷下的脓、血水按每 1000 毫升加入过氧乙酸原液 10 毫升计算，即 1%浓度，消毒 30 分钟后才能弃掉；器械使用前，应用灭菌 0.85%生理盐水淋洗）
开口器	将开口器浸入 1%过氧乙酸溶液中，30 分钟后用清水冲洗；再用肥皂水刷洗，清水冲净，揩干后，煮沸 15 分钟或高压灭菌后使用（注意应全部浸入消毒液中）

消毒对象	消毒药物及方法
硅胶管	将硅胶管拆去针头,浸泡在 0.2%过氧乙酸溶液中,30 分钟后用清水冲净;再用肥皂水冲洗管腔后,用清水冲洗,搭干(注意拆下的针头按注射器针头消毒处理)
手套	将手套浸泡在 0.2%过氧乙酸溶液中,30 分钟后用清水冲洗;再将手套用肥皂水清洗,清水漂净后晾干(注意手套应浸没于过氧乙酸溶液中,不能浮于药液表面)
橡皮管、投药瓶	用浸有 0.2%过氧乙酸的抹布擦洗物件表面;用肥皂水将其刷洗、清水冲净后备用
导尿管、肛管胃、导管等	将物件分类浸入 1%过氧乙酸溶液中,浸泡 30 分钟后用清水冲洗;再将上述物品用肥皂水刷洗,清水冲净后,分类煮沸 15 分钟或高压灭菌后备用(注意物件上的胶布痕迹可用乙醚或乙醇擦除)
输液、输血皮管	将皮管针头拆去后,用清水冲净皮管残留液体,再浸泡在清水中;再将皮管用肥皂水反复揉搓、清水冲净,搭干后,高压灭菌,拆下的针头按注射针头消毒处理备用
手术衣、帽、口罩等	将其分别浸泡在 0.2%过氧乙酸溶液中 30 分钟,用清水冲洗;肥皂水搓洗,清水冲净晒干,高压灭菌备用(注意口罩应与其他物品分开洗涤)
创巾、敷料等	污染血液的,先放在冷水或 5%氨水内浸泡数小时,然后在肥皂水中搓洗,最后用清水漂净;污染碘酊的,用 2%硫代硫酸钠溶液浸泡 1 小时,清水漂洗、拧干,浸于 0.5%氨水中,再用清水漂净;经清洗后的创巾、敷料分包,高压灭菌备用;被传染性物质污染时,应先消毒后洗涤,再灭菌
运输车辆、其他工具车或小推车	每月定期用去污粉或肥皂粉将推车擦洗干净;污染的工具车类,应及时用浸有 0.2%过氧乙酸的抹布擦洗;30 分钟后再用清水冲净;推车等工具应经常保持整洁,清洁与污染的车辆应互相分开

8. 发生疫病期间的消毒

发生传染病后,羊场病原数量大幅增加,疫病传播流行会更加迅速,为了控制疫病传播流行及危害,需要更加严格消毒。

疫情活动期间消毒是以消灭病畜所散布的病原为目的而进行的。病畜禽所在的畜禽舍、隔离场地、排泄物、分泌物及被病原微生物污染和可能被污染的一切场所、用具和物品等都是消毒的重点。在实施消毒过程中,应根据传染病病原体的种类和传播途径的区别，抓住重点，以保证消毒的实际效果。如肠道传染病消毒的重点是畜禽排出的粪便以及被污染的物品、场所等；呼吸道传染病则主要是消毒空气、分泌物及污染的物品等。

（1）一般消毒　养殖场的道路、畜舍周围用5%的氢氧化钠溶液，或10%的石灰乳溶液喷洒消毒，每天一次；畜舍地面、畜栏用15%漂白粉溶液、5%的氢氧化钠溶液等喷洒，每天一次；带畜消毒，用0.25%的益康溶液，或0.25%的强力消杀灵溶液，或0.3%农家福，0.5%～1%的过氧乙酸溶液喷雾，每天一次，连用5～7天；粪便、粪池、垫草及其他污物用化学或生物热消毒；出入人员脚踏消毒液，紫外线等照射消毒。消毒池内放入5%氢氧化钠溶液，每周更换1～2次；其他用具、设备、车辆用15%漂白粉溶液、5%的氢氧化钠溶液等喷洒消毒；疫情结束后，进行全面的消毒1～2次。

（2）疫源地污染物的消毒　发生疫情后污染（或可能污染）的场所和污染物要进行严格的消毒，消毒方法见表4-11。

表4-11　疫源地污染物消毒方法

消毒对象	消毒方法	
	细菌性传染病	病毒性传染病
空气	甲醛熏蒸，福尔马林液25毫升，作用12小时（加热法）；2%过氧乙酸熏蒸，用量1克/米³，20℃作用1小时；0.2%～0.5%过氧乙酸及3%来苏儿喷雾30毫升/米²，作用30～60分钟；红外线照射0.06瓦/厘米²	醛熏蒸法（同细菌病）；2%过氧乙酸熏蒸，用量3克/米³，作用90分钟（20℃）；0.5%过氧乙酸或5%漂白粉澄清液喷雾，作用1～2小时；乳酸熏蒸，用量10毫克/米³加水1～2倍，作用30～90分钟
排泄物（粪、尿、呕吐物等）	成形粪便加2倍量的10%～20%漂白粉乳剂，作用2～4小时；对稀便，直接加粪便量1/5的漂白粉剂，作用2～4小时	成形粪便加2倍量的10%～20%漂白粉乳剂，充分搅拌，作用6小时；稀便，直接加粪便量1/5的漂白粉剂，作用6小时；尿液100毫升加漂白粉3克，充分搅匀，作用2小时
分泌物（鼻涕、唾液、穿刺脓、乳汁汁液）	加等量10%漂白粉或1/5量干粉，作用1小时；加等量0.5%过氧乙酸，作用30～60分钟；加等量3～6%来苏儿液，作用1小时	加等量10%～20%漂白粉或1/5量干粉，作用2～4小时；加等量0.5%～1%过氧乙酸，作用30～60分钟

续表

消毒对象	消毒方法	
	细菌性传染病	病毒性传染病
畜禽舍、运动场及舍内用具	污染草料与粪便集中焚烧；畜舍四壁用2％漂白粉澄清液喷雾（200毫升／米³），作用1～2小时；畜圈及运动场地面，喷洒漂白粉20～40克／米²，作用2～4小时，或1％～2％氢氧化钠溶液，5％来苏儿溶液喷洒1000毫升／米³，作用6～12小时；甲醛熏蒸，福尔马林12.5～25毫升／米³，作用12小时（加热法）；0.2％～0.5％过氧乙酸、3％来苏儿喷雾或擦拭，作用1～2小时；2％过氧乙酸熏蒸，用量1克／米³，作用6小时	与细菌性传染病消毒方法相同，一般消毒剂作用时间和浓度稍大于细菌性传染病消毒用量
饲槽、水槽、饮水器等	0.5％过氧乙酸浸泡30～60分钟；1％～2％漂白粉澄清液浸泡30～60分钟；0.5％季铵盐类消毒剂浸泡30～60分钟；1％～2％氢氧化钠热溶液浸泡6～12小时	0.5％过氧乙酸液浸30～60分钟；3％～5％漂白粉澄清液浸泡50～60分钟；2％～4％氢氧化钠热溶液浸泡6～12小时
运输工具	0.2％～0.3％过氧乙酸或1％～2％漂白粉澄清液，喷雾或擦拭，作用30～60分钟；3％来苏儿或0.5％季铵盐喷雾擦拭，作用30～60分钟	0.5％～1％过氧乙酸、5％～10％漂白粉澄清液喷雾或擦拭，作用30～60分钟；5％来苏儿喷雾或擦拭，作用1～2小时；2％～4％氢氧化钠热溶液喷洒或擦拭，作用2～4小时
工作服、被服、衣物织品等	高压蒸汽灭菌，121℃15～20分钟；煮沸15分钟（加0.5％肥皂水）；甲醛25毫升／米³，作用12小时；环氧乙烷熏蒸，用量2.5克／升，作用2小时；过氧乙酸熏蒸，1克／米³在20℃条件下，作用60分钟；2％漂白粉澄清液或0.3％过氧乙酸或3％来苏儿溶液浸泡30～60分钟；0.02％碘伏浸泡10分钟	高压蒸汽灭菌，121℃30～60分钟；煮沸15～20分钟（加0.5％肥皂水）；甲醛25毫升／米³熏蒸12小时；环氧乙烷熏蒸，用量2.5克，作用2小时；过氧乙酸熏蒸，用量1克／米³，作用90分钟；2％漂白粉澄清液浸泡1～2小时；0.3％过氧乙酸浸30～60分钟；0.03％碘伏浸泡15分钟
接触病畜禽人员手消毒	0.02％碘伏洗手2分钟，清水冲洗；0.2％过氧乙酸泡手2分钟；75％酒精棉球擦手5分钟；0.1％新洁尔灭浸手5分钟	0.5％过氧乙酸洗手，清水冲净；0.05％碘伏泡手2分钟，清水冲净

129

续表

消毒对象	消毒方法	
	细菌性传染病	病毒性传染病
染病污染办公品（书、文件）	环氧乙烷熏蒸，2.5克/升，作用2小时；甲醛熏蒸，福尔马林用量25毫升/米³，作用12小时	同细菌性传染病
医疗器材、用具等	高压蒸汽灭菌121℃30分钟；煮沸消毒15分钟；0.2%～0.3%过氧乙酸或1%～2%漂白粉澄清液浸泡60分钟；0.01%碘伏浸泡5分钟；甲醛熏蒸，50毫升/米³，作用1小时	高压蒸汽灭菌121℃30分钟；煮沸30分钟；0.5%过氧乙酸或5%漂白粉澄清液浸泡，作用60分钟；5%来苏儿浸泡1～2小时；0.05%碘伏浸泡10分钟

五、合理的免疫接种

（一）疫苗种类

疫苗分为活疫苗和灭活苗两类。凡将特定细菌、病毒等微生物毒力致弱制成的疫苗均称活疫苗（弱毒苗）。具有产生免疫快、免疫效力好、免疫接种方法多和免疫期长等特点，但存在散毒和造成新疫源以及毒力返祖的潜在危险等问题；用物理或化学方法将其灭活的疫苗称为灭活苗。具有安全性好、不存在返祖或返强现象、便于运输和保存、对母源抗体的干扰作用不敏感以及适用于多毒株或多菌株制成多价苗等特点，但存在成本高、免疫途径单一、生产周期长等不足。羊场常用的疫苗见表4-12。

表4-12 羊场常用的疫苗

名称	适应证	使用和保存方法
口蹄疫O型、A型活疫苗	预防口蹄疫。用于4个月以上的羊。疫苗注射后，14天产生免疫力，免疫持续期为4～6个月	肌内或皮下注射，剂量为4～12个月0.5毫升，12个月以上1毫升。疫苗在-12℃以下保存，不超过12个月；2～6℃保存，不超过5个月；20～22℃保存，限7天内用完
口蹄疫A型活疫苗	用于预防A型口蹄疫。疫苗注射后14天产生免疫力，免疫持续期为4～6个月	肌内或皮下注射。羊，2～6个月0.5毫升，6个月以上1毫升。-18～-12℃保存，有效期为24个月；2～6℃保存，有效期为3个月；20～22℃保存，有效期为5天

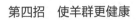

续表

名称	适应证	使用和保存方法
口蹄疫O型、亚洲Ⅰ型二价灭活疫苗	预防牛、羊O型、亚洲Ⅰ型口蹄疫，仅接种健康羊。免疫期为4～6个月	肌内注射，羊每只1毫升。2～8℃保存，有效期为12个月
伪狂犬病活疫苗（伪克灵）	用于预防绵羊的伪狂犬病。注射后6天，即可产生坚强免疫力，免疫期为1年	用法按瓶签注明的头份加PBS或特定稀释液稀释，肌内注射；绵羊4月龄以上者1头份。－15℃以下保存，有效期为18个月
牛羊伪狂犬病病苗	预防牛、羊伪狂犬病。免疫期山羊暂定半年	均为颈部皮下1次注射，山羊5毫升。于2～15℃阴暗干燥处保存，有效期为2年；于24℃下阴暗处保存，有效期暂定为1个月
兽用乙型脑炎疫苗	专供防止牲畜乙型脑炎用。注射2次（间隔1年），有效期暂定2年	应在盛行前1～2个月注射，皮下或肌内注射1毫升。当年幼畜注射后，第2年必须再注射1次。应保存在2～6℃冷暗处，自疫苗收获之日起可保存2个月
无荚膜炭疽芽孢苗	预防炭疽，可用于除绵羊外的其他动物。接种动物要健康	绵羊注射于颈部或后腿内侧皮下，1岁以下注射0.5毫升。本品应于2～15℃干燥、凉暗处保存，有效期为2年
Ⅱ号炭疽芽孢苗	预防各种动物的炭疽病。注射14天后产生坚强的免疫力，免疫期为1年，唯山羊为半年	各种动物的皮内注射0.2毫升或皮下1毫升（使用浓菌苗时，需用20%氢氧化铝胶或蒸馏水，按瓶签规定的稀释倍数稀释后使用。与无荚膜炭疽芽孢苗相同）
布氏杆菌活疫苗	预防牛、羊布氏菌病，免疫持续期3年	用法用量：皮下注射、滴鼻、气雾法免疫及口服法免疫。山羊和绵羊皮下注射10亿个活菌，滴鼻10亿个活菌，室内气雾10亿个活菌，室外气雾50亿个活菌，口服250亿个活菌。本品冻干苗在0～8℃保存，有效期为1年
布氏杆菌猪型2号活疫苗	预防牛、羊布氏菌病，免疫持续期，羊为3年	本疫苗最适于作口服免疫，亦可作肌内注射。口服对怀孕母畜不产生影响，畜群每年服苗一次，持续数年不会造成血清学反应长期不消失的现象；口服免疫，山羊和绵羊不论年龄大小，每头一律口服100亿个活菌；注射免疫，皮下或肌内注射均可，山羊每头注射25亿个活菌，绵羊50亿个活菌，间隔1个月。本品冻干苗在0～8℃保存，有效期为1年

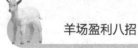

续表

名称	适应证	使用和保存方法
布氏菌病活疫苗（M5株）	预防牛、羊布氏菌病。免疫期为3年	可采用皮下注射、滴鼻免疫，也可口服免疫。山羊和绵羊皮下注射10亿个活菌、滴鼻10亿个活菌、口服250亿个活菌。在2～8℃保存，有效期1年
气肿疽明矾菌苗	预防牛、羊、鹿等动物的气肿疽，接种的动物要健康。注射14日后产生可靠的免疫力，免疫期约为6个月	不论年龄大小，羊皮下注射1毫升。于0～15℃凉暗、干燥处保存，有效期为2年；室温下保存，有效期为14个月
山羊痘活疫苗	预防山羊痘及绵羊痘。接种后4～5日产生免疫力，免疫期为12个月	尾根内侧或股内侧皮内注射。按瓶签注明头份，用生理盐水（或注射用水）稀释为每头份0.5毫升，不论羊只大小，每只0.5毫升。2～8℃保存，有效期为18个月；－15℃以下保存，有效期为24个月
山羊痘细胞化弱毒冻干疫苗	预防山羊痘。注射4天后产生免疫力，免疫期可持续1年以上	本疫苗适用于不同品种、年龄的山羊。对怀孕山羊、羊痘流行羊群中的未发痘羊，皆可（紧急）接种。用生理盐水1∶50倍稀释（原苗1毫升为100头份），于尾内侧或股内侧皮内注射。不论羊只大小，一律0.5毫升。在－15℃以下冷冻保存，有效期为2年；0～4℃低温保存，有效期为1年半；于8～15℃凉暗、干燥处保存，有效期为10个月；于16～25℃室温保存，有效期为2个月
羊败血性链球菌病弱毒苗	预防羊败血性链球菌病。注射后14～21日产生可靠的免疫力，免疫期1年	可用注射法或气雾法接种免疫。注射法：按瓶签标示的头份剂量，用生理盐水稀释，使每头份（50万～100万个活菌）成1毫升。于绵羊尾根皮下注射，成年羊1毫升，半岁至2岁羊剂量减半。气雾法：用蒸馏水稀释后，于室内或室外避风处喷雾：室外喷雾，每只羊暂定3亿个活菌；室内喷雾，每只羊3000万个活菌，每平方米面积用苗4头份

续表

名称	适应证	使用和保存方法
羊败血性链球菌病灭活疫苗	预防绵羊和山羊败血性链球菌病。免疫期为6个月	皮下注射。不论年龄大小，每只羊均接种5.0毫升。2～8℃保存，有效期为18个月
羔羊痢疾氢氧化铝菌苗	专给怀孕母羊注射，预防羔羊痢疾。于注射后10日产生可靠的免疫力。初生羔羊吸吮免疫母羊的奶汁而获得被动免疫	共注射2次。第1次在产前20～30日，于左股内侧皮下（或肌内）注射2毫升；第2次在产前10～20日，于右股内侧皮下（或肌内）注射3毫升。于2～15℃凉暗、干燥处保存，有效期为1年半
山羊传染性胸膜肺炎灭活疫苗	预防山羊传染性胸膜肺炎	皮下或肌内注射。成年羊，每只5.0毫升；6月龄以下羔羊，每只3.0毫升；免疫期为12个月。2～8℃保存，有效期为18个月
传染性脓疱性皮炎活疫苗（HCE或GO-BT弱毒株）	预防羊传染性脓疱皮炎。注射疫苗后21天产生免疫力，免疫期HCE苗为3个月，GO-BT苗为5个月	按注明的头份，HCE苗在下唇黏膜划痕免疫，GO-BT苗在口唇黏膜内注射0.2毫升，流行本病羊群股内侧划痕0.2毫升。保存期，−20～−10℃下10个月，0～4℃下5个月，10～25℃下2个月
羊快疫、猝狙（或羔羊痢疾）、肠毒血症三联灭活疫苗	预防羊快疫、猝狙（羔羊痢疾）、肠毒血症。预防快疫、羔羊痢疾、猝狙免疫期为12个月；预防肠毒血症免疫期为6个月	肌内或皮下注射。不论羊只年龄大小，每只5.0毫升。2～8℃保存，有效期为24个月
羊梭菌病多联干粉灭活疫苗	预防绵羊或山羊羔羊痢疾、羊快疫、猝狙、肠毒血症、黑疫、肉毒梭菌中毒症和破伤风。免疫期为12个月	肌内或皮下注射。按瓶签注明头份，临用时以20%氢氧化铝胶生理盐水溶液溶解，充分摇匀后，不论羊只年龄大小，每只均接种1.0毫升。2～8℃保存，有效期为60个月
羊厌气菌病五联灭活菌苗	预防羊快疫、羔羊痢疾、猝狙、肠毒血症和羊黑疫。注射后14日产生可靠的免疫力，免疫期为1年	不论羊只年龄大小，均皮下或肌内注射5毫升。于2～15℃凉暗、干燥处保存，有效期暂定为1年半
羊流产衣原体灭活疫苗	预防山羊和绵羊由衣原体引起的流产。绵羊免疫期为2年，山羊免疫期暂定7个月	每只羊皮下注射3毫升。在4～10℃凉暗处保存，有效期为1年

133

（二）羊的免疫接种方法

免疫接种方法主要是注射法。

1. 皮内注射

皮内注射是指将药液注入羊表皮和真皮之间的注射方法。多用于诊断和某些疫苗接种。一般仅在皮内注射药液或疫苗0.1～0.5毫升。

（1）注射部位　羊的颈侧中部或尾根内侧。

（2）注射方法　使用小容量注射器或1～2毫升的注射器与短针头，吸取药液，局部剪毛，用2%～5%碘酊消毒，70%～75%酒精脱碘，以左手大拇指和食指、中指固定（绷紧）皮肤，右手持注射器，针头斜面向上，与皮肤呈5°角刺入皮内。待针头斜面完全进入皮内后，放松左手，并固定针头与注射器交接处，右手推注药液，并感到推药时有一定的阻力，局部可见一半球形隆起，俗称"皮丘"。注射完毕，迅速拔出针头，术部用酒精棉球轻轻消毒，避免压挤局部。

（3）注射注意事项　注射部位一定要认真判定准确无误，否则将影响诊断和预防接种的效果。进针不可过深，以免刺入皮下，应将药液注入表皮和真皮之间。拔出针头后注射部位不可用棉球按压揉搓。

2. 皮下注射法

皮下注射是将药液注入皮下结缔组织内的注射方法。皮下注射的药物可由皮下结缔组织内丰富的毛细血管吸收入血，皮下有脂肪层，药物吸收慢，药效维持时间长。药液吸收比口服给药快，剂量准确，比血管内给药安全易操作。皮下注射可大量注入药物，易导致注射部位肿胀疼痛。

（1）注射部位　多在皮肤较薄、富有皮下组织、活动性较大的部位。羊多在颈侧、背胸侧和股内侧。

（2）注射方法　动物保定，局部剪毛消毒。术者左手中指和拇指捏起注射部位的皮肤，同时用食指尖下压使其呈皱褶陷窝，右手持连接针头的注射器，针头斜面向上，从皱褶基部陷窝出与皮肤呈30°～40°角，刺入针头的2/3（根据动物体型适当调整），此时感觉针头无阻抗，且能自由活动针头时，左手把持针头连接部，右手抽吸无回血，即可推压针筒活塞，注射药液。如需注射大量药液，应分点进行。注射完毕，用左手持酒精棉球压迫针孔部，迅速拔出针头。必要时可对局部轻轻按摩，促进吸收。

（3）注射注意事项 刺激性强的药物不能做皮下注射；药量多时，可分点注射，注射后最好对注射部位轻度按摩或温敷。

3. 肌内注射法

肌内注射法是将药液注入肌肉内的注射方法。此法药物吸收缓慢，药效维持时间长。肌肉皮肤感觉迟钝不宜注射刺激性药物。因肌肉致密，只能注射少量药液。由于动物的骚动，操作不熟练者易导致针头折断。

（1）注射部位 羊多在颈侧及臀部。

（2）注射方法 保定动物，局部剪毛消毒处理。术者左手固定于注射局部，右手持连接针头的注射器，使针头与皮肤垂直，迅速刺入肌肉内，一般刺入2～3厘米（羔羊酌减）；而后用左手拇指与食指握住针头结合部分，以食指指节顶在皮肤上，再用右手抽动针管活塞，无回血，即可缓慢注入药液。如有回血，可将针头拔出少许再行试抽，见无回血后方可注入药液。注射完毕，用左手持酒精棉球压迫针孔部，迅速拔出针头。有时也可先以右手持注射针头，直刺入局部，接上注射器，然后以左手把住针头和注射器，右手推动活塞手柄，注入药液。

（3）注意事项 为防止针头折断，刺入时应与皮肤呈垂直的角度并且用力的方向与针头方向一致；注意不可将针头的全长完全刺入肌肉中，一般只刺入全长2/3即可，以防折断时难于拔出；对强刺激性药物不宜采用肌内注射；注射针头如接触神经时，动物骚动不安，应变换方向，再注药液。

（三）羊的免疫程序

羊的免疫程序参考表 4-13～表 4-15。

表 4-13　羊的免疫程序（一）

疫病种类	疫苗名称	免疫时间	免疫剂量	免疫方法
羔羊痢疾	羔羊痢疾氢氧化铝菌苗	怀孕母羊分娩前 20～30 天和 10～20 天各注射 1 次	分别为每只 2 毫升和 3 毫升；羔羊通过吃奶获得被动免疫，免疫期 5 个月	两后腿内侧皮下
快疫、猝狙、肠毒血症、羔羊痢疾	羊三联四防灭活苗	每年于 2 月底 3 月初和 9 月下旬分 2 次接种	1 头份	皮下或肌内注射
羊痘	羊痘弱毒疫苗	每年 3～4 月接种	1 头份	皮下注射
布氏杆菌病	羊布病活疫苗（S2 株）	免疫前应向当地兽医主管理部门咨询后进行	1 头份	口服
羔羊大肠杆菌病	羔羊大肠杆菌疫苗		3 月龄以下 1 毫升；3 月龄以上 2 毫升	皮下注射
羊口蹄疫	羊口蹄疫苗	每年 3 月和 9 月	4 月龄至 2 年 1 毫升；2 年以上 2 毫升	皮下注射
山羊口疮	口疮弱毒细胞冻干苗	每年 3 月和 9 月	0.2 毫升	口腔黏膜内注射
山羊传染性胸膜肺炎	山羊传染性胸膜肺炎氢氧化铝菌苗		6 月龄以下 3 毫升；6 月龄以上 5 毫升	皮下或肌内注射
山羊链球菌病	羊链球菌氢氧化铝菌苗	每年 3 月和 9 月	6 月龄以下 3 毫升；6 月龄以上 5 毫升	羊背部皮下注射

注：1.要了解被预防羊群的年龄、妊娠、泌乳及健康状况，体弱或原来就生病的羊预防后可能会引起各种反应，应说明清楚，或暂时不打预防针；2.对怀孕后期的母羊应注意了解，如果怀胎已逾三个月，应暂时停止预防注射，以免造成流产；3.对半月龄以内的羔羊，除紧急免疫外，一般暂不注射；4.预防注射前，对疫苗有效期、批号及厂家应注意记录，以便备查；5.对预防接种的针头，应做到一头一换。

表4-14　羔羊免疫程序（二）

接种时间	疫苗	接种方式	免疫期
7日龄	羊传染性脓疱皮炎灭活苗	口唇黏膜注射	1年
15日龄	山羊传染性胸膜肺炎灭活苗	皮下注射	1年
2月龄	山羊痘灭活苗	尾根皮内注射	1年
2.5月龄	牛O型口蹄疫灭活苗	肌内注射	6个月
3月龄	羊梭菌病三联四防灭活苗	皮下或肌内注射（第一次）	6个月
	气肿疽灭活苗	皮下注射（第一次）	7个月
3.5月龄	羊梭菌病三联四防灭活苗Ⅱ号炭疽芽孢菌	皮下或肌内注射（第二次）皮下注射	山羊6个月、绵羊12个月
	气肿疽灭活苗	皮下注射（第二次）	7个月
产羊前6～8周（母羊、未免疫）	羊梭菌病三联四防灭活苗破伤风类毒素	皮下注射（第一次），肌内或皮下注射（第一次）	山羊6个月、绵羊12个月
产羔前2～4周（母羊）	羊梭菌病三联四防灭活苗破伤风类毒素	皮下注射（第二次），皮下注射（第二次）	山羊6个月、绵羊12个月
4月龄	羊链球菌灭活苗	皮下注射	6个月
5月龄	布氏菌病活苗（猪2号）	肌内注射或口服	3年
7月龄	牛O型口蹄疫灭活苗	肌内注射	6个月

表4-15　成年母羊免疫程序

接种时间	疫苗	接种方式	免疫期
配种前2周	牛O型口蹄疫灭活苗	肌内注射	6个月
	羊梭菌病三联四防灭活苗	皮下或肌内注射	6个月
配种前1周	羊链球菌灭活苗	皮下注射	6个月
	Ⅱ号炭疽芽孢苗	皮下注射	山羊6个月绵羊12个月
产后1个月	牛O型口蹄疫灭活苗	肌内注射	6个月
	羊梭菌病三联四防灭活苗	皮下或肌内注射	6个月
	Ⅱ号炭疽芽孢菌	皮下注射	山羊6个月绵羊12个月
	羊链球菌灭活苗	皮下注射	6个月
产后1.5个月	山羊传染性脑膜肺炎灭活苗	皮下注射	1年
	布氏菌病灭活苗（猪2号）	肌内注射或口服	3年
	山羊痘灭活苗	尾根皮内注射	1年

注：公羊可参照母羊免疫注射时间进行免疫

六、定期科学驱虫

应建立完善的驱虫制度，坚持定期驱虫。结合本地实际，选择低毒、高效、广谱的药物给羊群进行预防性驱虫。建议进行"虫体成熟期前驱虫"或"秋冬季驱虫"，驱虫前要做小群试验，再进行全群驱虫，驱虫应在专门的有隔离条件的场所进行，驱虫后排出的粪便应统一集中发酵处理；科学选择和轮换使用抗寄生虫药物，减轻药物不良反应，尽量推迟或消除寄生虫抗药性的产生；逐日清扫粪便，打扫羊舍卫生，消灭或控制中间宿主或传播媒介，避免湿地放牧，避免吃露水草；加强饲养管理，减少应激，提高机体抵抗力。

目前常规预防多采用春秋两次或每年三次驱虫，也可依据化验结果确定，对外地引进的羊必须驱虫后再合群。放牧羊群消化道寄生虫感染普遍，在秋季或入冬、开春和春季放牧后4～5周各驱虫一次。夏季雨水多，气温高，寄生虫在外界发育迅速，羊寄生虫感染率高，可根据情况适当增加驱虫次数，一般2个月一次。如牧地过度放牧，超载严重，寄生虫发生（主要是捻转血矛线虫）持续感染，建议1个月驱虫一次，或投服抗寄生虫缓释药弹（丸）进行控制。羔羊在2月龄进行首次驱虫，母羊在接近分娩时进行产前驱虫，寄生虫污染严重地区在母羊产后3～4周再驱虫一次。

体外寄生虫如疥螨、痒螨、蜱、跳蚤、虱子等，一般每年2次，或当发现羊群有瘙痒脱毛症状时全群进行杀虫，可选用敌百虫、双甲脒、辛硫磷、二嗪农、毒蝇磷、溴氰菊酯等进行喷洒或药浴，如用伊维菌素或阿维菌素皮下注射或内服给药，一般应在2周后重复给药一次。杀灭蚊子等吸血昆虫可采用消灭蚊子生存环境、灭蚊灯（器）、墙壁门窗喷洒防蚊虫药剂或在羊舍点燃自制的蚊香等。驱除蠕虫如线虫、吸虫、绦虫等体内寄生虫，可根据情况选用伊维菌素、多拉菌素、左旋咪唑等药物；抗球虫可选用氨丙啉、莫能菌素等。

七、及时准确诊断，合理使用抗菌药物

及时准确的诊断是提高治愈率、减少死亡、减少损失的重要手段。发生羊病时，应及早诊断，尽快确诊和制定有效的防治方案。妥善保存防疫档案、检疫证明书、诊断记录、处方签、病历表等基本档案资料。一旦发现疫情，要按有关法律法规的要求，逐级上报，并请当地动物防疫监督机构兽医人员现场诊治。抗菌药物的滥用使细菌的耐药性和兽药残留等问题日益严重，要求兽药使用单位和人员严格遵守国务院兽医行政管理部门制定的兽药安全使用规定，严格执行兽药处方药与非处方药分类管理的规定，遵守兽药的休药期，根据适应证合理选择和使用兽药，建立用药记录，还应确保动物及其产品在用药期、休药期内不用于食品消费。

八、疫病扑灭措施

（一）隔离

当羊群发生传染病时，应尽快作出诊断，明确传染病性质，立即采取隔离措施。一旦病性确定，对假定健康羊可进行紧急预防接种。隔离开的羊群要专人饲养，用具要专用，人员不要互相串门。根据该种传染病潜伏期的长短，经一定时间观察不再发病后，再经过消毒后可解除隔离。

（二）封锁

在发生及流行某些危害大的烈性传染病时，应立即报告当地政府主管部门，划定疫区范围进行封锁。封锁应根据该疫病流行情况和流行规律，按"早、快、严、小"的原则进行。封锁是针对传染源、传播途径、易感动物群三个环节采取相应措施。

（三）紧急预防和治疗

一旦发生传染病，在查清疫病性质之后，除按传染病控制原则进行诸如检疫、隔离、封锁、消毒等处理外，对疑似病羊及假定健康羊可紧急预防接种，预防接种可应用疫苗，也可应用抗血清。

（四）淘汰病羊

淘汰病羊，也是控制和扑灭疫病的重要措施之一。

第五招
尽量降低生产消耗

【核心提示】

☞产品的生产过程就是生产的消耗过程，企业要生产产品，就是发生各种生产消耗。生产过程的消耗包括劳动对象（如饲料）的消耗、劳动手段（如生产工具）的消耗以及劳动力的消耗等。在产品产量一定情况下，降低生产消耗就可以增加效益；在消耗一定的情况下，增加产品产量也可以增加效益；同样规模的养羊企业，生产水平和管理水平高，产品数量多，各种消耗少，就可以获得更好的效益。

一、羊场的生产性能指标

（一）肉用性能指标

1. 宰前活重

宰前活重指动物宰前的活体重量。由于相同活重的个体产肉

量相差很大，因此，常根据某种动物一定年龄时的体重大小作为
评定的指标。

2. 胴体重

胴体重指屠宰放血后剥去毛皮、去头、内脏及前肢腕关节和
后肢关节以下部分，整个躯体（包括肾脏及其周围脂肪）静止 30
分钟后的重量。

3. 屠宰率

屠宰率指胴体重加内脏脂肪（包括大网膜和肠系膜脂肪）和
脂尾重，与羊屠宰前活重（宰前空腹 24 小时）之比。

4. 胴体净肉率

胴体净肉率指胴体净肉重与胴体重的比值。

5. 肉骨比

肉骨比指胴体净肉重与骨重的比值。

6. 眼肌面积

测倒数第一和第二肋骨间脊椎上的背最长肌（即眼肌）的横
切面积，因为它与产肉量呈正相关。测量方法：用硫酸纸描绘
出横切面的轮廓，再用求积仪计算面积。如无求积仪，可用公式
估测：

眼肌面积（厘米 ^{2}）＝眼肌高（厘米）× 眼肌宽（厘米）×0.7

7. 胴体品质

胴体品质主要根据瘦肉的多少及颜色、脂肪含量、肉的鲜
嫩度、多汁性与味道等特性来评定。上等品质的羔羊肉，应该是
质地坚实而细嫩味美，膻味轻，颜色鲜艳，结缔组织少，肉呈大
理石状，背脂分布均匀而不过厚，脂肪色白、坚实。

（二）毛用性能指标

1.剪毛量

剪毛量即从一只羊身上剪下的全部羊毛（污毛）的重量。细毛羊比粗毛羊的剪毛量要大得多。一般是在 5 岁以前逐年增加，5 岁以后逐年下降。公羊的剪毛量高于母羊。

2.净毛率

除去污毛中各类杂质后的羊毛重量为净毛重，净毛重与污毛重的比值，称为净毛率。计算公式：

$$净毛率＝净毛重 ÷ 污毛重 ×100\%$$

3.毛的品质

毛的品质包括细度、长度、密度和油汗等指标。

（1）细度　指毛纤维直径的大小。直径在 25 微米以下为细毛，以上为半细毛。工业上常用"支"来表示，1 千克羊毛每纺出 1 个 1000 米长度的毛纱称为 1 支，如能纺出 60 个 1000 米长的毛纱，即为 60 支。毛纤维越细，则支数越多。

（2）长度　指毛丛的自然长度。一般用钢尺量取羊体侧毛丛的自然长度。细毛羊要求在 7 厘米以上。

（3）密度　指单位皮肤面积上的毛纤维根数。

（4）油汗　指皮脂腺和汗腺分泌物的混合物。对毛纤维有保护作用。油汗以白色和浅黄色为佳，黄色次之，深黄色和颗粒状为不良。

（5）裘皮和羔皮品质　一般要求是轻便、保暖、美观。具体是从皮板的厚薄、皮张大小、粗毛与绒毛的比例，毛卷的大小与松紧、弯曲度及图案结构等方面进行评定。

（三）繁殖性能指标

1.适繁母羊比率

适繁母羊比率主要反映羊群中适繁母羊的比例。适繁母羊多指 10 月龄（山羊）以上和 1.5 岁（绵羊）以上的二母羊。

2. 配种率

配种率指实配母羊数占预配母羊数的百分比

$$配种率＝实配母羊数 ÷ 预配母羊数 ×100\%$$

3. 受胎率

受胎率指妊娠母羊数占实配母羊数的百分比（妊娠母羊数是流产、死产和正常生产的总和）

$$受胎率＝妊娠母羊数 ÷ 实配母羊数 ×100\%$$

4. 产羔率

产羔率指每百只分娩母羊数所产羔羊占分娩母羊数的百分比。

$$产羔率＝产出羔羊数 ÷ 分娩母羊数 ×100\%$$

5. 断奶成活率

断奶成活率即断奶时成活的羔羊数占产活羔数的百分率。

$$断奶成活率＝断奶时成活羔羊数 ÷ 产活羔数 ×100\%$$

6. 繁殖成活率

繁殖成活率即本年度断奶成活羔羊数占上年度适繁母羊数的百分率。

$$繁殖成活率＝本年度断奶成活羔羊数 ÷ 上年度适繁母羊数 ×100\%$$

（四）生长发育指标

生长发育指标反映羊的主要生产性能，通常以初生、断奶、6 ～ 7 月龄、12 月龄、1.5 岁、2 岁、3 岁等，不同阶段体重体尺的变化来表示。称重时应在清晨空腹状况下进行。体尺指标主要有：体高、体长、胸围、腹围、管围、十字部高（由十字部至地面的垂直距离）、腰角宽（两侧腰角外缘间距离）、腿臀围。

（五）泌乳性能指标

泌乳性能指标主要是泌乳量，以羔羊出生后 15 ～ 21 天的总增重乘 4.3 的积，代表该时期的泌乳量，其中 4.3 是羔羊增重 1 千克所消耗的母乳量。

二、加强生产运行过程的管理

（一）科学制定劳动定额和操作规程

1. 定额管理

定额是编制生产计划的基础。在编制计划的过程中，人力、物力、财力的配备和消耗，产供销的平衡，经营效果的考核等计划指标，都是根据定额标准进行计算和研究确定的。只有合理的定额，才能制定出先进可靠的计划。如果没有定额，就不能合理地进行劳动力的配备和调度，物资的储备和利用，资金的利用和核算就没有根据，生产就不合理。定额是检验的标准，在一些计划指标的检查中，要借助定额来完成。在计划检查中，检查定额的完成情况，通过分析来发现计划中的薄弱环节。同时定额也是劳动报酬分配的依据，可以在很大程度上提高劳动生产率。

（1）定额的种类　见表 5-1。

表 5-1　定额的种类

种类	定义
人员分配定额	完成一定任务应配备的生产人员、技术人员和服务人员标准
机械设备定额	完成一定生产任务所必需的机械、设备标准或固定资产利用程度的标准
物资储备定额	正常生产需要的零配件、燃料、原材料和工具等物资的必需库存量
饲料储备定额	按生产需要来确定饲料的生产量，包括各种精饲料、粗饲料、矿物质及预混合饲料储备和供应量

种类	定　义
产品定额	皮、毛、奶、肉产品的数量和质量标准
劳动定额	生产者在单位时间内完成符合质量标准的工作量，或完成单位产品或工作量所需要的工时消耗，又称工时定额
财务定额	生产单位的各项资金限额和生产经营活动中的各项费用标准，包括资金占用定额、成本定额和费用定额等

（2）羊场的生产定额

① 人员配备定额　规模10000只的羊场，全舍饲，其人员配备可为：管理人员3人（其中场长1人，生产主管2人），财务人员2人（会计1人，出纳1人），技术人员7人（畜牧技术人员2人，兽医2人，人工授精员2人，统计员、资料员1人），生产人员51人（饲养员21人，清洁工7人，接产员2人，轮休2人，饲料加工及运送5人，夜班2人，机修2人，仓库管理1人，锅炉工2人，洗涤员5人，保安2人）。

② 劳动定额　劳动定额是在一定生产技术和组织条件下，为生产一定的合格产品或完成一定的工作量，所规定的必要劳动消耗量，是计算产量成本、劳动生产率等各项经济指标和编制生产、成本和劳动等计划的基础依据。养羊生产可以以队、班组或畜舍为单位进行饲养管理。但是羊群种类不同所确定的劳动定额也不同，所制定的劳动定额也有所不同。在制定劳动定额时应根据生产条件、职工技术状况和工作要求，并参照历年统计资料，综合分析确定。

饲养工。饲养工负责羊群的饲养管理工作，按羊群生产阶段进行专门管理。主要工作为：根据羊场生产情况饲喂精料、全价饲料或粗饲料；按照规定的工作日程，进行羊群护理工作；经常观察羊群的食欲、健康、粪便、发情和生长发育等情况。羊场的饲养定额一般是每人负责成年母羊100～200头，羔羊50～100头，育成羊400～500头。

饲料工。每人每日送草5000千克或者粉碎精料1000千克，或者全价颗粒饲料3000千克，送料送草过程中应清除饲料中的杂质。

技术员：技术员包括畜牧技术人员和兽医技术人员，每300～500头羊配备畜牧、兽医技术人员各1人，主要任务是落实饲养管理规程和疾病防治工作。

配种员。每1000只羊配备1名人工授精员和1名兽医，负责羊保健、配种和孕检等工作，要求总繁殖率在90%以上，发情期受胎率大于50%。

产房工。负责围产期母羊的饲养管理，做好兽医技术人员的助手，每日饲养羊50～100头。要求管理仔细，不发生人为的事故。

清洁工。负责羊体、羊床、羊舍以及周围环境的卫生。每人可管理各类羊500只。

场长。组织协调各部门工作，监督落实羊场各项规章制度，搞好羊场的发展工作，制定年度计划。

销售员。负责产品销售，及时向主管领导汇报市场信息，协助监督产品质量。销售员根据销售路线的远近决定销售量，负责将羊群按时送给用户。

③ 饲料消耗定额　羊群维持和生产产品需要从饲料中摄取营养物质。羊群种类的不同，同种羊的年龄、性别上的不同，生长发育阶段的不同及生产用途不同，其饲料的种类和需要量也不同。因此制定不同羊群的饲料消费定额，首先应该查找其饲养标准中对各种营养成分的需要量，参照不同饲料的营养价值确定日粮的配给量；再以给定日粮配给作为基础，计算不同饲料在日粮中的占有量；最后根据占有量和家畜的年饲养日即可计算出年饲料的消耗定额。计算定额时应加上饲喂过程中的损耗量。饲料消耗定额是生产单位产量的产品所规定的饲料消费标准，是确定饲料需要量、合理利用饲料、节约饲料和实行经济核算的重要依据。以成年母羊为例，如成母羊每天每只平均需要0.5千克优质干草、青贮玉米5千克；育成羊每天每只平均需干草1千克、青贮玉米3千克。成年母羊按每天0.25千克精料计算。

④ 成本定额　成本定额是羊场财务定额的组成部分，羊场成

本分为两大块，即产品总成本和产品单位成本。成本定额通常指的是成本控制指标，主要是生产某种产品或某种作业所消耗的生产资料和所付劳动报酬的总和。成本项目包括工资和福利费、饲料费、燃料费和动力费、医药费、固定资产折旧费、固定资产修理费、低值易耗品费、其他直接费用和企业管理费等。

（3）定额的修订　修订定额是搞好计划的一项很重要内容。定额是在一定条件下制定的，反映了一定时期的技术水平和管理水平。生产的客观条件不断发生变化，因此定额也应及时修订。在编制计划前，必须对定额进行一次全面的调查、整理、分析，对不符合新情况、新条件的定额进行修订，并补充定额和制定新的定额标准，使计划的编制有理有据。

2. 羊场管理制度

规范管理制度是规模羊场生产部门加强和巩固劳动纪律的基本方法。规模羊场主要的劳动管理制度有岗位制、考勤制、基本劳动日制、作息制、质量检查制、安全生产制、技术操作规程等。羊场由于劳动对象的特殊性，应特别注意根据羊的生物学特性及不同生长发育阶段的消化吸收规律，建立合理的饲喂制度，做到定时、定量、定次数、定顺序，并应根据季节、年龄进行适当调整，以保证羊的正常消化吸收，避免造成饲料浪费。饲养人员必须严格遵守饲喂制度，不能随意经常变动。

制度管理是羊场劳动管理不可缺少的手段。主要包括考勤制度、劳动纪律、生产责任制、劳动保护、劳动定额、奖惩制度等。制度的建立，一是要符合羊场的劳动特点和生产实际；二是内容具体化，用词准确，简明扼要，质和量的概念必须明确；三是要经全场职工认真讨论通过，并经场领导批准后公布执行；四是必须具有严肃性，一经公布，全场干部职工必须认真执行，不搞特殊化；五是必须具备连续性，应长期坚持，并在生产中不断完善。

（二）养羊生产计划管理

计划管理就是根据羊场情况和市场预测合理制定生产技术，

并落到实处。制定计划就是对养羊场的投入、产出及其经济效益做出科学的预见和安排，计划是决策目标的具体化，经营计划分为长期计划、年度计划、阶段计划等。

1. 编制计划的方法

养羊业计划编制的常用方法是平衡法，其通过对指导计划任务和完成计划任务所必须具备的条件进行分析、比较，以求得两者的相互平衡。畜牧业企业在编制计划的过程中，重点要做好草原（土地）、劳力、机具、饲草饲料、资金、产销等平衡工作。利用平衡法编制计划主要是通过一系列的平衡表来实现的，平衡表的基本内容包括需要量、供应量、余缺三项。具体运算时一般采用下列平衡公式：

期初结存数－本期计划增加数－本期需要数＝结余数

上式三部分，即供应量（期初结存数＋本期增加数）、需要量（本期需要量）和结余数构成平衡关系，进行分析比较，揭露矛盾，采取措施，调整计划指标，以实现平衡。

2. 羊场主要生产计划

（1）羔羊生产计划　　主要是指配种分娩计划和羊群周转计划。分娩时间的安排既要考虑气候条件，又要考虑牧草生长情况，最常见的是产冬羔（即在 11 ～ 12 月份分娩）和产春羔（即在 3 ～ 4 月份分娩）。产冬羔的优点是母羊体质好，受胎率和产羔率高，流产和疾病减少；羔羊可以避免春季气候多变的影响，断奶后能够充分利用青草，到枯草期时已达到肥育标准，可当年屠宰。产春羔的优点是，由于气温转暖，母羊可以在羊圈中分娩，在剪毛时已分娩完毕，随后进入夏季草场，对喂养羔羊有利。但春季气候变化剧烈，特别是北方时常有风雨和降雪，易使体弱羔羊死亡。当年羔羊如屠宰利用时需要进行强度肥育，方可达到育肥标准。母羊的分娩一般应在 40 ～ 50 天内结束，故配种也应集中在 40 ～ 50 天内完成。分娩集中有利于安排育肥计划。在编制羊群配种分娩计划和羊群周转计划时需要掌握以下材料：计划年初羊群各组羊的实有只数；去年交配今年分娩的母羊数；计划年生产任务的各项主要措施；本场确定的母羊受胎率、产羔率和繁殖成活率等。

（2）产品产量计划　计划经济条件下传统产量计划，是依据羊群周转计划而制定的。而市场经济条件下必须反过来计算，即以销定产，以产量计划倒推羊群周转计划。根据羊场不同产品产量计划可以细分为种羊供种计划、肉羊出栏计划、羊毛（绒）产量计划等。

（3）羊群周转计划　羊群周转计划是制定饲料计划、劳动用工计划、资金使用计划、生产资料及设备利用计划的依据。羊群周转计划必须根据产量计划的需要来制定。羊群周转计划的制定应依据不同的饲养方式、生产工艺流程、羊舍的设施设备条件、生产技术水平，最大限度地提高设施设备利用率和生产技术水平，以获得最佳经济效益为目标进行编制。首先要确定羊场年初、年终的羊群结构及各月各类羊的饲养只数，并计算出"全年平均饲养只数"和"全年饲养只日数"。同时还要确定羊（种）群淘汰、补充的数量，并根据生产指标确定各月淘汰率和数量。具体推算程序为：根据全年羊产品产量分月计划，倒推出相应的羊饲养计划，并以此推算出羔羊生产与饲养计划，繁殖公、母羊饲养计划，从而完成周转计划的编制（见表 5-2）。

表 5-2　羊群周转计划表　　　　　单位：只

羊群类型		上年末结存数	月份												计划年度末结存数量
			1	2	3	4	5	6	7	8	9	10	11	12	
哺乳羔羊															
育成羊															
后备母羊	月初只数														
	转入														
	转出														
	淘汰														

羊群类型		上年末结存数	月份													计划年度末结存数量
			1	2	3	4	5	6	7	8	9	10	11	12	
后备公羊	月初只数															
	转入															
	转出															
	淘汰															
基础母羊	月初只数															
	转入															
	淘汰															
基础公羊	月初只数															
	转入															
	淘汰															
育肥羊	4月龄以下															
	5～6月龄															
	7月龄以上															
月末结存																
出售种羊																
出售肥羔																
出售育肥羊																

（4）配种分娩计划　配种分娩计划是肉羊生产计划的重要环节。该计划的制定主要是依据羊群周转计划、种母羊的繁殖规律、饲养管理条件、配种方式、饲养的品种、技术水平等进行倒推。首先，确定年内各月份生产羔羊数量计划；第二，确定年内各月份经产及初产母羊分娩数量计划；第三，确定年内各月份经产和初配母羊的配种数量计划，从而完成配种分娩计划的制定（见表5-3）。

表5-3　年度羊群配种分娩计划表

年度	月份	交配			计划年月份	分娩						育成羊
		交配母羊数				分娩胎次			产活羔数			
		基础母羊	检定母羊	合计		基础母羊	检定母羊	合计	基础母羊	检定母羊	合计	
上年度	9											
	10											
	11											
	12											

续表

年度	月份	交配			计划年月份	分娩						育成羊
		交配母羊数				分娩胎次			产活羔数			
		基础母羊	检定母羊	合计		基础母羊	检定母羊	合计	基础母羊	检定母羊	合计	
计划年度	1				1							
	2				2							
	3				3							
	4				4							
	5				5							
	6				6							
	7				7							
	8				8							
	9				9							
	10				10							
	11				11							
	12				12							
	全年				全年							

（5）草料供应计划　草料是养羊生产的物质保证。生产中既要保证及时充足的供应，又要避免积压。因此，必须做好计划。草料供应计划是依据羊场生产周转计划及饲养消耗定额来制定的。饲草饲料费用占生产总成本的60%～70%，所以在制定饲料计划时既要注意饲料价格，同时又要保证饲料质量。不同饲养方式、品种和日龄的羊所需草料量是不同的。各场可根据当地草料资源的不同条件和不同羊群的营养需要，首先制定各羊群科学合理的草料日粮配方，并根据不同羊群的饲养数量和每只每天平均消耗草料量，推算出整个羊场每天、每周、每月及全年各种草料的需要量，并依市场价格情况和羊场资金实际，做好所需原料的订购、贮备和生产供应。对于放牧和半放牧方式饲养的羊群，还要根据放牧草地的载畜量，科学合理地安排饲草、饲料生产（见表5-4）。

表5-4　年度饲料计划

项目类别	平均饲养头数	年饲养头日数	精饲料		粗饲料		青绿料		青贮料		食盐		骨粉		石粉	
			定额	小计	定额	小计	定额	小计	定额	小计	定额	小计	定额	小计	定额	小计

（6）疫病防治计划　羊场疫病防治计划是指一个年度内对羊群疫病防治所做的预先安排。羊场的疫病防治是保证其生产效益的重要条件，也是实现生产计划的基本保证。羊场实行"预防为主，防治结合"的方针，建立一套综合性的防疫措施和制度。其内容包括羊群的定期检查、羊舍消毒、各种疫苗的定期注射、病羊的资料与隔离等。对各项防疫制度要严格执行，定期检查。

（7）资金使用计划　有了生产销售计划、草料供应计划等计划后，资金使用计划也就必不可少了。资金使用计划是经营管理计划中非常关键的一项工作，做好计划并顺利实施，是保证企业健康发展的关键。资金使用计划的制定应依据有关生产等计划，本着节省开支并最大限度提高资金使用效率的原则，精打细算、合理安排、科学使用。既不能让资金长时间闲置，造成资金资源浪费，也要保证生产所需资金及时足额到位。在制定资金计划中，对羊场自有资金要统筹考虑，尽量盘活资金，不要造成自有资金沉淀。对企业发展所需贷款，经可行性研究，认为有效益、项目可行，就要大胆贷款，破除企业不管发展快慢，只要没有贷款就是好企业的传统思想，要敢于并善于科学合理地运用银行贷款，加快规模羊场的发展。一个企业只要其资产负债率保持在合理的范围内，都是可行的。

（三）养羊场的记录管理

记录管理就是将肉羊场生产经营活动中的人、财、物等消耗情况及有关事情记录在案，并进行规范、计算和分析。羊场记录可以反映羊场生产经营活动的状况，是经济核算的基础和提高管理水平及效益的保证，羊场必须重视记录管理。羊场记录要及时准确（在第一时间填写，数据真实可靠）、简洁完整（通俗易懂、全面系统）和便于分析。

1. 羊场记录的内容

（1）生产记录

① 羊群生产情况记录　羊的品种、饲养数量、饲养日期、死亡淘汰、产品产量等。

② 饲料记录　将每日不同肉羊群（或以每栋或栏或群为单位）所消耗的饲料按其种类、数量及单价等记载下来。

③ 劳动记录　记载每天出勤情况，工作时数、工作类别以及完成的工作量、劳动报酬等。

（2）财务记录

① 收支记录　包括出售产品的时间、数量、价格、去向及各项支出情况。

② 资产记录　固定资产类，包括土地、建筑物、机器设备等的占用和消耗；库存物资类，包括饲料、兽药、在产品、产成品、易耗品、办公用品等的消耗数、库存数量及价值；现金及信用类，包括现金、存款、债券、股票、应付款、应收款等。

（3）饲养管理记录

① 饲养管理程序及操作记录　饲喂程序、光照程序、羊群的周转、环境控制等记录。

② 疾病防治记录　包括隔离消毒情况、免疫情况、发病情况、诊断及治疗情况、用药情况、驱虫情况等。

（4）羊的档案

①成年母羊档案　记载其系谱、配种产羔情况。

②羔羊档案　记载其系谱、出生时间、体尺、体重情况。

③ 育成羊档案　记载其系谱、各月龄体尺和体重情况、发情配种情况。

④ 育肥羊档案　记录品种、体重、饲料用量等。

2. 羊场记录表格

羊场记录表格见表 5-5～表 5-13。

表 5-5　疫苗购、领记录表　　　　　　填表人：

购入日期	疫苗名称	规格	生产厂家	批准文号	生产批号	来源（经销点）	购入数量	发出数量	结存数量

表 5-6　饲料添加剂、预混料、饲料购、领记录表　　　　填表人：

购入日期	名称	规格	生产厂家	批准文号或登记证号	生产批号或生产日期	来源（生产厂家或经销点）	购入数量	发出数量	结存数量

表 5-7　疫苗免疫记录表　　　　　　填表人：

免疫日期	疫苗名称	生产厂家	免疫动物批次日龄	栋、栏号	免疫数/只	免疫次数	存栏数/只	免疫方法	免疫剂量/（毫升/只）	耳标佩带数/个	责任兽医

表 5-8　消毒记录表　　　　　　填表人：

消毒日期	消毒药名称	生产厂家	消毒场所	配制浓度	消毒方式	操作者

表 5-9　诊疗记录表　　　　　　填表人：

发病日期	发病动物栋、栏号	发病群体只数	发病数	发病动物日龄	病名或病因	处理方法	用药名称	用药方法	诊疗结果	兽医签字

表 5-10　病、残、死亡动物处理记录表　　　　　填表人：

处理日期	栋、栏号	动物日龄	淘汰数/只	死亡数/只	病、残、死亡主要原因	处理方法	处理人	兽医签字

表5-11　生产记录表（按日或变动记录）　　　填表人：

日期	栋、栏号	变动情况/只					备注
		存栏数	出生数	调入数	调出数	死、淘数	

表5-12　出场销售和检疫情况记录表　　　填表人：

出场日期	品种	栋、栏号	数量/只	出售动物日龄	销往地点及货主	检疫情况			曾使用的有停药期要求的药物		经办人
						合格头数	检疫证号	检疫员	药物名称	停药时动物日龄	

表5-13　收支记录表格

收入		支出		备注
项目	金额/元	项目	金额/元	
合计				

3. 羊场记录的分析

　　通过对羊场的记录进行整理、归类，可以进行分析。分析是通过一系列分析指标的计算来实现的。利用成活率、增重率、饲料转化率等技术效果指标来分析生产资源的投入和产出产品数量的关系以及各种技术的有效性和先进性。利用经济效果指标分析生产单位的经营效果和赢利情况，为羊场的生产提供依据。

（四）产品销售管理

　　羊场的产品销售管理包括销售市场调查、销售预测和决策、营销策略及计划的制定、促销措施的落实、市场的开拓、产品售后服务等。市场营销需要研究消费者的需求状况及其变化趋势。在保证产品产量和质量的前提下，利用各种机会、各种渠道刺激消费、推销产品：一是加强宣传、树立品牌；二是搞好销售网络；三是积极做好售后服务。

三、加强经济核算

（一）资产核算

1. 流动资产

流动资产是指可以在一年内或者超过一年的一个营业周期内变现或者运用的资产。流动资产是企业生产经营活动的主要资产。主要包括牛场的现金、存款、应收款及预付款、存货（原材料、在产品、产成品、低值易耗品）等。流动资产周转状况影响产品的成本。加快流动资产周转措施如下。

（1）有计划的采购　加强采购物资的计划性，防止盲目采购，合理地储备物质，避免积压资金，加强物资的保管，定期对库存物资进行清查，防止鼠害和霉烂变质。

（2）缩短生产周期　科学地组织生产过程，采用先进技术，尽可能缩短生产周期，节约使用各种材料和物资，减少在产品资金占用量。

（3）及时销售产品　产品及时销售可以缩短产成品的滞留时间，减少流动资金占用量。

（4）加快资金回收　及时清理债权债务，加速应收款限的回收，减少成品资金和结算资金的占用量。

2. 固定资产

固定资产是指使用年限在 1 年以上，单位价值在规定的标准以上，并且在使用中长期保持其实物形态的各项资产。羊场的固定资产主要包括建筑物、道路、基础羊以及其他与生产经营有关的设备、器具、工具等。

（1）固定资产的折旧　固定资产的长期使用中，在物质上要受到磨损，在价值上要发生损耗。固定资产的损耗，分为有形损耗和无形损耗两种。有形损耗是指固定资产由于使用或者由于自然力的作用，使固定资产物质上发生磨损。无形损耗是由于劳动生产率提高和科学技术进步而引起的固定资产价值的损失。固定资产的折旧与补偿：固定资产在使用过程中，由于损耗而发生的价值转移，称为折旧，由于固定资产损耗而转移到产品中去的那部分价值叫折旧费或折旧额，用于固定资产的更新改造。

羊场提取固定资产折旧，一般采用平均年限法和工作量法。

① 平均年限法　它是根据固定资产的使用年限，平均计算各个时期的折旧额，因此也称直线法。其计算公式：

固定资产年折旧额＝［原值－（预计残值－清理费用）］／
固定资产预计使用年限

固定资产年折旧率＝固定资产年折旧额／固定资产原值×100%
＝（1－净残值率）／折旧年限×100%

② 工作量法　它是按照使用某项固定资产所提供的工作量，计算出单位工作量平均应计提折旧额后，再按各期使用固定资产所实际完成的工作量，计算应计提的折旧额。这种折旧计算方法，适用于一些机械等专用设备。其计算公式为：

单位工作量（单位里程或每工作小时）折旧额＝（固定资产原值－预计净残值）／总工作量（总行驶里程或总工作小时）

（2）提高固定资产利用效果的途径

① 适时、适量购置和建设固定资产　根据轻重缓急，合理购置和建设固定资产，把资金使用在经济效果最大而且在生产上迫切需要的项目上；购置和建造固定资产要量力而行，做到与单位的生产规模和财力相适应。

② 注重固定资产的配套　注意加强设备的通用性和适用性，并注意各类固定资产务求配套完备，使固定资产能充分发挥效用。

③ 加强固定资产的管理　建立严格的使用、保养和管理制度，对不需用的固定资产应及时采取措施，以免浪费，注意提高机器设备的时间利用强度和生产能力的利用程度。

（二）成本核算

产品的生产过程，同时也是生产的消耗过程。企业要生产产品，就是发生各种生产消耗。生产过程的消耗包括劳动对象（如饲料）的消耗、劳动手段（如生产工具）的消耗以及劳动力的消耗等。企业为生产一定数量和种类的产品而发生的直接材料费（包括直接用于产品生产的原材料、燃料动力费等）、直接人工费用（直接参加产品生产的工人工资以及福利费）和间接制造费用的总和构成产品成本。

产品成本是一项综合性很强的经济指标，它反映了企业的技术实力和整个经营状况。羊场的品种是否优良，饲料质量好坏，饲养技术水平高低，固定资产利用的好坏，人工消耗的多少等，都可以通过产品成本反映出来。所以，羊场通过成本和费用核算，可发现成本升降的原因，降低成本费用消耗，提高产品的竞争能力和盈利能力。

1. 做好成本核算的基础工作

（1）建立健全各项原始记录　原始记录计算产品成本的依据，直接影响着产品成本计算的准确性。如原始记录不实，就不能正确反映生产消耗和生产成果，就会使成本计算变为"假账真算"，成本核算就失去了意义。所以，饲料、燃料动力的消耗，原材料、低值易耗品的领退，生产工时的耗用，畜禽变动，畜群周转，畜禽死亡淘汰，产出产品等原始记录都必须认真如实地登记。

（2）建立健全各项定额管理制度　羊场要制定各项生产要素的耗费标准（定额）。不管是饲料、燃料动力，还是费用工时、资金占用等，都应制定比较先进、切实可行的定额。定额的制定应建立在先进的基础上，对经过十分努力仍然达不到的定额标准或不需努力就很容易达到定额标准的定额，要及时进行修订。

（3）加强财产物质的计量、验收、保管、收发和盘点制度　财产物资的实物核算是其价值核算的基础。做好各种物资的计量、收集和保管工作，是加强成本管理、正确计算产品成本的前提条件。

2. 羊场成本的构成项目

（1）饲料费　指饲养过程中耗用的自产和外购的混合饲料和各种饲料原料。凡是购入的按买价加运费计算，自产饲料一般按生产成本（含种植成本和加工成本）进行计算。

（2）劳务费　从事养羊的生产管理劳动，包括饲养、清粪、繁殖、防疫、转群、消毒、购物运输等所支付的工资、资金、补贴和福利等。

（3）医疗费　指用于羊群的生物制剂、消毒剂及检疫费、化验费、专家咨询服务费等。但已包含在配合饲料中的药物及添加剂费用不必重复计算。

（4）公母羊折旧费　种公羊从开始配种算起，种母羊从产羔开始算起。

（5）固定资产折旧维修费　指羊舍、设备等固定资产的基本折旧费及修理费。根据羊舍结构和设备质量，使用年限来计损。如是租用土地，应加上租金；土地、羊舍等都是租用的，只计租金，不计折旧。

（6）燃料动力费　指饲料加工，羊舍保暖、排风、供水、供气等耗用的燃料和电力费用，这些费用按实际支出的数额计算。

（7）利息　是指对固定投资及流动资金一年中支付利息的总额。

（8）杂费　包括低值易耗品费用、保险费、通信费、交通费、搬运费等。

（9）税金　指用于肉羊生产的土地、建筑设备及生产销售等一年内应交税金。

（10）共同的生产费用　指分摊到羊群的间接生产费用。

以上十项构成了肉牛场生产成本，从构成成本比重来看，饲料费、公母羊折旧费、人工费、固定资产折旧费等数额较大，是成本项目构成的主要部分，应当重点控制。

3. 成本的计算方法

羊的活重是羊场的生产成果，羊群的主、副产品或活重是反映产品率和饲养费用的综合经济指针，在肉羊生产中可计算饲养日成本、增重成本、活重成本和产羊成本等。

（1）饲养日成本　指一头肉羊饲养一天的费用，反映饲养水平的高低。计算公式：

$$饲养日成本＝本期饲养费用／本期饲养头日数$$

（2）增重单位成本　指羔羊或育肥羊增加体重的平均单位成本。计算公式：

$$增重单位成本＝（本期饲养费用－副产品价值）／本期增重量$$

（3）活重单位成本　指羊群全部活重单位成本。计算公式：

$$活重单位成本＝（期初全群成本＋本期饲养费用－副产品价值）÷（期终全群活重＋本期售出转群活重）$$

（4）生长量成本　计算公式：

$$生长量成本＝生长量饲养日成本×本期饲养日$$

（5）羊肉单位成本　计算公式：

$$羊肉单位成本＝（出栏羊饲养费用－副产品价值）÷出栏羊肉总量$$

（三）赢利核算

赢利是指企业的产品销售收入减去已销售产品的总成本后的纯收入，分为税金和利润，是反映企业在一定时期内生产经营成果的重要指标。衡量赢利效果的经济指标有成本利润率、销售利润率、产值利润率以及资金利润率。

1. 成本利润率

成本利润率指 100 元销售成本的赢利额。其计算公式：

$$成本利润率（\%）＝销售利润÷销售成本×100$$

2. 销售利润率

销售利润率指 100 元销售收入可以获得的利润额。其计算公式：

销售利润率（％）＝销售利润 ÷ 销售收入 ×100

3. 产值利润率

产值利润率指 100 元产值能创造的利润额。其计算公式：

产值利润率（％）＝销售利润 ÷ 产值 ×100

4. 资金利润率

资金利润率指 100 元资金所创造的利润。其计算公式：

资金利润率（％）＝销售利润 ÷ 流动资金占用额（流动资金占用额＋固定资金占用额）×100

第六招
增加产品价值

【核心提示】

☞通过生产优质羊产品和充分利用副产品，增加产品价值，获得较好的养殖效益。

一、生产优质的羊产品

（一）生产优质羊肉

羊肉是一种风味独特、养养丰富、胆固醇含量低的肉类产品，深受广大消费者喜爱。随着生活水平的提高，消费者对羊肉的需求逐渐由数量向质量转变，因此，生产优质羊肉，不仅有巨大的市场需求，而且也会提高产品销售价格，将会极大增加养殖效益。

羊肉的质量可以用羊肉品质来衡量，羊肉的品质通过感官指标、物理指标和化学指标进行评定。感官指标分为肉色、嫩度、风味和多汁性。肉色有亮度、红度、黄度、色度和色调。物理指标有 pH、剪切力、失水率、滴水损失、蒸煮损失和熟肉率等。化学指标包括蛋白质、脂肪及其他物质的含量。不同的影响因素使羊肉品质有所不同。

1. 影响羊肉品质的因素及改善措施

（1）影响因素

① 品种　品种是决定肉质的关键因素，由于每个品种所含的基因有所差异，一般会在肉质中有所表达。山羊和绵羊分属于不同的属，其肉品质有明显的差异。从纹理和颜色上看，绵羊肉致密而柔软，横切面细密，肉质纤维柔软，一般肌肉间不夹杂脂肪。老龄羊肉为暗红色，成年羊肉为鲜红色。而山羊一般肌纤维较长，羔羊肉呈淡红色，老龄羊肉色较深。从营养成分上看，山羊肉的蛋白质含量高于绵羊肉，粗脂肪和胆固醇含量低于绵羊肉。绵羊肉质较山羊好，且膻味较小。Mushi 等报道，在挪威的绵羊、山羊和绒山羊间，绵羊肉比山羊肉的蛋白质含量低 4%，脂肪含量高 13%。与山羊相比，绵羊背最长肌颜色较浅，色度较低，色调更广。绵羊肉的脂肪含量、多汁性、嫩度超过山羊肉。

② 年龄与性别　成年羊体内脂肪中的支链脂肪酸比幼龄羊高得多，同时，成年羊有更多的脂肪沉积，增加了膻味。羔羊的嫩度最好，肉品质较好。熟肉率随着年龄的增长呈减少趋势，粗脂肪含量随年龄的增长呈增加趋势，棕榈酸与硬脂酸含量随着年龄的增长呈减少趋势。王梦霖等报道，在无角陶赛特羊 × 小尾寒羊 F_1 的试验中，7 月龄羔羊宰后肌肉 pH 明显高于 13 月龄羔羊，13 月龄羔羊肌肉中肌红蛋白含量、干物质和粗脂肪较 7 月龄羔羊高，13 月龄羔羊肌肉滴水损失和剪切力都高于 7 月龄羔羊。王欣荣等报道，在藏羊的嫩度、失水率和熟肉率方面，使用不同年龄的羯羊进行研究。3 ～ 5 岁羯羊肉嫩度好，剪切力值低，而 1 ～ 2 岁和 6 岁的羯羊剪切力较高。1 ～ 3 岁的羯羊失水率偏高，但熟肉率好；4 ～ 6 岁羯羊的失水率和熟肉率均较低。性别对嫩度和系水率有影响，同时对肉的化学组成有一定影响。高爱琴等报道，对于巴美育成羊，育成母羊的剪切力、系水力和熟肉率均显著低于育成公羊，但 pH 高

于公羊。性别显著影响肉的颜色、剪切力、蒸煮损失、系水力和肌内脂肪含量。去势对羊肉品质有影响，公羊去势后，性激素分泌少，生长较慢，但肉质较好，也减少了公羊的性臭味。羯羊肉肉色亮度、系水力和蒸煮损失比未去势公羊高。

③ 营养与饲养方式　营养物质是羊肉形成的原材料，对肉品质有直接影响，如能量、蛋白质、脂肪酸、维生素等。能量和蛋白质水平会影响胴体的瘦肉率和脂肪沉积，高能低蛋白会降低瘦肉率，增加机体脂肪沉积。在配制日粮时需要注意能量和蛋白质水平。维生素 E 可以减少滴水损失，改善肉色；维生素 D 则可以提高肌肉的嫩度。

羊的饲养有放牧、半舍饲和舍饲 3 种饲养方式的影响如下。舍饲饲养营养配给受人为调控，羊不具有选择性。对于放牧，羊可以选择性进食，营养水平与草场条件有关。草场条件差者，育肥效果为舍饲＞半舍饲＞放牧。Viheke Lind 等比较直接放牧和宰前 26 天、39 天和 42 天饲喂优质牧草育肥的效果，饲喂优质牧草的羊肉与直接放牧相比，硬度、嫩度、脂肪含量、膻味及多不饱和脂肪酸均有显著差异。Resconi 等报道，将去势的考力代羊羔羊进行 4 种处理：处理一是完全放牧；处理二是放牧加舍饲（活质量的 0.6%）；处理三是放牧加舍饲（活质量的 1.2%）；处理四是完全舍饲并可以随意采食苜蓿干草。舍饲和半舍饲改善肉的感官质量、降低膻味和产生较高的羊肉香味及嫩度。完全放牧羔羊的感官评价最差，完全舍饲的羔羊有最高的脂肪香味。

④ 部位　不同部位羊肉物理性状也存在差异。邱翔等报道，对于成都麻羊，3 个部位羊肉间肌肉嫩度均为腰大肌极显著大于背最长肌和股二头肌，背最长肌又极显著大于股二头肌，肌肉韧性则是股二头肌极显著大于背最长肌和腰大肌，背最长肌又极显著大于腰大肌；背最长肌和股二头肌系水力显著大于腰大肌；在加压条件下，股二头肌的失水率极显著小于背最长肌和腰大肌，但在加温蒸煮条件下，背最长肌保水性能略高。

内收肌和半膜肌的亮度较低，而背阔肌和阔筋膜张肌亮度最高，肱三头肌、胸大肌和背阔肌系水力最低，而内收肌和背最长肌系水力最高。腰大肌胶原蛋白长度最长，腹侧锯肌剪切力最低，半膜肌的剪切力最高。

⑤宰前应激　宰前运输、断食断水、宰前休息及饲养管理条件均会影响肉的品质。Miranda等报道，在屠宰分类中心停留时间对肉质有显著影响。De La Fuente等报道，运输时间长短影响pH，旅程越长，腰大肌和背最长肌的肌肉最终pH都会最低。高密度运输（0.12米^2/羊）的羊在熟化24小时后拥有最低的pH。只经过30分钟运输与长途运输5小时的羔羊相比，具有较高的系水力，但熟化5d后，经过5小时运输的羊比经过30分钟运输的羊具有较低的脂肪分解。

⑥屠宰方式　屠宰方式不同，肉品质会有差异。使用电击致晕屠宰、CO_2致晕屠宰和常规屠宰3种屠宰方式，在熟化24小时后肉品质无明显差异，在熟化7天后，与其他各组相比，pH、蒸煮损失和滴水损失在常规屠宰的肉中显著较低，红度和黄度在CO_2致晕屠宰组较低。剪切力值在电击致晕屠宰组随时间差异极显著。比较了不同的CO_2质量浓度和时间在击晕屠宰后对肉的影响（G_1: 80% CO_2，90秒；G_2: 90% CO_2，90秒；G_3: 90% CO_2，60秒；G_4: 80% CO_2，60秒），以G_5组（电击屠宰）作对照。在宰后24小时，pH在各组间差异显著。屠宰7天后的pH、滴水损失在各组间有差异，pH在G_4和G_5组有最高值，滴水损失在G_1组有最高值，剪切力在贮藏72小时、7天时在各组间的差异显著。

⑦宰后处理　电击和注射化学物质会影响肉的品质。电刺激一侧的背最长肌肌肉pH和剪切力值极显著低于对照组。向肌肉中注射猕猴桃汁、蛋白酶对肌肉都有嫩化作用。

熟化的时间和温度会影响肉的品质。在不同温度进行冷藏，冷藏90小时后，胴体质量损失、pH、肉的色调和色度随储藏温度降低而升高，亮度随储藏温度降低而下降。在2～4℃冷藏时，韧性比在0～2℃和4～6℃要好。在冷藏90小时后，较轻的胴体比较重的胴体冷藏时有较高的胴体损失和较高的pH。另外，通过骨盆悬挂法拉伸肌肉可以使肌肉嫩化。

⑧ 季节不同气候进行屠宰，会影响肉的品质。在冬季屠宰的绵羊背最长肌肌肉具有较深的颜色和较高的 pH，肉质较硬，多汁性较小。在炎热的季节（35℃）肌肉的肉色、pH 和肌原纤维断裂指数显著高于凉爽的季节（21℃）。山羊肉在凉爽季节的多汁性较小。

⑨ 羔羊哺乳　处于哺乳期的羊，由母乳喂养或用其他的乳品或代乳品喂养，因乳品的不同或乳品添加物的不同而引起肉品质的差异。与代乳品饲喂的羔羊相比，母乳饲喂的羔羊背最长肌的样品肉色较好，有较高的亮度、低的红度和高的黄度。母乳饲喂的羔羊视黄醇、α- 生育酚、δ- 生育酚和 γ- 生育酚水平显著高于代乳品饲喂的羔羊，不过代乳品饲喂的羔羊脂质氧化稳定性高，脂质氧化产生的挥发性化合物更丰富，肉类颜色也比较稳定。添加低剂量的二十二碳六烯酸（DHA）的奶粉或代乳粉饲喂羔羊，羔羊肉感官评价较好，而添加高剂量的 DHA 代乳粉，感官评价较差。

（2）改善措施

① 羔羊生产　羔羊肉质鲜美，可以当年出栏。

② 短期育肥技术　通过改变日粮组成，提高胴体感官评分和肌纤维嫩度，提高羊肉品质。

③ 杂交改良　选择优质肉羊品种，开展杂交改良。

④ 控制好环境　根据羊的生活习性，尽力改进羊舍结构，改善饲养环境，实行保护性养殖。羊舍最好采用楼式结构，做到不漏水、不潮湿、四壁无风，夏天可在羊舍及其活动场周围种植藤蔓类植物、搭遮阳棚防暑，以改善羊舍小气候，保证冬暖夏凉，提高羊肉品质。

⑤ 屠宰前禁食有异味的饲料　肉羊在屠宰前 10 ～ 20 天禁食尿素、鱼粉等影响羊肉风味的饲料。

⑥ 注重饲料选择　一是蛋白质饲料。饲喂不同蛋白含量的日粮时，低能组、中能组和高能组的背膘厚和不同部位的肌肉脂肪含量间差异极显著，存在着随能量水平增加而增加的趋势，说明日粮能量水平影响羊肉的品质。高蛋白饲料显著增加了羔羊的腹

脂质量、第 10 肋背膘厚、背最长肌面积和肌肉脂肪含量，降低了净肉率。在肉羊日粮中添加半胱胺可以提高肌肉的肉色、大理石纹等级、熟肉率和 pH，降低嫩度和失水率，从而改善胴体肌肉品质。二是能量饲料。能量饲料主要包括糖类能量饲料和油脂类能量饲料。日粮中添加整粒油籽有使羊肉嫩度增加和改善风味的趋势。添加红花籽对肌肉品质的改善作用大于其他油籽，使不饱和脂肪酸含量上升，短链及长链饱和脂肪酸极显著下降。胡麻籽对提高脂肪组织的 C18：3 的含量有效，富含多不饱和脂肪酸的油葵、红花籽和胡麻籽有使脂肪组织的 C16：0 含量降低的趋势。在羔羊日粮中添加 5％～ 15％亚麻籽，使肌肉中水分含量下降，粗脂肪含量上升，改善了羔羊肉品质。随着亚麻籽添加量的增加，熟肉率、肌内脂肪和肌小节片断化指数均显著提高，从而改善了肌肉的嫩度。三是矿物质类饲料。向宰后肌内注射氯化钙可使样品蒸煮损失和剪切力值显著降低。以氧化镁的形式添加不同水平镁可降低背最长肌中脂肪含量，提高肌肉中肌红蛋白含量，改善羊肉肉色。日粮中添加铜可显著降低绵羊背膘厚和肾脂率，使绵羊肉质得到改善。硒作为谷胱甘肽过氧化物酶的组成成分起着抗氧化作用，通过防止脂质过氧化的发生来提高肉质。添加富硒日粮与对照组相比，富硒组背最长肌肌肉剪切力增大 115.89％，后腿股二头肌肉滴水损失降低了 28.57％。铁是血红蛋白和肌红蛋白的组成组分，对保持正常肉色具有重要的作用。铬可作为一种抗应激物来减少动物应激而提高肉质。日粮中添加铬具有增加胴体质量、屠宰率、背最长肌面积、净肉质量、净肉率和失水率，降低脂肪沉积和提高大理石纹等级的趋势，其中肌肉脂肪百分含量在不同处理间差异显著。四是维生素类饲料。维生素 E 能够维持细胞膜的完整性，提高肌肉的保水能力，降低解冻损失，保护肌肉组织中多不饱和脂肪酸不被氧化，改善羊肉品质，降低与膻味有关的硬脂酸和短链脂肪酸的含量，提高肌肉中共轭亚油酸和不饱和脂肪酸的含量。在饲料中添加维生素 E 提高了熟肉率，降低了羊肉滴水损失和膻味。每周给羊注射维生素 E 能减少屠宰后的胴体收缩，提高背最长肌的 pH。维生素 D_3 能改善肉的嫩度。董文娟等报道，在饲料中添加维生素 D_3 能提高试验组熟肉率和肌肉总色素，降低滴水损失。提高宰后肌肉的嫩度。

2. 影响羊肉质量安全的因素与改善措施

（1）影响因素

① 药物残留　饲料中违禁使用药物添加剂，不按规定用药或没有按照休药期停药以及非法使用违禁药物等，导致羊肉中药物残留。

② 有毒有害物质污染　饲料被有毒有害物质污染，配合饲料加工调制与储运过程中的氧化变质和酸败以及饮水被有害有毒物质污染等，都可以导致羊肉中有毒有害物质残留。

③ 微生物污染　饲料、饮水被微生物污染，羊在饲养过程中被微生物污染以及羊群发生疫病等，可以污染羊产品。

（2）改善措施

① 加强药物使用管理　严格执行《药物饲料添加剂使用规范》。少用或不用抗生素，使用绿色添加剂来防治疾病和中草药添加剂；严格按照《肉羊饲养允许使用的抗寄生虫药物、抗菌药使用规定》用药；严禁使用假药、不合格药品，严禁使用有致畸、致癌、致突变和未经农业部批准的药物，严禁使用已被淘汰的对环境、对人类造成严重污染的药物，严禁使用激素类药物（己烯雌酚、醋酸甲孕酮等）、镇静药、催眠药（安眠酮、氯丙嗪、地西泮等），还有其他方面如瘦肉精、氯霉素等。

② 加强饲料和饮水的质量管理　严把饲料原料质量关，保证原料无污染（注意饲料在生长过程中受到各种污染农药、杀虫剂、除草剂、消毒剂、清洁剂以及工矿企业所排放的"三废"污染，或新开发利用的石油酵母饲料、污水处理池中的沉淀物饲料与制革业下脚料等蛋白饲料中含有的致癌物质导致有毒有害物污染等）；对动物性饲料要采用先进技术进行彻底无菌处理；对有毒的饲料要严格脱毒并控制用量。完善法律法规，规范饲料生产管理，建

立完善的饲料质量卫生监测体系，杜绝一切不合格的饲料上市；夏季避免肉牛后期料中加入肉渣酸败和被微生物污染等；避免在肉牛饲料中使用反刍动物蛋白质饲料等。

特别是一些含油脂较高的饲料，如玉米、花生饼、肉骨粉等，在加工、调制贮运中易氧化、酸败和霉变，产生有毒物质等，所以要科学合理地加工保存饲料；饲料中添加抗氧化剂和防霉剂防止饲料氧化和霉变（如已证明霉菌毒素次生代谢产物 AFT 的毒性很强，致癌强度是"六六六"的 2 万倍）；注意水源选择和保护，保证饮用水符合标准（避免使用被重金属污染、农药污染）。定期检测水质，避免水受到污染。

③ 加强饲料和饮水的卫生管理　选择优质的无污染的饲料（禁用被微生物污染的屠宰场下脚料）；使用的肉渣和鱼粉要严格检疫，避免微生物含量超标（在后期料中添加动物肉渣，特别是在夏季易出现微生物污染）；配合饲料科学处理，避免在加工调制与储运过程中被微生物污染；注意水源选择和保护（避免被生活污水、畜产品加工厂和医院、兽医院和病畜隔离区污水污染等），保证饮用水符合卫生标准。

④ 加强羊群保健　加强环境消毒卫生，保持洁净的环境和清新的空气（防止空气微粒和微生物含量超标）；加强种畜和引种的检疫；加强羊场的隔离、消毒、卫生和免疫接种，避免疾病，特别是疫病发生。

（二）提高羊毛产量和质量

羊毛是养羊业的主要产品之一，亦是毛纺工业的重要原料，它的质量和产量直接关系到养羊业的经济效益。

1. 影响羊毛产量和质量的因素

绵羊个体净毛产量取决于羊毛纤维总量、纤维长度和纤维直径。毛纤维产于毛囊，毛囊的数量由基因控制。不同品种的羊初级毛囊密度差异不大，次级毛囊的密度差异很大，所以羊毛纤维的密度主要取决于次级毛囊密度。就单个羊毛纤维而言，长度（L）和直径（D）紧密相关，一般来讲，每只绵羊 L/D 和 L/D^2 相对稳定，反映绵羊的产毛特性。羊毛纤维直径与毛球直径有很大的相关性，纤维长度取决于进入的细胞数量和在形成羊毛蛋白时皮质层细胞尺寸的改变。

（1）遗传因素　羊毛的产量和品质特性中，品种差异很大。一根毛纤维和另一根毛纤维之间的差异是遗传的原因，而毛纤维长度上的差异多半是由于环境的原因。加强羊的选育，导入优良基因对羊毛生产是有利的。

（2）季节因素　季节可能通过日照长度的改变而影响激素的分泌，从而影响毛纤维的生长。主要激素为褪黑激素和催乳激素。松果腺分泌褪黑激素，光照是调节松果腺的原始因素，光照刺激抑制松果腺活动，黑暗则刺激松果腺活动。催乳激素由脑下垂体分泌，与褪黑激素产生相反，褪黑激素抑制催乳激素分泌，催乳激素促进毛发生长。

2. 提高羊毛产量的措施

（1）引进繁育优良品种　马海毛生产是山羊的一个重要方向，在国际市场上价格坚挺，非常走俏。引进优良品种，同时加强遗传育种工作。

（2）满足营养需要　大量研究表明绵羊增重和羊毛生长速度主要受营养水平的影响。羊应以粗饲料为主，合理补充精料。粗饲料以优质干草、秸秆为主。矿物元素添加剂对羊毛生长有明显促进作用。

① 硫　羊毛是一种特殊的角蛋白，含硫量达 2.7%～4.2%，其中硫大多以胱氨酸形式存在，半胱氨酸和甲硫氨酸含量少。含硫氨基酸是羊毛角蛋白合成的限制性氨基酸。绵羊硫的需要量为 0.14%～0.26%，在硫源上，有机硫以甲硫氨酸、胱氨酸形式添加，无机硫以硫酸钠为好。

② 铜　微量元素铜对羊毛也是重要的，缺乏铜可引起毛丧失弯曲和色素。同时硒、锌、碘、叶酸也与羊毛生长有关。

③ 蛋白质　羊毛是高品质的蛋白质，含有约9%的胱氨酸。然而，日粮中粗蛋白质增加到8%以上，对羊毛生长关系不大。使用过瘤胃蛋白，有助于绵羊在低质粗饲料日粮的情况下增加羊毛产量。

④ 饲养管理　母羊怀孕后期和哺乳期前期的营养，特别是在生后100天内的营养状况，对毛囊的生长和发育有着非常重要的影响。因此必须加强母羊怀孕后期和羔羊哺乳前期的营养。

（3）被毛物理保护技术　绵羊的罩衣技术是针对我国西北地区高寒、紫外线强、风沙大的自然条件而研制的一种方法技术。绵羊罩衣可降低紫外线对羊毛的辐射、风沙和雪霜的侵袭、灌丛的挂撕和缠绕，为毛囊的持续发育提供适宜的环境。同时，罩衣可减少能量损失，促使羊毛生长。

（4）定期驱虫　在春、秋季用丙硫苯咪唑（或左旋咪唑）驱线虫、结节虫和绦虫等；用双甲脒（或精制敌百虫伊维菌素）灭羊疥癣、羊鼻蝇蛆；用硝氯酚驱肝吸虫。

（5）合理剪毛

① 剪毛的时间和次数　由于各地气候差异较大，给羊剪毛的适宜时间也不相同。一般北方地区在五六月给羊剪毛，北京以南地区多在4月中旬左右给羊剪毛。剪毛次数应根据羊的品种而定。细毛羊一般一年剪一次毛，粗毛羊一年可在春、秋季各剪一次毛，山羊仅在每年的春天剪一次粗毛，奶山羊可不剪毛。

② 剪毛的顺序　一般是先剪粗毛羊，然后剪半细毛羊、杂种羊，最后剪细毛纯种羊。同一品种羊，先剪羯羊、幼龄羊，后剪种公羊、种母羊。患病的羊，特别是患外寄生虫病的羊，应留在最后剪毛。

③ 剪毛方法　剪毛要选择无风的晴天，以使羊不致因剪去被毛而着凉感冒。剪毛时，要先用绳子把羊的一侧前后肢捆住，使羊左侧卧地，剪毛人员先蹲在羊的背后，由羊后肋向前肋直线开剪，然后按与此平行方向剪腹部及胸部的毛，再剪前后腿毛，最后剪头部毛，一直把羊的半身毛剪至背中线，再用同样的方法剪另一侧的毛。在翻转羊体前，最好在地上铺一些干草，把剪过

毛的一侧放在草上，这样会使羊安静些，并可起到保护羊皮肤的作用。剪毛时，剪刀要放平，紧贴羊的皮肤，使毛茬留得短而齐。如皮肤被剪破，应及时涂碘酊消毒。剪完毛后把毛按等级收集起来，以便日后出售。

二、副产品资源化利用

羊的粪尿由于土壤、水和大气的理化及生物的作用，经过扩散、分解逐渐完成自净过程，并进而通过微生物、动植物的同化和异化作用，又重新形成动植物的糖类、蛋白质和脂肪等，也就是再度变为饲料，再行饲养畜禽。这样农牧结合、互相促进的办法，是当前处理羊粪便的基本措施，也能起到保护环境的作用，粪尿通过自然界的循环过程见图 6-1。

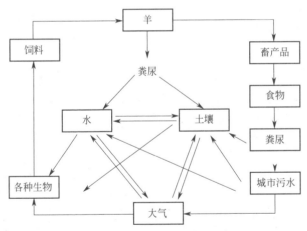

图 6-1　粪尿在自然界的循环过程

（一）用作肥料

有用新鲜粪尿直接上地，也有经过腐熟后再行施用的。

1.土地还原法

把家畜粪尿作为肥料直接施入农田的方法，称为"土地还原法"。羊粪尿不仅供给作物营养，还含有许多微量元素等，能增加土壤中有机质含量，促进土壤微生物繁殖，改良土壤结构，提高肥力，从而使作物有可能获得高而稳定的产量。实行农牧结合，就不会出现因粪便而形成畜产公害的问题。

2.腐熟堆肥法

腐熟堆肥法系利用好气性微生物分解畜粪便与垫草等固体有机废弃物的方法。此法具有能杀菌与寄生虫卵，并能使土壤直接得到一种腐殖质类肥料等优点，其施用量可比新鲜粪尿多 $4 \sim 5$ 倍。

好气性微生物在自然界到处存在，它们发酵需以下条件：要有足够的氧，如物料中氧不足，厌气性微生物将起作用，而厌气性微生物的分解产物多数有臭味，为此要安置通气的设备，经通气的腐熟堆肥比较稳定，没有怪味，不招苍蝇。除好气环境外，腐熟时的温度在 $65 \sim 80℃$，水分保持在 40% 左右较适宜。

我国利用腐熟堆肥法处理家畜粪尿是非常普遍的，并有很丰富的经验，所使用的通气方法比较简便易行。例如，将玉米秸捆或带小孔的竹竿在堆肥过程中插入粪堆，以保持好气发酵的环境。经 $4 \sim 5$ 天即可使堆肥内温度升高至 $60 \sim 70℃$，2 周即可达均匀分解，充分腐熟的目的。粪便经腐熟处理后，其无害化程度通常用两项指标来评定（见表 6-1）。

表 6-1 高温堆肥法后的指标要求

项目		指标
肥料质量	外观	呈暗褐色，松软无臭
	测定其中总氮、速效氮、磷、钾的含量	速效氮有所增加，总氮和磷、钾不应过多减少
卫生指标	堆肥温度	最高堆温达 $50 \sim 55℃$，持续 $5 \sim 7$ 天
	蛔虫卵死亡率	$95\% \sim 100\%$
	类大肠菌群数	$\leqslant 10^5$ 个 /kg
	苍蝇	有效地控制苍蝇滋生

3. 粪便工厂化好氧发酵干燥处理法

此项技术是随着养殖业大规模集约化生产的发展而产生的。通过创造适合发酵的环境条件，来促进粪便的好氧发酵，使粪便中易分解的有机物进行生物转化，性质趋于稳定。即利用好氧发酵产生的高温（一般可达 50～70℃）杀灭有害的病原微生物、虫卵、害虫，降低粪的含水率，从而将粪便转化为性质稳定、能储存、无害化、商品化的有机肥料，或制造其他商品肥的原料。此方法具有投资省、耗能低、没有再污染等优点，是目前发达国家普遍采用的粪便处理的主要方法，也应成为我国今后处理的主要形式。

4. 氧发酵制有机 - 无机型复合肥的开发利用

有机 - 无机型复合肥，既继承了有机肥养分全面、有机质含量高的优点，又克服了有机肥养分释放慢、数量不足、性质不稳定、养分比例不平衡的缺点，同时也弥补了无机化肥养分含量单一、释放速度过快、易导致地力退化和农产品质量下降的不足。工厂化高温好氧发酵处理畜禽粪便，可得到蛋白质稳定的有机肥，这种有机肥为生产有机 - 无机型复合肥提供了良好的有机原料。有机 - 无机型复合肥是一种适合现代农业，给土壤补充有机质，消除有害有机废弃物，发展有机农业、生态农业、自然农业的重要手段。实践经验表明，在蔬菜作物黄瓜、辣椒田上施用有机 - 无机型复合肥比施用常规肥明显增产。其中，黄瓜田施用有机 - 无机型复合肥比施常规肥增产 13%，辣椒田增产 6%。

（二）生产沼气

利用家畜粪便及其他有机废弃物与水混合，在一定条件下产生沼气，可代替柴、煤、油供照明或作燃料等用。沼气是一种无色、略带臭味的混合气体，可以与氧混合进行燃烧，并产生大量热能，每立方米沼气的发热量为 20.9～27.2 兆焦。

使粪便产生沼气的条件，第一是保持无氧环境，可以建造四壁不透气的沼气池，上面加盖密封；第二是需要充足的有机物，以保证沼气菌等各种微生物正常生长和大量繁殖；第三是有机物中碳氮比适中，在发酵原料中，碳氮比一般以 25 ∶ 1 产气系数较高，这一点在进料时须注意，适当搭配、综合进料；第四是沼气菌的活动温度以 35℃最活跃，因而此时产气快且多，发酵期约为 1 个月，如池温为 15℃时，则产生沼气少而慢，发酵期约为一年，沼气菌生存温度范围为 8～70℃；第五是沼气池酸碱性保持在中性范围内较好，过酸、过碱都会影响产气，一般以 pH6.5～7.5 时产气量最高，酸碱度可用 pH 试纸测试。一般情况下发酵液可能过酸，可用石灰水或草木灰中和。

在设计沼气池时须考虑粪便的每日产生量和沼气生成速度。沼气的生成速度与沼气池内的温度及酸碱度、密闭性等条件有关。一般将沼气池的容积定为储存 10～30 天的粪便产量为准。

三、加强产品的销售管理

（一）销售预测

规模羊场的销售预测是在市场调查的基础上，对产品的趋势做出正确的估计。产品市场是销售预测的基础，市场调查的对象是已经存在的市场情况，而销售预测的对象是尚未形成的市场情况。产品销售预测分为长期预测、中期预测和短期预测。长期预测指 5～10 年的预测；中期预测一般指 2～3 年的预测；短期预测一般为每年内各季度、各月份的预测，主要用于指导短期生产活动。进行预测时可采用定性预测和定量预测两种方法，定性预测是指对对象未来发展的性质方向进行判断性、经验性的预测，定量预测是通过定量分析对预测对象及其影响因素之间的密切程度进行预测。两种方法各有所长，应从当前实际情况出发，结合使用。羊场的产品多种多样，如羊肉、羔羊、羊毛等，要根据市场需要和销售价格，结合本场情况有目的地进行生产，以获得更好效益。

（二）销售决策

影响企业销售规模的因素有两个：一是市场需求，二是羊场的销售能力。市场需求是外因，是羊场外部环境给企业产品销售提供的机会；销售能力是内因，是羊场内部自身可控制的因素。对具有较高市场开发潜力，但目前在市场上占有率低的产品，应加强产品的销售推广宣传工作，尽力扩大市场占有率；对具有较高的市场开发潜力，且在市场有较高占有率的产品应有足够的投资维持市场占有率，但由于其成长期潜力有限，过多投资则无益；对那些市场开发潜力小，市场占有率低的产品，应考虑调整企业产品组合。

（三）销售计划

羊产品的销售计划是羊场经营计划的重要组成部分，科学地制定产品销售计划，是做好销售工作的必要条件，也是科学地制定羊场生产经营计划的前提。主要内容包括销售量、销售额、销售费用、销售利润等。制定销售计划的中心问题是要完成企业的销售管理任务，能够在最短的时间内销售产品，争取到理想的价格，及时收回贷款，取得较好的经济效益。

（四）销售形式

销售形式指产品从生产领域进入消费领域，由生产单位传送到消费者手中所经过的途径和采取的购销形式。依据不同服务领域和收购部门经销范围的不同而各有不同，主要包括国家预购、国家订购、外贸流通、羊场自行销售、联合销售、合同销售6种形式。合理的销售形式可以加速产品的传送过程，节省流通费用，减少流通过程的消耗，更好地提高产品的价值。目前，羊场自行销售已经成为主要的渠道，自行销售可直销，销售价格高，但销量有限；也可以选择一些大型的屠宰场、商场或大的消费单位进行销售。

（五）销售管理

羊场销售管理包括销售市场调查、营销策略及计划的制定、促销措施的落实、市场的开拓、产品售后服务等。市场营销需要研究消费者的需求状况及其变化趋势。在保证产品质量并不断提高的前提下，利用各种机会、各种渠道刺激消费、推销产品，做好以下三个方面的工作。

1. 加强宣传、树立品牌

有了优质产品，还需要加强宣传，将产品推销出去。广告是被市场经济所证实的一种良好的促销手段，应很好地利用。一个好企业，首先必须对企业形象及其产品包装（含有形和无形）进行策划设计，并借助广播电视、报刊等各种媒体做广告宣传，以提高企业及产品的知名度，在社会上树立起良好的形象，创造产品品牌，从而促进产品的销售。

2. 加强营销队伍建设

一是要根据销售服务和劳动定额，合理增加促销人员，加强促销力量，不断扩大促销辐射面，使促销人员无所不及。二是要努力提高促销人员业务素质。促销人员的素质高低，直接影响着产品的销售。因此，要经常对促销人员进行业务知识的培训和职业道德、敬业精神的教育，使他们以良好素质和精神面貌出现在用户面前，为用户提供满意的服务。

3. 积极做好售后服务

售后服务是企业争取用户信任，巩固老市场、开拓新市场的关键。因此，种羊场要高度重视，扎实认真地做好此项工作。在服务上，一是要建立售后服务组织，经常深入用户做好技术咨询服务；二是对出售的种羊等提供防疫、驱虫程序及饲养管理等相关技术资料和服务跟踪卡，规范售后服务，并及时通过用户反馈的信息，改进羊场的工作，加快发展速度。

第七招
注意细节管理

一、羊场建设的细节

（一）羊场的选址

为了方便对羊群进行科学的饲养和管理，羊场的选址应特别注意以下几个方面：一是地势较高且背风向阳，土壤干燥，排水性好；二是羊场范围内要有充足而良好的放牧地、割草地和饲料基地，羊场距离放牧点不能太远；三是有清洁而丰富的水源；四是没有传染病和寄生虫流行史；五是交通方便，但离交通要道不应少于 1000 米，以减少疫病传入的机会；六是羊场周围 300 米以内没有工矿企业和屠宰场或畜牧场，防止水源污染和减少接触外界牲畜的机会；七是当地具有充分的草料资源，花生秧、红薯秧、豆秧是养羊必备的优质秸秆，这几种营养含量比较高，利用这些优质秸秆和少部分售价低的麦秸、玉米秆，养羊效益比较显著。

（二）羊舍建筑

羊舍必须建在干燥、排水较好的地方。南面应有较平坦的运动场，羊舍离放牧地和水源不应太远。用于产羔的羊舍，要选择在避风、向阳、冬春季节容易保温的地方；羊舍高度应根据羊舍类型和所容纳的羊数决定，羊数多，羊舍应该适当高一些，但过高不易保温，一般高度以 2.5 米为宜。南方地区羊舍防暑、防潮重于防寒，羊舍应适当高些，可建成吊脚栏，羊床距离地面高 1.5～1.8 米。在南方山区，为方便施工，可选择上下梯距为 1.5～2 米的梯坡地建栏，以上梯为羊栏水平面，下梯为吊脚架空层，有利于防潮和清扫；羊舍的门一般以宽 3 米、高 2 米最为适宜。过窄，容易引起怀孕母羊受挤流产。若羊数较少，门窗也不应小于 2 米。羊舍窗户的面积应小于地面面积 1/15，离地面 1.5 米以上，以防贼风直接吹袭羊体。南方羊舍可修成 90～100 厘米高的半墙，上半部敞开，达到通风干燥的目的，但春冬季节应该充分注意围栏保暖。羊舍地面应该高出羊舍地面 20～30 厘米，铺成小斜坡以利于排水。吊脚楼板楼可以使用杉树等材料加工，铺设的时候注意之间的缝隙大小适宜，不能太大，否则会导致羊不慎滑倒，卡住羊脚；也不能太小，否则羊粪不好漏下去。

（三）温度与通风

羊舍的温度不宜过高，一般羊舍冬季温度保持在 0℃以上就行，产羔房温度不应低于 8℃。羊舍必须要有良好的通气设备，以保持羊舍的干燥和空气新鲜，为了防止贼风侵袭，可以在屋顶上设通气孔，孔上装活门，必要时可以关闭。南方羊舍夏季应特别注意通风，以防山羊中暑。

（四）食槽和水槽设置

食槽要有一定的高度以防羊踩在里面，羊很爱干净，食料弄脏一点都不会再去吃。如果弄精料或其他矿物质，可设专用食槽，供羊随时采食；水槽和食槽也是一样有一点高度。如水为水井或自来水，应设水槽储水。水槽用木料或水泥做的，最好建成一头高一头低，形成一定的坡度，便于排水和清洗。

二、引种中的细节

（一）因地制宜选择优良品种，开展杂交改良

如农户饲养的山羊大都以本地品种为主，个体小、生长慢、出栏率低，为提高生长速度，应引进波尔山羊开展杂交改良。如果用波尔山羊与本地山羊杂交，6月龄时比本地羊增重近10千克，可显著提高效益。

（二）种羊选择

种羊应体况良好，精力充沛，被毛光泽，鸣声高昂，臊膻气味浓，个头较大，颈短粗圆、体质结实，体躯呈长方形，胸深广，背腰平直，臀部长宽并丰满，睾丸大小适中、左右对称，包皮开口处距阴囊基部较远，精液品质好，凡单睾、隐睾及任何畸形的生殖器官都不能作种用。而种母羊则应个体大，体型紧凑，肌肉丰满，皮肤有弹性，胸深广，背腰平直，后腹部稍大，四肢正直，间距宽，生长发育快，产肉率高，产羔多，乳房柔软呈球形，泌乳性能好，神志灵敏，行动活泼，行走轻快，头高昂，毛色有光泽。

（三）引种前的准备要充分

准备好隔离舍。隔离舍远离现有羊群100米以上，水电通畅，通风向阳。要打扫清洗干净，彻底消毒并至少空栏一周以上；根据设计的规模按每只羊每天1.5千克干草或4千克青草，备足草、秸秆、饲料，买好草料加工机械及常见兽用药械、常规

药品，然后再行引种；在引种前必须对相关管理和饲养人员进行系统培训，掌握系统养羊知识、养羊技术，做好技术准备。

（四）种羊的运输管理

要保证种羊在运输途中的安全，主要应从合理分群、防暑、防寒、途中饲养、捉羊、赶羊和防疫几方面着手。采购一批种羊后，应立即为运输种羊做好准备。

选好得力的押运员。押运种羊的人员，一定要由有责任心、不怕苦、不怕累、懂技术、有实干精神的人来承担，才会把事情搞好，这是各地引进种用羊的经验总结。

加强运输管理。根据运输工具的情况，将种羊按性别、大小、强弱进行分群。因为羊的合群性很强，刚放入陌生的羊群中或母子隔开，就会乱叫，影响食欲和健康。分群后要加强管理，以防得病。羊是怕热的，在热天运输时，应尽量安排在夜间行车、行船。羊在车、船上所占的面积要宽畅，且要通风，同时要注意途中有足够的饮水，饮水中可放些食盐，以帮助消化和解暑。为了防热，皮毛羊在必要时可剪去羊毛。天寒运输羊时，要注意防寒，特别要防止行车速度很快时车边风和狭隙中的冷风，可将车门关紧，对剪毛不久、羊毛较短的成年羊和幼年羊，可隔在避风保暖处。运羊路程较近，途中不超过半天的，只要在上车前吃饱了草，饮足了水，途中可以不喂饲草料，但要注意检查，发现问题，及时处理；运输路程远的，应备足清洁水和容易消化、体积较小的饲料，每头羊按每天 0.5 千克精料、2 千克草的量做准备。到达目的地后，应让羊休息一会，再饮水和吃草。此外，在捉羊、赶羊时不要使羊受惊，以免发生意外。要加强防疫和检疫工作，以防羊得病死亡。要对已怀孕母羊进行精心护理，运输时，一定不要太拥挤，面积要宽畅，要加强途中检查，运到目的地后，在喂饲、放牧、进出羊舍时都要特别小心，以防流产。

（五）种羊引进后的管理

从外地引进的种羊经过长途运输，卸车后又渴又饿、饥不择食，一定要注意不能让羊只吃到塑料薄膜之类的东西。饲喂的时候要先给少量的干草和少量的清水，第一次饲喂时让羊只吃到6成饱就可以，每天精料喂给正常日粮的一半，连续饲喂2天，逐渐增加次数和食量，一周后过渡到正常的饲喂量。最好在饲料中按照100千克饲料添加500克电解多维的比例进行拌料或者饮水，连用3～5天，以调理胃肠和增强抗应激能力。还可以用黄氏多糖、清瘟败毒散拌料，以增强抵抗力，减少疾病的发生。如果发现所引进的羊只没有进行防疫程序，必须要按照程序进行防疫，以防止羊群流行性、传染性疾病的发生。在进行防疫之前必须停用可能降低疫苗效用的药物。经过一周的过渡期以后，所引进的羊只就可以开始进入正常的饲养管理了。

（六）合理的羊群结构

羊群结构主要指的是羊群年龄结构、性别组群结构。合理的羊群结构有利于提高繁殖性能和降低生产成本。

性别组群结构，一般羊群按性别划分，设有种公羊群、成年母羊群、育成母羊群、育成公羊群、羯羊群和试情公羊群。

羊群年龄结构由于羊的用途不同其年龄结构不同。细毛羊、半细毛羊等的产毛量、体重、产羔率等都随着年龄增加而增加，到4岁以后其产毛量和羊毛的品质就逐渐下降。因此，羊群年龄结构不合适，对羊场（养羊户）的经济效益有直接影响。一般羊场除未满周岁的育成羊单独组群外，其余各龄羊都是混合组群。在不扩群的情况下，成年母羊群中2岁、3岁、4岁、5岁的壮龄羊占70%左右；每年补充母羊群需一岁母羊22%左右；从壮年羊群中每年淘汰10%左右，6岁以上老龄母羊都应大量淘汰，个别健康的优秀母羊可以留在母羊群里。因此，理想的羊群年龄结构：青、壮、老年羊相应地保持在22%、68%和10%的比例。对刚建的羊场或正在扩建的羊场，青年母羊的比例可适当增加。

出售种羊为主要经济收益的种羊场（养羊户），根据每年种羊需求情况选留优良的育成公羊出售，其余不作种用的小公羊应从小就去势，经育肥后当年就出栏、生产羔羊肉。成年母羊的总头数应占羊场总头数的45%～55%。另一大部分是育成公、母羊，甚至还包括去年没有出售剩下的公羊。尽量不设羯羊群或留小群羯羊作自食用。在育成母羊中应把不作种用（留作扩群或出售种母羊用）的羊挑出来单独组群，经育肥或出栏生产羔羊肉。

以出售羊产品（羊皮、羊肉、羊毛等产品）为主要经济收益的经济羊场，在过去羊毛价格高时，由于羯羊产毛量高，饲养成本又低，所以留有大量成年羯羊（4岁以下）生产羊毛，成年母羊只数仅占羊场总只数的35%左右。现今羊肉价格较高，生产羔羊肉比生产老羯羊肉成本更低，资金周转快，因此，成年母羊只数应占羊场总只数60%～70%。每年需从育成母羊群中选生产性能高的青年母羊来补充生产性能低或失去繁殖能力的老龄母羊，其数量约占成年母羊总只数的22%左右。经挑选后剩下的育成母羊和当年生的羯羊一起经育肥后，出售肉羊或宰杀后出售羊肉、羊皮。

无论是种羊场还是经济羊场、个体养羊户，其羊群的组成均应按母羊的只数来分配。在人工授精条件下，种公羊数占成年母羊数1%～2%（规模不大的种羊场为防止近亲交配，种公羊可选3%左右），另外有2%～3%的试情公羊。在自然交配条件下每25～35只母羊需配备一只种公羊。

三、饲料和饲养中的细节

（一）解决好秸秆价格高的问题

花生秧、红薯秧、豆秧是养羊必备的优质秸秆，但价格较高，提高了饲养成本。针对秸秆价格高的情况，有三条解决途径：一是大力开展玉米秸秆青贮，70%的饲草可用青贮玉米秸代替。二是充分利用工业副产品，比如豆腐渣、啤酒渣、苹果渣、玉米渣等，这几种副产品既能代替部分饲草，又能替代部分精饲料。三是种植紫花苜蓿、墨西哥玉米、皇竹草等高产牧草。

（二）饲料加工处理

饲料加工处理可以提高饲料消化利用率。一是切短。将稻草、甘薯藤、青草、干草、青菜、秸秆等切短后（稻草应切成 2～3 厘米、甘薯藤制成 1 厘米左右）饲喂可以促长膘。二是粉碎。粮食（籽粒）、甘薯、木薯等作饲料，必须粉碎磨细再喂，以助消化。三是浸泡。玉米、麦类、高粱、豆饼等饲料，淡盐沸水浸泡一些时候，使之软化后再喂，既节省饲料，又易于消化。

（三）羔羊哺乳要"五定"

一要定时。合理安排哺乳时间。1 月龄内的羔羊，每 3 小时喂 1 次；1～2 月龄时，日喂 4 次；2～3 月龄时，日喂 3 次；3 月龄后，日喂 1～2 次。随着月龄的增加，逐渐减少喂奶次数，适当增加每次的喂量。二要定量。喂量以满足羔羊的营养需要为前提。哺喂过多可引起消化不良，甚至腹泻；过少则营养不足，影响羔羊的生长发育。初期每只羔羊每次喂 250 克左右，可根据个体、运动量和年龄大小酌情增减。一般说来，每昼夜的哺乳量以不低于体重的 16% 为宜。三要定温。人工哺乳的奶温应接近或稍高于母羊体温，即以 38～42℃较好。四要定质。哺喂羔羊的奶汁要求新鲜、清洁，以刚挤出的鲜奶为最好。对于低温保存的奶品，喂前应进行加温和搅拌，使乳汁混合均匀。五要定期消毒。为了防止疾病发生，每次哺喂后都要将用具用清水冲洗干净，每隔 2 天用沸碱水消毒 1 次。

（四）育成羊细致饲养

育成羊的饲养管理至关重要，直接影响以后的繁殖性能。育成前期（断奶后 3～4 个月），尤其是刚断奶的羔羊，生长发育快，瘤胃容积有限且机能不完善，对粗饲料的利用能力较差。因此，此时期羊的日粮应以精料为主，并能补给优质干草和青绿多汁饲料，日粮的粗纤维含量不超过 15%～20%；育成后期羊的瘤胃机能基本完善，可以采食大量的牧草和青贮、微贮秸秆。日粮中粗饲料比例可增加到 25%～30%，同时还必须添加精饲料或优质青贮、干草。

母羔羊 6 月龄体重达到 40 千克，8 月龄可以达到配种条件。实现当年母羔 80%参加当年配种繁殖，育成期的饲养至关重要。

（五）小母羊首次配种的注意事项

母羊早配可提高生产效率，缩短世代间隔，且早配的母羊母性较强。目前，有些国家已把母羊的初配年龄提早为 6～9 月龄，使母羊 11～14 月龄即能产羔。我国的小尾寒羊 6～7 月龄即可配种，即春天出生的羔羊秋天可参与配种。但母羊早配应该注意以下几种情况：一要注意配种时母羊的体型大小和体况。一般认为，母羊达到成熟体重的 65%时即可配种。因此，母羊初配之前的饲养管理尤为重要。二要注意品种。早熟品种 6～7 月龄时其体格、体况都能达到正常繁殖的要求，而晚熟品种的状况则不尽理想。三要注意母羔出生时间和繁育季节。研究表明，2 月出生的母羔 9～10 月配种受胎率较高。四要注意配种群体。母羔与成年母羊同群参加配种会降低母羔的繁殖率。因此，母羔和成年母羊应分群配种。另外，使用周岁公羔配种可以提高母羔的繁殖率。

（六）妊娠母羊的管理细节

妊娠母羊要科学饲养。怀孕前 3 个月，日粮由 50%青绿草或青干草、40%青贮或微贮、10%精料组成（精料配方：玉米 84%、豆粕 15%、多维添加剂 1%，混合拌匀），每日喂给 1 次，每只 150 克 / 次。怀孕后两个月，首先要有足够的青干草，必须补给充足的营养添加剂，另外补给适量的食盐和钙、磷等矿物饲料。在妊娠前期的基础上，能量和可消化蛋白质分别提高 20%～30%和 40%～60%。日粮的精料比例提高到 20%（精料配方：玉米 74%、豆粕 25%、多维添加剂 1%，混合拌匀），产前 6 周为 25%～30%，早晚各 1 次，每只 150 克 / 次。而在产前 1 周要适当减少精料用量，以免胎儿体重过大而造成难产。喂饲料、饮水时防止怀孕拥挤和滑倒，不打、不惊吓。产前 1 个月，应把母羊从群中分隔开单放一圈。产前 1 周左右，夜间应将母羊放于待产圈中饲养和护理。每天饲喂4次，先喂粗饲料，后喂精饲料；先喂适口性差的饲料，后喂适口性好的饲料。严禁喂发霉、腐败、变质的饲料，不饮冰冻水。饮水次数不少于3次/日。

（七）春季注意羊的饮水问题

一是不能缺水。短时间缺水，会使羊的食欲降低，生产力下降；长时间缺水，则会引起羊瘤胃发酵困难，消化不良，发生食滞或百叶干等病，若还不供给饮水，可致羊死亡。建议一般羊每吃1千克草料需水2～3千克，应坚持每天让羊饮水两次，要饮足，以满足其对水的需要。二是不能饮冷水。冬春时节天气寒冷，牧草干枯、含水少，羊易口渴，需水量增加。可羊怕冷，不愿喝冷水，应让其饮温水。若没有饮温水的条件，最好让其饮深井水，但要随饮随打，否则水将很快变凉。三是不能以雪代水。冬春季节，有人以雪代水饮羊，这种做法是不可取的。因为以雪代水会消耗羊的大量体热，使其体重很快下降，而且还易导致孕羊流产。四是不能空腹饮水。早晨羊空腹时饮凉水，会使体温骤降，容易感冒发烧或肚子疼。应在喂草料或放牧后再让羊饮水。五是不能抢喝暴饮。羊恋群性很强，只要头羊一开始喝水，其他羊就会紧跟着抢喝暴饮，应严加制止。方法是在水槽里撒几把麸皮或米糠。如羊饮河水，人应站在羊群前头，看住羊，防止其抢喝暴饮。六是不能饮水后不活动。放牧羊饮水后不宜停留不动或原圈休息，应再继续放牧，以增加肌体产热量，减少应激。舍饲羊应先喂草料后饮水，再喂干草，以增加热量。七是不能饮死水。死水中常已混有寄生虫卵，羊饮死水可能会感染寄生虫病。所以，要禁让羊饮死水。八是不能饮地沟水。从农田里流出来的地沟水中常含农药或化肥，容易引起羊中毒，不宜用来饮羊或调制饲料。也不要让羊饮发苦的井水，更不要饮用浸泡野草、野菜的池塘水（都含有大量的硝酸盐），以避免羊中毒。九是不能饮污染水。不要让羊饮用工厂排出的污水，以防止羊中毒。

（八）夏季养羊的细节管理

夏天气候炎热，潮湿，蚊蝇滋生，如果饲养管理不当易引发疫病而造成经济损失。

1. 防暑降温

羊舍应安装通风排风设备，保证空气对流，降低舍内温度；羊舍的朝阳面设置遮阳棚或在羊舍屋面搭盖遮阳物。降低饲养密度，以每只羊占圈地 2 米^{2}左右为宜，同时剪毛以利于羊体表散热。要创造适合羊休息的圈舍环境和运动场环境，使羊只在高温环境下能够保持机体的生理机能，增强抵抗力，维持正常生产。

2. 增加营养

夏季气候炎热，羊的采食量下降，需增加饲喂次数，同时给羊只选用适口性好、营养价值高的牧草（如青豆秆、紫花苜蓿等），特别是刚断奶的羔羊和怀孕母羊更需注意这一点。舍饲饲草应干青搭配，先喂干草后喂青草，以防止羊只贪吃、暴食含水分过高的牧草而产生拉稀和腹胀疾病。另外要提高日粮的营养浓度，进一步增强羊对高温环境的抵抗能力。成年羊每天补饲精料 200 克左右；刚断奶的羔羊每天补饲精料 100 克左右。

3. 增水补盐

夏季高温季节，应保持羊的饮水盆不断有清洁的水，让羊自由饮用。每千克羊体重添加 0.2 克食盐，以维持羊只机体内酸碱平衡。

4. 环境卫生

夏季高温潮湿，蚊蝇滋生，容易引起羊只寄生虫病和其他疫病，因此要注意羊舍的环境卫生、通风和防潮，保持羊舍清洁干爽，安装纱门纱窗，防止苍蝇、蚊子进入。饲喂用具经常保持干净，羊舍、运动场要经常打扫。

5. 定期消毒

羊舍用 10%～20%石灰乳或 10%漂白粉水溶液喷洒消毒；运动场用 3%漂白粉或 4%福尔马林或 5%的氢氧化钠水溶液喷洒

消毒；门道（出入口处）用2%～4%氢氧化钠或10%克辽林喷洒消毒，或在出入口处经常放置浸有消毒液的麻袋或草垫；粪便消毒，采用生物热消毒法，即在离羊舍100米以外的地方，把羊粪堆积起来，上面覆盖10厘米厚的细土，发酵1个月即可；污水消毒，把污水引入污水处理池，加入漂白粉或生石灰（一般每升污水加2～5克）进行处理。

6.疫病防治

夏季羊的常见病有肠道传染病和寄生虫病，羔羊特别易感染。一是定期驱虫，对羊只注射阿维菌素，每千克体重0.02毫升，以驱除体内外寄生虫；二是防治腹泻，羊只拉稀时，可在早上空腹口服2支8万单位的庆大霉素，连服2天即可；三是防疫注射，没有注射过三联四防疫苗、羊痘疫苗的羊只，一定要补注疫苗；四是防羊口疮，发生羊口疮时，用0.1%～0.2%高锰酸钾溶液冲洗创面，再涂2%龙胆紫或青霉素、呋喃西林软膏等，每天1～2次；五是发现病羊及时隔离，圈舍和用具用2%火碱或10%石灰乳或20%草木灰水消毒。对病死羊的尸体要深埋或焚烧，做到切断病源，控制流行，及时扑灭。

（九）秋季养羊的细节管理

秋天是收获的黄金季节，秋天同样也是羊群快速生长的黄金时节。如果说羊群在夏季的生长主要是依靠青草等青绿饲料来维持并促进的话，秋季羊群的生长则主要依靠精饲料与秋季牧草、干草等粗饲料搭配饲喂来实现。另外，秋高气爽的季节正是羊群增肥长膘的最佳时机，只要对羊群饲喂得当，不但能让羊群快速长膘，还能使羊群有更强的抗寒能力，保证其顺利过冬。

1.加强圈舍消毒，防止疾病传播

秋季气候干燥，蚊虫较多，是羊结核病、羊疟疾等各种疾病的高发期。为了羊群的健康，要及时给羊群注射防病疫苗，防止疾病的流行。除了给羊群注射疫苗以外，对圈舍进行经常性的彻底打扫和消毒是消除疫病传播的重要措施。可以用0.2%氢氧化钠溶液或15%石灰水对圈舍内的水槽、地面、食槽等杀菌进行消毒处理，并且要时常保持圈舍地面的干燥，防止细菌滋生。

2. 合理安排放牧时间

秋天的昼夜温差大，早晚较凉，中午天气燥热。因此，对羊进行放牧时应该采取早出晚归，中午对羊加强补饲的办法。可以在中午和晚上对放牧没有吃饱的羊补饲一些精饲料，让羊补充更丰富的营养，加快其生长。

3. 公羊母羊分群饲喂

秋季是羊发情的高峰期。为了防止公母羊混养造成互相交配，影响到羊群正常的进食和休息，也为了防止怀孕母羊流产，最好把公养和母羊分开饲养和放牧。

四、兽医操作技术规范的细节

（一）避免针头交叉感染

羊场在防疫治疗时要求1头羊1个针头，以避免交叉感染。但在实践中，往往只做到治疗时1头羊1个针头，正常免疫接种时，种羊1头羊1个针头，商品羊1栏1个针头，还有比这更差的。在当前规模养羊场，因注射器使用不当，导致羊群中存在着带毒、带菌羊以及羊只之间的交叉感染，为羊群的整体健康埋下很大的隐患。因此，规模养羊场应建立完善的兽医操作规程，并在执行中严格落实，确实做到1头羊1个针头，切断人为的传播途径。

（二）搞好母羊临产前的产房消毒

临产母羊进入产房前，对产房不清洗消毒或清洗消毒不彻底或进入产房后再清洗消毒，都会污染产房，使羔羊感染细菌、病毒和寄生虫，影响生产发育，甚至导致发病，降低成活率。

（三）按正确方法注射疫苗

给羊注射方法不正确，或把稀释后的疫苗在室温条件下存放时间过长，造成疫苗质量下降，导致免疫失败，使基础母羊群抗体水平参差不齐或出现阳性羊群，给场内的健康羊留下隐患。

（四）建立严格的消毒制度

消毒的目的就是杀死病原微生物，防止疾病的传播。各个羊场要根据各自的实际情况，制订严格规范的消毒制度，并认真执行。消毒剂的选择、配比要科学，喷雾方法要有效，消毒记录要准确。同时，室内消毒和室外环境的卫生消毒也十分重要，如果只重视室内消毒而忽视室外消毒，往往起不到防病治病和保障生羊健康的作用。

（五）严把投入品质量关

假冒伪劣、不合格的药品、生物制品、动物保健品和饲料添加剂等投入品的进场使用，会使羊重大的传染病和常见病得不到有效控制，羊群持续感染，病原在场内蔓延。规模羊场应到有资质的正规单位购药，通过有效途径投药，并观察药品效价，达到安全治病的目的。

五、消毒的细节

（一）消毒注意事项

1.消毒需要时间

一般情况下，高温消毒时，60℃就可以将多数病原杀灭，但汽油喷灯温度达几百度，喷灯火焰一扫而过，也不会杀灭病原，因时间太短。蒸煮消毒：在水开后30分钟却可以将病原杀死。紫外线照射：必须达到5分钟以上。

【注意】这里说的时间，不单纯是消毒所用的时间，更重要的是病原体与消毒药接触的有效时间。因为病原体往往附着于其他物质上面或中间，消毒药与病原接触需要先渗透，而渗透则需要时间，有时时间会很长。可以以此类比，把一块干粪便放到水中，看一下多长时间能够浸透。

2. 消毒需要药物与病原接触

在产房消毒不会把羔羊舍的病原杀死；同样在产房，消毒药喷不到的地方的病原也不会被杀死；消毒育肥舍地面时，如果地面有很厚的一层粪，消毒药只能将最上面的病原杀死，而在粪便深层的病原却不会被杀死，因为消毒药还没有与病原接触。要求对羊舍消毒前，先将羊舍清理冲洗干净，就是为了减轻其他因素的影响。

3. 消毒需要足够的剂量

消毒药在杀灭病原的同时往往自身也被破坏，一个消毒药分子可能只能杀死一个病原，如果一个消毒药分子遇到五个病原，再好的消毒药也不会效果好。关于消毒药的用量，一般是每平方米面积用 1 升药液。生产上常见的则是不经计算，只是用消毒药将舍内全部喷湿即可，人走后地面马上干燥，这样的消毒效果是很差的，因为消毒药无法与掩盖在深层的病原接触。

4. 消毒需要没有干扰

许多消毒药遇到有机物会失效，如果将这些消毒药放在消毒池中，池中再放一些锯末，作为鞋底消毒的手段，效果就不会好了。

5. 消毒需要药物对病原敏感

不是每一种消毒药对所有病原都有效，而消毒药的作用是有针对性的，所以使用消毒药时也是有目标的，如预防口蹄疫时，碘制剂效果较好，而预防感冒时，过氧乙酸可能是首选，而预防传染性胃肠炎时，高温和紫外线可能更实用。

【注意】没有任何一种消毒药可以杀灭所有的病原，即使我们认为最可靠的高温消毒，也还有耐高温细菌不被破坏。这就要求我们使用消毒药时，应经常更换，这样才能起到最理想的效果。

6. 消毒需要条件

消毒需要适宜的条件如火碱是好的消毒药，但如果把病原放在干燥的火碱上面，病原也不会死亡，只有火碱溶于水后变成火碱水才有消毒作用，生石灰也是同样道理。福尔马林熏蒸消毒必须符合三个条件：一是足够的时间，24小时以上，需要严密封闭；二是需要温度，必须达到15℃以上；三是必须有足够的湿度，最好在85％以上。如果脱离了消毒所需的条件，效果就不会理想。例如，一个羊场对进场人员的衣物进行熏蒸消毒，专门制作了一个消毒柜，但由于开始设计不理想，消毒柜太大，无法进入屋内，就放在了舍外；夏秋季节消毒没什么问题，但到了冬天，他们仍然在舍外熏蒸消毒，这样的效果是很差的。还有的在入舍消毒池中，只是例行把水和火碱放进去，也不搅拌，火碱靠自身溶解需要较长时间，那刚放好的消毒水的作用就不确实了。

（二）消毒存在的问题

1. 光照消毒

紫外线的穿透力是很弱的，一张纸就可以将其挡住，布也可以挡住紫外线，所以，光照消毒只能作用于人和物体的表面，深层的部位则无法消毒。另一个问题是，紫外线照射到的地方才能消毒，如果消毒室只在头顶安一个灯管，那么只有头和肩部消毒彻底，其他部位的消毒效果就差了。所以不要认为有了紫外线灯消毒就可以放松警惕。

2. 高温消毒

时间不足是常见的现象，特别是使用火焰喷灯消毒时，仅一扫而过，病原或病原附着的物体尚没有达到足够的温度，病原是不会很快死亡的。这也就是蒸煮消毒要20～30分钟以上的原因。

3. 喷雾消毒

喷雾过后地面和墙壁已经变干时，那就说明消毒剂量一定不够。一般羊场规定，喷雾消毒后 1 分钟之内地面不能干，墙壁要流下水来，以表明消毒效果。

产房喷雾消毒容易导致舍内潮湿，但药量达不到要求也起不到消毒的效果。为避免舍内潮湿，可以 1 周进行一次彻底的喷雾消毒。

4. 熏蒸消毒，封闭不严

甲醛是无色的气体，如果羊舍漏气时无法看出来，这就使羊舍熏蒸时漏气而不能发现。尽管甲醛比空气重，但假如羊舍有漏气的地方，甲醛气体难免从漏气的地方跑出来，消毒需要的浓度也就不足了；如果消毒时间过后，进入羊舍没有呛鼻的气味，眼睛没有青涩的感觉，就说明一定有漏气的地方。

（三）怎样做好消毒

1. 必须清扫、清洗后再消毒

如果圈舍内存在大量粪便、饲料、羊毛、灰尘、杂物和污水等，就会阻碍消毒药与病原微生物的接触，而且这些病原微生物可以在有机物中存活较长时间。有些有机物和还消毒液结合后形成化合物，使消毒液的作用消失或减弱。这些因素常造成消毒液大量损耗，减弱消毒效果。羊舍在消毒前应先彻底清扫、清洗，水槽、料槽清除污物后用清水洗涮干净，再将地面彻底清洗，等地面干净后，消毒羊舍。

2. 选用合适的消毒液

要根据消毒的对象、目的和预防疾病的种类选择合适的消毒液。消毒液要定期更换，选择几种消毒液交替使用。羊场可选用的消毒液有很多种，常用的有生石灰、硫酸铜、新洁尔灭、甲醛、高锰酸钾、过氧乙酸、氢氧化钠、碘制剂、季铵盐等消毒液。针对圈舍的情况选择，空圈舍可以选择疗效好、价格低廉的消毒液，如生石灰、甲醛、高锰酸钾、过氧乙酸等，带羊消毒选择增强消毒效果的复合制剂，如复碘制剂、复合季铵盐制剂、复合酚制剂类等消毒液，消毒效果好，还不损伤羊群

3. 饮水消毒持续时间不宜过长，消毒剂剂量不宜过大

消毒液使用说明中推荐的饮水消毒是对畜禽饮水的消毒，是指消毒液将饮水中的微生物杀灭，从而达到净化饮水中微生物的目的。而有些养殖户认为饮水消毒是通过饮用消毒液杀灭和控制畜禽体内的微生物，可起到控制和预防病情的作用，从而形成饮水消毒的误区。有的用户甚至盲目加大消毒液的浓度，给畜禽饮用，从而造成不必要的麻烦。如果长时间饮用加消毒液的水或饮水中消毒液的含量过大，除了可以引起急性中毒，还可以杀灭肠道内的正常细菌，造成肠道菌群平衡失调，对机体健康造成危害，从而造成畜禽的消化道黏膜损伤，使菌群平衡失调，引起腹泻、消化不良等症状。饮水消毒时一般选用氯制剂、季铵盐等刺激性较小的消毒药，使用低浓度的说明推荐用量，不要长时间使用或加大剂量使用，以免造成不必要的麻烦

4. 做好进场前的消毒工作

在羊场的入口处常设紫外线灯，对进出人员照射，有杀菌效果。同时在羊舍周围、入口、产床、运动场等处撒生石灰或氢氧化钠，还可以喷过氧乙酸或次氯酸钠溶液。用一定浓度新洁尔灭、碘伏等的水溶液洗手、洗工作服。应用热碱水或酸水将管道清洗后，再用次氯酸水溶液消毒。

5. 消毒制度

为了有效防控传染病的发生，规模化羊场必须建立严格的消毒制度。一是做好人员消毒工作。工作人员进入生产区必须更衣

并进行紫外线消毒，工作服不得带出场外；外来人员不允许进入生产区，必须进入的，要更换工作服和鞋，消毒进入后，要遵守场内检疫环境消毒规定。二是做好环境消毒工作。羊舍及周围环境每周用2％氢氧化钠溶液或生石灰消毒一次；场周围及场内污水池、下水道出口，每月用次氯酸盐、酚类消毒一次；在大门口和羊舍入口设消毒池，消毒液可用2％氢氧化钠溶液和硫酸铜溶液。三是做好羊舍消毒工作。羊舍在每批羊只转出后，应清扫干净并消毒。四是做好用具消毒工作。定期对饲喂用具、料槽消毒，用0.1％新洁尔灭或0.2％过氧乙酸消毒。

六、用药的细节

药物使用关系到疾病控制和产品安全，使用药物必须慎重。生产中用药方面存在一些细节问题影响用药效果。如对抗生素过分依赖。很多养殖户误以为抗生素"包治百病"，还能作为预防性用药，在饲养过程中经常使用抗生素，以达到增强羊抗病能力、提高增重率的目的。主要存在如下现象：一是盲目认为抗生素越新越好、越贵越好、越高级越好。殊不知各种抗生素都有各自的特点，优势也各不相同。其实抗生素并无高级与低级、新和旧之分，要做到正确诊断羊病，对症下药，就要从思想上彻底否定"以价格判断药物的好坏、高级与低级"的错误想法。二是未用够疗程就换药。不管用什么药物，不论见效或不见效，通通用两天就停药，这对治疗羊病极为不利。三是不适时更换新药。许多饲养户用某种药物治愈了疾病后，就对这种药物反复使用，而忽略了病原对药物的敏感性。此外一种药物的预防量和治疗量是有区别的，不能某种用量一用到底。四是用药量不足或加大用量。现在许多兽药厂生产的兽药，其说明书上的用量用法大部分是每袋拌多少千克料或兑多少水。有些饲养户忽视了猪发病后采食量、饮水量要下降，如果不按下降后的日采食量计算药量，就人为造成用药量不足，不仅达不到治疗效果，而且容易导致病原的耐药性增强。另一种错误做法是无论什么药物，都按照厂家产品说明书加倍用药。五是盲目搭配用药。不管什么疾病，不清楚药理药效，多种药物胡乱搭配使用。六是盲目使用原粉。每一种成品药都经过了科学的加工，大部分由主药、增效剂、助溶剂、稳定剂组成，使用效果较好。而现在五花八门的原粉摆上了商家的柜台，并误导饲养户说"原粉纯度高，效果好"。原粉多无使用说明，饲养户对其用途不很明确，这样会造成原粉滥用现象。另外现在一些兽药厂家为了赶潮流，其产品主要成分的说明不用中文而仅用英文，饲养户懂英文者甚少，常常造成同类药物重复使用，这样不仅用药浪费，而且常出现药物中毒。七是益生素和抗生素一同使用。益生素是活菌，会被抗生素杀死，造成两种药效果都不好。

七、疫苗使用的细节

疫苗使用中存在一些混乱现象，如疫苗需求量统计不准确，进货过多，超过有效期；保存温度高，虽在有效期内，但已失效，仍不丢弃；供电不正常，无应急措施，疫苗反复冻融；管理混乱，疫苗保存不归类，活苗与灭活苗放一块，该保鲜的却冰冻；运输过程中无冰块保温，在高温下时间过长，有的运输时未包好，受紫外线照射；用河水、开水或凉开水稀释疫苗，殊不知它们都直接影响疫苗的活性，最好用稀释液或蒸馏水、生理盐水等稀释疫苗；疫苗稀释后放置的时间过长，导致疫苗滴度低；使用剂量不准确，剂量不足，或剂量过大造成免疫麻痹；使用活苗的同时，又在饲料中添加抗菌药。这些细节直接影响免疫效果。

八、经营管理的细节

（一）树立科学的观念

树立科学的观念至关重要。只有树立科学观念，才能注重自身的学习和提高，才能乐于接受新事物、新知识和新技术。传统庭院小规模生产对知识和技术要求较低，而规模化生产对知识和技术要求更高（如场址选择、规划布局、隔离卫生、环境控制、废弃物处理以及经营管理等知识和技术）；传统庭院小规模生产和规模化生产疾病防治策略不同（传统疾病防治方法是免疫、药物防治，现代疾病防治方法是生物安全措施）。所以，规模化养羊场仍然固守传统的观念，不能树立科学观念，必然会严重影响养殖场的发展和效益提高。

（二）正确决策

羊场需要决策的事情很多，大的方面如羊场性质、规模大小、类型用途、产品档次以及品种选择，小的方面如饲料选择、人员安排、制度执行、工作程序等，如果关键的事情能够进行正确的决策就可能带来较大效益。否则，就可能带来巨大损失，甚至倒闭。但正确决策需要对市场进行大量调查。

（三）保证羊场人员的稳定性

随着养羊业集约化程度越来越高，羊场现有管理技术人员及饲养员的能力与现代化养羊需求之间的差距逐步暴露出来，因此养羊人员的地位、工资福利待遇及技术培训也受到越来越多的关注。由于羊场存在封闭式管理环境、高养殖技术等特殊需求，因此要建立和完善一整套合理的薪酬激励机制，实施人性化管理措施，稳定羊场人员，保持良好的爱岗敬业精神和工作热情。

（四）增强饲养管理人员的责任心

责任心是干好任何事的前提，有了责任心才会想到该想到的，做到该做到的。责任心的增强来源于爱。有了责任心才能用心，才能想到各个细节。饲养员的责任心体现在爱动物，在保质保量地完成各项任务，尽到自己应尽的责任。管理人员和领导的责任心的体现：一是爱护饲养员，给职工提供舒心的工作空间，并注意加强人文关怀（你敬人一尺，人敬你一丈）；二是给动物提供舒适的生存场所。

（五）员工的培训为成功插上翅膀

员工的素质和技能水平直接关系到养殖场的生产水平。职工中能力差的人是弱者，羊场职工并不是清一色的优秀员工，体力不足的有，智力不足的有，责任心不足的也有，技术不足更是养殖场职工的通病，这些人都可以称为弱者，他们的生产成绩将整个养殖场拉了不来，我们要培训这一部分员工或按其所能放到合适的岗位。养殖场不注重培训的原因：一是有些养殖场认识不到提高素质和技能的重要性，不注重培训；二是有的养殖场怕为他人做嫁衣裳，培训好的员工被其他养殖场挖走；三是有的养殖场舍不得增加培训投入。

（六）关注生产指标对利润的影响

羊场的主要盈利途径是降低成本，企业的成本控制除平常所说的饲料、兽药、人工、工具等直观成本之外，对于羊场的管理还应该注意影响养羊成本的另一个重要因素——生产指标。例如，要降低每头羊承担的固定资产折旧费用，需要通过提高母羊繁殖率和成活率来解决。影响羊群单位增重饲料成本的指标有料肉比、饲料单价、成活率等，需要优化饲料配方和科学饲养管理来实现。羊场管理者要从经营的角度来看待研究生产指标，对羊场进行数字化、精细化管理，才能取得长期的、稳定的、丰厚的利润。

（七）舍得淘汰

生产过程中，畜禽群体内总会出现一些没有生产价值或一些老弱病残的个体，这些个体不能创造效益，要及时淘汰，减少饲料、人力和设备等消耗，降低生产成本，提高养殖效益。生产中有的养殖场舍不得淘汰或管理不到位而忽视淘汰，虽然存栏数量不少，但养殖效益不仅不高，反而降低。

第八招
注重常见问题处理

【核心提示】

生产中的问题直接影响羊群的生产性能，时刻注意发现问题并及时解决，有利于提高养殖水平和生产效益。

一、种羊选择、利用和引进时的常见问题处理

（一）种羊选择的问题及处理

1. 忽视良种在羊生产中的作用

据美国农业部 1996 年对美国 50 年来畜牧生产中各种技术所起作用的分析总结，良种的贡献率高达 40%，全价饲料为 20%，疫病防治为 15%，繁殖与行为为 10%，环境与设备为 10%，其他为 5%。由此可见，良种对提高羊生产效率是十分重要的。不同品种羊的生产性能差异很大。我国农区幅员辽阔，生态条件各异，

200

各地经过长期的自然选择和人工选育，培育了一批具有地方特色的绵、山羊品种。这些当地品种具有成熟早、耐粗饲、适应性强、繁殖率高等特点，如小尾寒羊以及马头山羊和南江黄羊、白山羊等。这些品种在当地养羊业中发挥了重要作用。但在品种结构上真正生产性能高的品种所占比例不大，同一品种内生产性能高低变异范围较大。大部分品种普遍存在个体小、肉用性能差的缺陷。这些品种产肉性能与国外优良品种相比差距较大。如产于法国的夏洛来肉用绵羊、南非的波尔山羊、澳大利亚的无角陶赛特、德国的肉毛兼用美利奴、英国的萨福克等，这些优良品种的共同特点是体躯大，后躯丰满，肉用性能好。其成年公羊平均体重110千克以上，成年母羊70～90千克，繁殖率高（繁殖率160％～200％），生长速度快（羔羊期日增重300克以上），饲料转化率高。而我国小尾寒羊除繁殖性能特点突出外，其肉用性能并不突出。有些单纯强调地方品种适应性强，往往阻碍了外来良种的进入和推广。

处理措施：一是正确认识良种及作用。良种是适合一定市场条件、一定气候条件的高产品种。良种不仅要有好的生产性能，也要适应饲养地的气候特点和市场要求，只追求高产而忽视适应性和市场要求不行，只追求适应性而不注意高产性能也不行。品种是获得高产高效的基础，只有选择优良品种，才能获得较好效益。二是加强良种引进，提高良种率，提高生产性能。

2. 优良品种与种羊概念不清

优良品种是高产的基础，但优良品种中的个体间的差异也是很大的，并不是一个优良品种的种群内每一种都可以作为种羊的。但生产中存在优良品种与种羊概念不清的问题，将一些比较优秀的品种中的每一个个体都被当作繁殖用种羊销售和使用，似乎优良品种就等于种羊。结果影响羊的生产性能和经济效益。

处理措施：优良品种个体间的差异是很大的，正因为存在这种差异，品种羊才需要鉴定并被分为不同的等级，不断进行选优淘劣。选择种羊应该在优良品种中选择，种羊是各品种中最优秀的可用来繁殖后代的个体，通常是从后备种羊群中精选出来的特级、一级个体。种羊选择一般从以下三方面入手：一是从初生重和生长各阶段增重快、体长好、发情早的羔羊中选择；二是从优良的公、母羊交配后代中的全窝都发育良好的羔羊中选择，母羔应为第二胎以上的经产多羔羔羊；三是要看后备种羊所产后代的生产性能，是不是将父、母代的优良性状传给了后代，凡是优良性状遗传力差的个体都不能选留。后备母羊的数量，一般要达到需要数的 3 ～ 5 倍，后备公羊的数量也要多于需要量。因此，不论是地方品种，还是培育品种，所有可保留或发展的品种，都是选留其中少数优秀个体用作种羊，而不是它们的全部。即使很优良的品种，也不例外。因此，良种不等于种羊。

3. 过分追求大型肉羊品种而忽略其适应性

有些人认为，肉羊体格越大越好，因此，在购进种羊时，首先选择体格较大的品种。事实上，不论是绵羊还是山羊，最优秀的肉羊品种不一定是体格最大的。这是现代畜牧学与传统畜牧学在认识上的差异。

处理措施：世界上主要的肉用绵羊品种都是在水草丰美的英国培育成功的，通常都被称为肉毛兼用半细毛羊。它们的产品不仅是肉，而且还有毛。体格大的品种可以提供更多的羊毛和成年羊肉。因此，为了实现这两种产品的丰收，必须将羊养到成年。市场上的羊肉自然是以成年羊肉为主。20 世纪 70 年代以后，由于化学纤维的发展，羊毛的价格下降和人们消费水平提高，世界养羊业出现了全面转向，即从毛用羊转向肉用羊，再从成年羊肉生产转向以优质肥羔肉生产为主。用于羔羊肉生产的品种必须具备繁殖力高（早熟、产羔多）、前期生长速度快、适应性强等特点，而体格较大的羊通常不具备这些特点。一方面，目前市场上最受欢迎的羊肉是优质羔羊肉，最受欢迎的肉羊品种，尤其是用作终端父系品种的绵、山羊品种多为体格中等的短腿羊。另一方面，产肉多而适应性差的羊也不是理想的肉羊品种。在相同饲养管理和羊群规模条件下，适应性强的品种患病概率小、死亡率低，可以获得较多羔羊，并可减少治疗疾病的医药费和人工费。获得的羔羊越多，饲养成本就越低，饲养利润就越高。

4. 选留种羊只注重表型性状

表型性状是一只羊在特定条件下的性状表现，也是最为直观的。如对于同一群体的商品肉羊，尤其是羔羊而言，体格大的羊能够提供相对多的羊肉。但体格大小只是一种表现性状，这种性状能否稳定地遗传给后代，仅参考表现型是不够的，还要依据其他因素做出判断。如环境条件，被比较和选择的羊是否处于相同的饲养管理环境。生活在较为优越的营养条件下的羔羊（如单羔羊由奶量充足的母羊哺乳）就比生活在逆境中的羔羊（一胎多羔，营养不足或患过疾病）长得快。处在这两种环境下的羔羊体格大小就没有可比性。但生产中存在选留种羊时只注重表现型，不进行系统了解和分析，结果选留的繁殖种羊质量差，影响繁殖性能和后代表现。

处理措施：选择繁殖用公、母羊时，不仅要看某些羊的表现，还要进行系统了解：一是看祖先（掌握父母和其他祖先的资料）。祖先品质的好坏能直接遗传给后代。故选种时要对其上几代羊的生产性能（如体重、产肉量、繁殖力、泌乳量等）和体形外貌进行认真的考查，只有好的祖先才能有好的后代。具体做法是：有针对性地将多个系谱的资料进行分析对比，即亲代与亲代比，祖代与祖代比。但重点应放在亲代的比较上，因为更高代数的遗传相关意义较小。比较生产性能时，应注意其年龄和胎次是否相同，若不同，则应进行必要的校正。在研究祖先性状的表现时，最好能联系当时的饲养管理条件，同时注意各代祖先在外形上有无遗传缺陷。同时要注意系谱中各个体主要性状的遗传稳定程度。凡母亲的生产力大大超过羊群平均数，父亲经后裔测验证明为优良个体，或所选后备种羊的同胞也都高产，这样的系谱应给予较高的评价。对一些系谱不明、血统不清的公羊，即使本身表现不错，开始阶段也应当控制使用，直到取得后裔测验证明后才可确定其使用范围。二是看同胞（了解掌握同胞资料）。即根据种羊同胞的平均表型值进行选择。同胞选择适用于一些限性性状，如产羔率、产奶量都限于母羊。在选择公羊时，虽然根据系谱资料可予以选择，但对数量性状的选择准确性有限，需根据同胞的相关资料进行选择。这种方法也适于一些活体上难以准确度量的性状和根本不能度量的性状（如胴体品质）以及低遗传力性状。三是看后代（了解掌握后裔资料）。种羊的好坏，最终是看其后代来断定的。后代好就证明该种羊有较好的遗传性，因此可根据后代的特性决定种羊的好坏，只要后代不理想，就不能作为种用，尤其是公羊。根据种羊后裔的平均表型值进行选择，也就是在一致的条件下，对公畜的后代进行对比测验，然后按各自后代的平均成绩，决定对亲本的选留与淘汰。后裔选择准确性高，是评定种羊价值最可靠的方法，但种羊选定所需时间较长，大大延长了世代间隔，减慢了遗传进展，增加了种羊的养殖成本。

（二）种羊杂种利用的问题处理

1. 对杂交概念不清而胡乱杂交

养羊生产中，可通过杂交获得较好的生产性能和最大的产出率，但杂交不是胡杂乱配，也不是任何情况下、任何品种都可以杂交。但生产中，由于杂交概念不清，存在任意将两品种进行交配的情况。有人以为，所有的杂种羊都必定表现出优势。其实不然。杂种是否有优势，有多大优势，在哪些性状方面表现优势，杂种群中每个个体是否都能表现程度相同的优势？所有这些问题，主要取决于杂交用的亲本群体的遗传性能及其相互配合情况和饲养管理条件等。因此，随意进行不同品种或种群间的杂交，其结果往往不理想。如用波尔山羊与中卫山羊杂交，一方面，其后代体格可能有所增大，但中卫山羊优良的裘皮品质将丧失殆尽；另一方面，没有良好的饲养管理条件，杂种优势也难以表现。还有人用貌似纯种的杂种公羊配良种母羊，造成了种羊质量的下降或品种优势的丧失。

事实上，表现型再好的杂种羊始终都是杂种，杂种的基因型是杂合子，无法将其亲本的优良性状稳定地遗传给后代。

处理措施：一是正确理解杂交概念。杂交是指遗传类型不同的生物体互相交配或结合而产生杂种的过程。就某一特定性状而言，两个基因型不同的个体之间交配或组合就叫作杂交。杂交也是指一定概率的异质交配。不同品种间的交配通常叫作杂交，不同品系间的交配叫作系间杂交，不同种或不同属间的交配叫作远缘杂交。杂交可促使基因杂合，使原来不在一个种群中的基因集中到一个群体中来，通过基因的重新组合和重新组合基因之间的相互作用，使某一个或几个性状得到提高和改进，出现新的高产稳产类型。杂交可以产生杂种优势，不仅使后代性状表现趋于一致，群体均值提高，生产性能表现更好，而且可使有些基因被掩盖起来，使杂种的生活力更强。但两个亲本缺乏优良基因，或亲本群体纯度很差，或两亲本群体在主要性状上基因无多大差异，或缺乏充分发挥杂种优势的饲养条件，都不能表现出理想的杂种优势，也就不可能有好的生产性能表现，甚至出现不良表现。二是必须进行杂交用品种的配合力测定。配合力测定是指不同品种和品系间的配合效果。生产实践和科学研究证明，一个品种（品系）在某一组合中表现得不理想，而在另一组合中的表现可能比较理想。因此，不是任意两种（或品系）的杂交都能获得杂种优势。配合力表现的程度受多方面因素影响：不同组合（品系）相互配合的效果不同，同一组合里不同个体间配合的效果也不一样，不同组合在相同环境里也表现不同，同一组合在不同环境里也表现不同。因此，在开展经济杂交前，必须进行杂交用品种的配合力测定，找出适合于本地区的优秀杂交组合。并在测定的基础上建立和健全杂交体系，使杂交用品种各自的优点在杂交后代身上很好结合。据前苏联资料报道，细毛羊×粗毛的杂种母羊与肉毛兼用公羊进行杂交，每100只杂种羔羊的产肉量比母系品种的同龄羊多得200～300千克，每100千克体重较母系品种同龄羊，少消耗591～1182兆焦净能。文献资料指出，不同性状表现出的杂种优势强度是不同的，它们表现的强弱顺序归纳如下：生活力、产羔率、泌乳力、母性本能、体重、生长速度、饲料利用率、剪毛量、羊毛长度和密度。品种之间遗传差异愈大，其后代表现出的杂种优势愈大。一般羔羊的成活率可提高40%，产羔率可提高20%～30%，增重率可提高20%，产毛量可提高33%左右。

2. 不熟悉杂交方法而使用不当

杂交方法多种多样，不同杂交方法有不同的目的和用途，产生不同的效果。生产中存在不熟悉杂交方法而将杂交随意用于育种或商品羊生产中的情况。如在商品肉羊生产中大量使用级进杂交技术，不仅延长了生产周期，而且随着杂交代数的增加，后代可能出现体格变小、体质下降等现象。因此，一味追求杂交代数只能增加商品肉羊的养殖成本，降低收益。

处理措施：杂交方法多种多样，常用的是按照杂交目的不同分为经济杂交、引入杂交、改良杂交和育成杂交等，一定要熟悉杂交方法，然后根据目的和需要科学利用。

经济杂交是利用杂交优势尽快提高羊的经济利用价值为目的的杂交形式，如二元杂交（两个品种或品系杂交，其公母羊个体只杂交一代，而不继续杂交，其后代为杂种一代，即商品代羊）、复杂杂交（三元、四元杂交。三元杂交是先用2个品种杂交，生产在繁殖性能方面具有显著杂交优势的母本群体，再用第三个品种做父本与之杂交，以生产经济用杂种羊群。三元杂效果一般比二元杂交好。四元杂交一般有两种形式，第一种是先以4个品种或品系分别两两杂交，然后再两类杂种间进行杂交，产生经济用商品羊，这种形式也叫双杂交。第二种是用3个品种杂交的杂种羊作母本，再与另一品种公羊杂交。实践证明，双杂交的杂种比单杂交杂种具有更强的杂种优势）、轮回杂交（也叫交替杂交，是用2个或2个以上品种进行轮替杂交。首先使用一个公羊品种，然后使用下一个公羊品种，直到完成一轮杂交。紧接着又开始下一轮杂交，即依次使用第一个、第二个品种杂交。轮回杂交所用公羊始终为纯种，与公羊交配的母羊只有第一次为纯种，以后都为杂种。轮回杂交的主要目的在于充分利用杂种优势）。

引入杂交是以保持本地区品种性能特点为主，吸收外来品种优点，以加快改良本地品种的某些特点为目的的杂交方式。导入杂交只杂交 1 次，然后一代公、母羊分别与其父、母本回交，外来品种的基因比例一般为 1/8 ～ 1/4。

改良杂交是以利用外来品种的优良性状改良经济价值较低的本地品种，但仍保留本地品种的适应性为目的的杂交方式。改良的结果不仅是提高其生产性能，甚至会改变其生产方向。

育成杂交以育成新品种或新品系为目的，采用复杂杂交、级进杂交（由 2 个品种杂交，得到的杂种母羊再与其中的父本品种公羊回交，回交杂种母羊还与父本品种公羊回交，如此连续进行，称为级进杂交。通常父本品种都是引进品种，基础母本为当地绵、山羊品种。连续进行回交的次数以获得具有理想性状的后代为原则。级进杂交的目的在于改良当地绵、山羊品种，希望其杂种后代一代更比一代好。但随着杂交代数的增加，虽然主要性状更趋于父本，但对饲养管理条件的要求会更高，也可能出现生活力和生产力下降的现象），但不采用轮回杂交。

3. 不注意杂交亲本的选择

杂交繁育体系中亲本的选择是十分重要的。如父、母系品种选择以及个体选择直接关系到杂交的效果。在父系中，生长育肥性状要比繁殖性状重要得多；而在母系中正好相反。总之，一个好的杂交繁育体系，应能够充分利用母本品种繁殖性能的遗传优势和父本品种生长育肥性能与胴体性能的遗传优势的互补性。同时，杂交体系中父本、母本的个体选择和选配也至关重要。但生产中，有的不注意杂交亲本品种的选择，或不注意杂交亲本的个体选择和选配，影响杂交利用的效率。

处理措施：一是选择理想的杂交父本、母本品种。杂交用父母本必须根据杂交组合试验结果予以选择，主要从生产性能、适应性和资源可利用三个方面考虑。生产性能方面，父本选择产肉性能、产毛性能和饲料报酬好的品种，如肉羊表现为早熟、生长发育快，常见的品种有萨福克、南丘羊、汉普夏羊。同时，还要考虑繁殖性能，虽然父本繁殖性能没有其他性能重要，但也具有一定的遗传性，可以增加多胎率。母本选择繁殖力高、发情季节长和产奶性能好的品种。适应性方面，根据不同气候条件选择适应气候条件的品种。资源可利用方面，在进行经济杂交时，父系选择生产性能高的引入品种，母本一般选择用当地品种，这不仅因为母羊有较好的适应性，而且因为其数量大，资源丰富，可以降低生产成本。二是注意杂交父本、母本的个体选择。公羊应当是经过系谱考察和后裔测定而被确认为高繁殖力的优秀个体。其体型结构理想，体质健壮，睾丸发育好，雄性特征明显，精液品质优；母羊从多胎的母羊后代中不断选择优秀个体，以期获得多胎性能强的繁殖母羊，并注意母羊的泌乳、哺乳性能。也可根据家系选留多胎母羊。如澳大利亚从西尔羊群中选出 2 只 1 胎产 5 羔的公羊，13 只 1 胎产 3～4 羔的母羊，和只 1 胎产 6 羔的母羊，组成核心群，进行有计划培育，终于培育出布鲁拉羊，其平均产羔率达到210％。另外，初产羊的多胎率与其终生的繁殖力有一定联系。通过对初产母羊的选择，能够提高羊的多胎性能。三是注意公、母羊选配。正确选配对提高繁殖力来说也是非常重要的。实践中，选用双胎公羊配双胎母羊可获得较多的羔羊，所产多胎的公、母羔也可留作种用。单胎公羊配双胎母羊时，每只母羊的产羔数有所下降；单胎公羊配单胎母羊，其产羔数会更低。

（三）种羊配种的问题处理

1. 近亲配种

在羊的繁殖技术上，很多养殖户抱着想当然的态度，往往出现配种时间不合理或母羊配种年龄偏低等问题，甚至利用自家繁殖的公羊作为种公羊进行近亲繁育，造成羊只种质退化、良莠不齐、生长缓慢。许多舍养户对种羊管理非常粗放，既未给公羊配带耳号标识，也未作配种记录，随意选择公母羊进行配种，人为造成近亲交配。其中的一些母羊由于近亲交配，常常产下畸形胎、死胎、弱羔，给农户造成较大的经济损失。

处理措施：适当引进一些适应本地环境、气候的优良品种对本地羊进行品种改良。或多个养殖户联合繁殖，相互交换种公羊使用，也可解决燃眉之急。或定期从外地调换种公羊；给种用公母羊配带耳号，编制配种档案，详细记录配种羊编号、配种时间、配种方式、产羔情况，有计划地控制公母羊本交，是避免羊只近亲繁育引起品种退化的重要措施。

2. 忽视种羊配种管理

种羊配种关系到种羊的繁殖和养羊生产。生产中存在忽视种羊配种管理，如配种操作不细心、不规范，配种缺乏耐心等情况，影响配种效果。

处理措施：采用本交的配种方法，交配前，应注意清洗外生殖器官。采用人工授精时，冷冻精液品质必须符合要求，每次输入的精子量应达到 2 亿以上。因为母羊的子宫颈口不易开张，且越刺激越容易收缩过紧，所以，使用输精枪进行输精时，一定要有耐心。进行操作前，应让母羊有一段安静的休息期；在精液解冻前，先将输精枪放在 40℃ 的温水中水浴 3 ～ 5 分钟。为提高受胎率，应在母羊有明显的发情表现后及时配种，隔 6 小时后再配种 1 次。

（四）引种的问题处理

种羊质量关系到羊场生产水平和经济效益，但生产中存在没有引种计划和不了解种羊场情况盲目引种、不注重种羊选择、引种管理不善等问题，直接影响引进种羊的质量。处理措施如下。

（1）制定完善的引种计划　种羊场应结合自身的实际情况，根据种群更新计划，确定所需品种和数量，有选择性地购进能提高本场种羊某种性能、满足自身要求，并只购买与自己的种羊健康状况相同的优良个体。新建种羊场应从所建种场的生产规模、产品市场和羊场未来发展的方向等方面进行计划，确定所引进种羊的数量、品种和代别，品种根据引种计划，选择质量高、信誉好的大型种羊场引种。必须从没有疫病流行地区，并经过详细了解的健康种羊场引进种羊，同时了解该种羊场的免疫程序及其具体免疫情况。

（2）做好引种准备　准备好隔离舍，隔离舍距离生产区最好有 300 米以上距离，在种羊到场前的 10 天（至少 7 天）应对隔离舍及用具进行严格消毒，可选择质量好的消毒剂、复合酚消毒剂，进行多次严格消毒。准备好药物及医疗器械。应常备清热解毒、抗菌消炎、驱虫消毒的药物，如安乃近、青霉素、强力消毒灵、30% ～ 35% 长效土霉素等以及金属注射器、听诊器、温度计等常用医疗器械。

（3）注重种羊选择　种羊要求健康、无任何临床病征和遗传疾患，营养状况良好，发育正常，四肢要求结构合理、强健有力，体型外貌符合品种特征和本场自身要求，耳号清晰。种公羊要求活泼好动，睾丸发育匀称，包皮没有较多积液，成年公羊最好选择见到母羊能主动爬跨、性欲旺盛的种羊。母羊生殖器官要求发育正常，阴户不能过小和上翘，应选择阴户较大且松弛下垂的个体，乳房发育良好、均匀，四肢要求有力且结构良好。

（4）注意运输管理　在运载种羊前 24 小时开始，应使用高效的消毒剂对车辆和用具进行两次以上的严格消毒，最好能空置一天后装羊，在装羊前用刺激性较小的消毒剂彻底消毒一次，并开具消毒证明。供种场提前 2 小时对准备运输的种羊停止投喂饲料。上车时不能装得太急，注意保护种羊的肢蹄，装羊结束后应固定好车门。长途运输的车辆，车厢最好能铺上垫料，可铺上稻草、谷壳等，以降低种羊肢蹄损伤的可能性；所装载种羊的数量不要过多，装得太密会引起挤压而导致种羊死亡。运载种羊的车厢隔成若干个隔栏，安排 15 ～ 20 头 /10 米^2 为一个隔栏，隔栏最好用光滑的水管制成，避免刮伤种羊，达到性成熟的公羊应单独隔开。长途运输的种羊，应对每头种羊按 1 毫升 /10 千克注射长效抗生素（如"得米先"或腾骏"爱畜达"），以防止羊群途中感染细菌性疾病。临床表现特别兴奋的种羊，可注射适量氯丙嗪等镇静针剂。运输过程中要注意防寒、保暖，防止风吹、雨淋、日晒，途中要供应饮水。加强途中观察，如出现呼吸急促、体温升高等异常情况，应及时采取有效的措施，可注射抗生素和镇痛退热针剂，必要时可采用耳尖放血疗法。运输要平稳、快速，尽早到达目的地。

（5）加强引入后的管理　种羊到场后必须在隔离舍，立即对车辆、羊只及车周围地面进行消毒，然后将种羊卸下，按大小、公母进行分群饲养，有损伤及其他非正常情况的种羊应立即隔开单栏饲养，并及时治疗处理。先给羊只提供饮水（淡盐水），休息 6 ～ 12 小时后方可供给少量饲草，第二天开始放牧，由近到远，逐渐加大放牧强度。每天要做好补料的工作，补料按每只羊一天青草 1.5 ～ 2.5 千克、玉米粉 100 ～ 150 克、细米糠 50 克、食盐 5 克。给予充足的饮水。种羊到场后的前二周，由于疲劳加上环境的变化，机体对疫病的抵抗力会降低，饲养管理上应注意尽量减少应激，可在补饲料中添加抗生素（可用泰妙菌素 50 毫克 / 千克、金霉素 150 毫克 / 千克）和多种维生素，使种羊尽快恢复正常状态。种羊到场一周开始，应按本场的免疫程序接种传染性胸膜肺炎等各类疫苗，后备种羊在此期间可做一些引起繁殖障碍疾病的防疫注射，如细小病毒病、乙型脑炎疫苗等；隔离饲养 20 ～ 30 天，严格检疫。特别是对布氏杆菌、伪狂犬病（PR）等疫病要特别重视，须采血给有关兽医检疫部门检测，确认为没有细菌感染阳性和病毒感染，并监测传染性胸膜肺炎、口蹄疫等抗体情况。种羊在隔离期内，接种完各种疫苗后，进行一次全面驱虫、可使用多拉霉素（如辉瑞"通灭"）或长效伊维菌素（如腾骏"肯维达"）等广谱驱虫剂按皮下注射进行驱虫，使其能充分发挥生长潜能。隔离期结束后，对该批种羊进行体表消毒，再转入生产区投入正常生产。

二、饲料选择和配合的常见问题及处理

（一）饲料原料选择误区问题处理

饲料原料质量和搭配直接关系到配制的全价饲料质量，同样一种饲料原料的质量可能有很大差异，配制出的全价饲料饲养效果就很不同。有的养殖户在选择饲料原料时存在注重饲料原料的数量而忽视质量的误区，甚至有的为图便宜或害怕浪费，将发霉变质、污染严重或掺杂使假的饲料原料配制成全价饲料，结果是严重影响全价饲料的质量和饲养效果，甚至危害羊的健康。处理措施如下。

（1）充分认识饲料质量对羊的影响，注意饲料原料的选择在配制全价饲料选择饲料原料时，必须注意不仅要考虑各种饲料原料的数量，更应注重质量，要选择优质的、不掺杂使假、没有发霉变质的饲料原料。掺杂使假后配制的日粮达不到营养标准要求，营养水平低，影响生产性能，如果掺有有害的物质还可能影响羊的健康和产品安全。霉变饲料适口性差，饲用价值低，而且霉味越大，颜色变化越明显，营养损失就越多。饲喂霉变饲料的羊首先出现采食量下降，随之而来的便是饲料转化不良和生产性能降低。严重霉变的饲料可引起羊急性、慢性或蓄积性中毒，也可引起肺炎、肝癌甚至死亡。所以要严禁饲喂劣质和霉变饲料。以各种饲料原料的质量指标及等级作为选择的参考。常见的饲料原料质量指标和等级如下。

① 玉米　要求籽粒整齐、均匀，色泽呈黄色或白色，无发酵霉变、结块及异味异臭。一般地区玉米水分不得超过14.0%，东北、内蒙古、新疆等地区不得超过18.0%。不得掺入玉米以外的物质（杂质总量不超过1%）。质量控制指标及分级标准见表8-1。

表8-1　玉米的质量控制指标及分级标准

质量指标	一级（优等）	二级（中等）	三级
粗蛋白质/%≥	9.0	8.0	7.0
粗纤维/%<	1.5	2.0	2.5
粗灰分/%<	2.3	2.6	3.0

注：玉米各项质量指标含量均以86%干物质为基础。低于三级者为等外品。

② 小麦　我国国家饲用小麦质量指标分为三级，见表8-2。

表8-2　饲料用小麦质量标准　　　　　单位：％

质量指标	一级	二级	三级
粗蛋白质	≥ 14	≥ 12	≥ 10
粗纤维	< 2	< 3	< 3.5
粗灰分	< 2	< 2	< 3

注：小麦各项质量指标含量均以86％干物质为基础。低于三级者为等外品。

③ 小麦麸　小麦麸呈细碎屑状，色泽新鲜一致，无发酵、霉变、结块及异味异臭。水分含量不得超过13.0％。不得掺入小麦麸以外的物质。质量指标及分级标准见表8-3。

表8-3　小麦麸的质量指标及分级标准　　　单位：％

质量指标	一级（优等）	二级（中等）	三级
粗蛋白质	≥ 15.0	≥ 13.0	≥ 11.0
粗纤维	< 9.0	< 10.0	< 11.0
粗灰分	< 6.0	< 6.0	< 6.0

注：小麦麸各项质量指标含量均以86％干物质为基础。低于三级者为等外品。

④ 鱼粉　特等品色泽黄棕色、黄褐色等，组织膨松，纤维状组织明显无结块，无霉变，气味有鱼香味，无焦灼味和油脂酸败味；一级品色泽黄棕色、黄褐色等，较膨松，纤维状组织较明显，无结块、无霉变，气味有鱼香味，无焦灼味和油脂酸败味；二级和三级品松软粉状物，无结块、霉变，具有鱼腥正常气味，无异臭、无焦灼味。鱼粉中不允许添加非鱼粉原料的含氮物质，诸如植物油饼粕、皮革粉、羽毛粉、尿素、血粉等。亦不允许添加加工鱼粉后的废渣。鱼粉的卫生指标饲料卫生标准规定，鱼粉中不得有虫寄生。鱼粉中金属铬（以6价铬计）允许量小于10毫克/千克。分级标准见表8-4。

表8-4　质量指标及分级标准　　　　　单位：％

质量指标	特级品	一级品	二级品	三级品
粗蛋白质	≥ 60	≥ 55	≥ 50	≥ 45
粗脂肪	≤ 10	≤ 10	≤ 12	≤ 12
水分	≤ 10	≤ 10	≤ 10	≤ 12

续表

质量指标	特级品	一级品	二级品	三级品
灰分	≤ 15	≤ 20	≤ 25	≤ 25
沙分	≤ 2	≤ 3	≤ 3	≤ 4
盐分	≤ 2	≤ 3	≤ 3	≤ 4
粉碎粒度	至少98%能通过筛孔为2.80毫米的标准筛			

⑤ 大豆粕　呈黄褐色或淡黄色不规则的碎片状（饼呈黄褐色饼状或小片状），色泽一致，无发酵、霉变、结块及异味异臭。水分含量不得超过13.0%。不得掺入大豆粕（饼）以外的物质，若加入抗氧化剂、防霉剂等添加剂时，应做相应的说明。质量指标及分级标准见表8-5。

表8-5　质量指标及分级标准　　　　单位：%

质量指标	一级（优等）	二级（中等）	三级
粗蛋白质	≥ 44.0（41.0）	≥ 42.0（39.0）	≥ 40.0（37.0）
粗纤维	< 5.0（5.0）	< 6.0（6.0）	< 7.0（7.0）
粗灰分	< 6.0（6.0）	< 7.0（7.0）	< 8.0（8.0）
粗脂肪	（< 8.0）	（< 8.0）	（< 8.0）

注：大豆粕（饼）各项质量指标含量均以87%干物质为基础。低于三级者为等外品。表中括号内的数据为大豆饼的指标。

⑥ 菜籽粕　呈黄色或浅褐色，碎片或粗粉状，具有菜籽粕油香味，无发酵、霉变、结块及异味异臭（饼呈褐色，小瓦片状、片状或饼状）。水分含量不得超过12.0%。不得掺入菜籽粕以外的物质。质量指标及分级标准见表8-6。

表8-6　菜籽粕（饼）质量指标及分级标准　　　单位：%

质量指标	一级（优等）	二级（中等）	三级
粗蛋白质	≥ 40.0（37.0）	≥ 37.0（34.0）	≥ 33.0（30.0）
粗纤维	< 14.0（14.0）	< 14.0（14.0）	< 14.0（14.0）
粗灰分	< 8.0（12.0）	< 8.0（12.0）	< 8.0（12.0）
粗脂肪	（< 10.0）	（< 10.0）	（< 10.0）

注：菜籽粕（饼）各项质量指标含量均以87%干物质为基础。低于三级者为等外品。括号中的数据为菜籽饼的指标。

⑦ 花生粕 以脱壳花生果为原料经预压浸提或压榨浸提法取油后得到花生粕（饼）。花生粕呈色泽新鲜一致的黄褐色或浅褐色碎屑状（饼呈小瓦片状或圆扁块状），色泽一致，无发酵、霉变、结块及异味异臭。水分含量不得超过 12.0%。不得掺入花生粕（饼）以外的物质。质量指标及分级标准见表 8-7。

表 8-7　花生粕（饼）质量指标及分级标准　　单位：%

质量指标	一级（优等）	二级（中等）	三级
粗蛋白质	≥ 51.0（48.0）	≥ 42.0（40.0）	≥ 37.0（36.0）
粗纤维	< 7.0（7.0）	< 9.0（9.0）	< 11.0（11.0）
粗灰分	< 6.0（6.0）	< 7.0（7.0）	< 8.0（8.0）

注：花生粕（饼）和棉籽粕各项质量指标含量均以 88% 干物质为基础。低于三级者为等外品。表中括号内指标是饼的质量指标。

⑧ 棉籽粕（饼） 棉籽粕呈色泽新鲜一致的黄褐色（饼呈小瓦片状或圆扁块状），色泽一致，无发酵、霉变、结块及异味异臭。水分含量不得超过 12.0%。不得掺入棉籽粕（饼）以外的物质，若加入抗氧化剂、防霉剂等添加剂时，应做相应的说明。质量指标及分级标准见表 8-8。

表 8-8　棉籽粕（饼）质量指标及分级标准　　单位：%

质量指标	一级（优等）	二级（中等）	三级
粗蛋白质	≥ 51.0（40.0）	≥ 42.0（36.0）	≥ 37.0（32.0）
粗纤维	< 7.0（10.0）	< 9.0（12.0）	< 11.0（14.0）
粗灰分	< 6.0（6.0）	< 7.0（7.0）	< 8.0（8.0）

注：花生粕（饼）和棉籽粕各项质量指标含量均以 88% 干物质为基础。低于三级者为等外品。表中括号内数据是饼的质量指标。

⑨ 食盐 含钠 39%；含氯 60%。不得含有杂质或其他污染物，纯度应在 95% 以上，含水量不超 0.5%，应全部通过 30 目筛孔。

⑩ 石粉 饲用石粉要求含钙量不得低于 33%，镁含量不高于 0.5%，铅含量 0.001% 以下，砷含量 0.001% 以下，汞含量 0.0002% 以下。石粉的粒度为 26 ~ 28 目。

⑪ 磷酸氢钙 饲料级的磷酸氢钙国家质量标准见表 8-9。

表 8-9 饲料级磷酸氢钙国家质量标准 单位：%

指标名称	指标	指标名称	指标
磷含量	≥ 16	重金属（以铅计）	≤ 0.002
钙含量	≥ 21	氟	≤ 0.18
砷含量	≤ 0.003		

⑫ 主要饲草 感官要求呈粉状或颗粒状（苜蓿草粉还有饼状），暗绿色，无发酵、霉变、结块及异味、异臭。水分含量 ≤ 13.0%。质量指标及分级标准见表 8-10。

表 8-10 质量指标及分级标准 单位：%

质量指标	苜蓿草粉			白三叶草粉			蚕豆茎叶粉		
	一级	二级	三级	一级	二级	三级	一级	二级	三级
粗蛋白	≥ 18	≥ 16	≥ 14	≥ 22	≥ 17	≥ 14	≥ 15	≥ 13	≥ 14
粗纤维	< 25	< 27.5	< 30	< 17	< 20	< 23	< 13	< 18	< 23
粗灰分	< 12.5	< 12.5	< 12.5	< 11	< 11	< 11	< 13	< 13	< 11

（2）注意饲料的贮存 饲料贮存应以原粮形式为主，尽量缩短粉料贮存时间。粉料在北方地区冬季干燥的环境里可保存 10 ～ 20 天，在南方及北方的夏、秋季节以不超过 1 周为宜。贮存饲料的仓库应建于高燥处，并在彻底干燥后再用于贮存饲料，储存时要保持密封，防止真菌大量繁殖。

（二）不注意饲料原料的合理搭配

规模化舍内养羊与传统的放牧饲养有很大不同，要求提供的饲料营养必须全面和充足，否则容易发生营养缺乏症和影响生长、生产。要保证营养全面充足，必须合理地配制日粮，利用饲料的互补性，选择多种饲料原料合理搭配。但生产中有的养殖户饲料搭配不合理，饲料单一。如有的将麸皮作为羊的唯一精饲料原料，不搭配其他精饲料，这是很不科学的。虽然麸皮是一种重要的饲料原料（也是一种保健饲料，如麸皮中的低聚糖具有表面活性，可吸附肠道中有毒物质及病体，提高机体抗病能力。麸皮中粗纤维和磷的有机化合物含量高，具有轻泻性，所以母羊产羔后，在饮水中加入麸皮和少量食盐，有助于恶露排除，通便利肠），但单一过量饲喂可引起腹泻。同时，麸皮能量含量较低，钙、磷比例严重失调，而且质地蓬松，吸水性强，长期大量干喂，饮水不足，易导致羊便秘。

处理措施：配制日粮时，要多种饲料原料合理搭配（如麸皮与玉米、饼粕等），提高饲料的全价性，降低饲料成本。精料的配制，要做到饲料品种多样化，同时要充分利用价格低廉、容易取得的原料。粗饲料是各种家畜不可缺少的饲料，对促进肠胃蠕动和增强消化力有重要作用，它还是草食家畜冬春季节的主要饲料。应充分利用天然牧草、秸秆、树叶、农副产品及各种下脚料，扩大饲料来源。

（三）选用饲料添加剂的问题处理

饲料添加剂可以完善日粮的全价性，提高饲料利用率，促进羊生长发育，防治某些疾病，减少饲料贮藏期间营养物质的损失或改进产品品质等。添加剂有营养性添加剂和非营养性添加剂。在使用饲料添加剂时，也存在一些问题：一是不了解饲料添加剂的性质特点盲目选择和使用；二是不按照使用规范使用；三是搅拌不匀；四是不注意配伍禁忌，影响使用效果。处理措施如下。

（1）正确选择　目前饲料添加剂的种类很多，每种添加剂都有自己的用途和特点。因此，使用前应充分了解它们的性能，然后结合饲养目的、饲养条件、羊的品种及健康状况等选择使用。选择国家允许使用的添加剂。

（2）用量适当　用量少达不到目的，用量过多会引起中毒，增加饲养成本。用量多少应严格遵照生产厂家在包装上所注的说明或实际情况确定。

（3）搅拌均匀　搅拌均匀程度与饲喂效果直接相关。具体做法是先确定用量，将所需添加剂加入少量的饲料中，拌和均匀，即为第一层次预混料；然后再把第一层次预混料掺到一定量（饲料总量的 1/5 ～ 1/3）饲料上，再充分搅拌均匀，即为第二层次预混料；最后把第二层次预混料掺到剩余的饲料上，拌匀即可。这种方法称为饲料三层次分级拌和法。由于添加剂的用量很少，只有多层分级搅拌才能混匀。如果搅拌不均匀，即使是按规定的量饲用，也往往起不到作用，甚至会出现中毒现象。

（4）混于干的精饲料中　饲料添加剂只能混于干的精饲料（粉料）中，短时间储存待用才能发挥它的作用。不能混于加水的饲料和发酵的饲料中，更不能与饲料一起加工或煮沸使用。

（5）注意配伍禁忌　多种维生素最好不要直接接触微量元素和氯化胆碱，以免降低药效。在同时饲用两种以上的添加剂时，应考虑有无拮抗、抑制作用，是否会产生化学反应等。

（6）储存时间不宜过长　大部分添加剂不宜久放，特别是营养添加剂、特效添加剂，久放后易受潮、发霉、变质或氧化还原而失去作用，如维生素添加剂、抗生素添加剂等。

（四）选用预混料的问题处理

预混料是由一种或多种营养物质补充料（如氨基酸、维生素、微量元素）和添加剂（如促生长剂、驱虫保剂、抗氧化剂、防腐剂、着色剂等）与某种载体或稀释剂，按配方要求比例均匀配制的混合料。预混料是一种半成品，可供饲料工厂生产全价配合饲料成浓缩料，也可供有条件的养鸡户配料使用。在配合饲料中添加量为 0.5%～1%。养殖户可根据预混料厂家提供的参考配方，利用自家的能量饲料、蛋白质补充料与预混料配合成全价饲料，饲料成本比使用全价成品料和浓缩料都低一些。预混料是羊饲料的核心，用量小，作用大，直接影响饲料的全价性和饲养效果。但在选择和使用预混料时存在一些问题：一是缺乏相关知识，盲目选择。目前市场上的预混料生产厂家多，品牌多，品种繁多，质量参差不齐，由于养羊者缺乏相关知识，盲目选择，结果选择的预混料质量差，影响饲养效果。二是过分贪图便宜购买质量不符合要求的产品。俗话说"一分价钱一分货"，这是有一定道理的。产品质量好的饲料，由于货真价实，往往价钱高，价钱低的产品也往往质量低。三是过分注重外在质量而忽视内在品质。产品质量是产品内在质量和外在质量的综合反映。产品的内在质量是指产品的营养指标，如产品的可靠性、经济性等。产品的外在质量是指产品的外形、颜色、气味等。有部分养殖户在选择饲料产品时，往往偏重于看饲料的外观、包装如何，其次是看色、香、味。由于饲料市场竞争激烈，部分商家想方设法在外包装和产品的色、香、味上下功夫，但产品内在质量却未能提高，养殖户不了解，往往上当。四是不能按照预混料的配方要求来配制饲料，随意改变配方。各类预混料都有各自经过测算的推荐配方，这些配方一般都是科学合理的，不能随意改变。例如，豆粕不能换成菜籽粕或者棉籽粕，玉米也不能换成小麦，更不能随意增减豆粕的用量，造成蛋白质含量过高或不足，影响生产，降低经济效益。五是混合均匀度差。目前，农村大部分养殖户在配制饲料时都是采用人工搅拌。人工搅拌均匀度达不到要求，严重影响了预混料的使用效果。六是使用方式和方法欠妥。如不按照生产厂家的要求添加，要么添加多，要么添加少，有的不看适用对象，随意使用，或其他饲料原料粒度过大等，影响使用效果。处理措施如下。

（1）正确选择　根据不同的使用对象，如不同类型的羊或不同阶段的羊正确选用不同的预混料品种。选择质量合格产品。根据国家对饲料产品质量监督管理的要求，凡质量合格的产品应符合如下条件：①要有产品标签，标签内容包括产品名称、饲用对象、批准文号、营养成分保证值、用法、用量、净重、生产日期、厂名、厂址；②要有产品说明书；③要有产品合格证；④要有注册商标。

（2）选择规模大、信誉度高的厂家生产的质量合格、价格适中的产品　不要一味考虑价格，更要注重品质。长期饲喂营养含量不足或质量低劣的预混料，畜禽会出现拉稀、腹泻现象，这样既阻碍畜禽的正常生长，又要花费医药费，反而增加了养殖成本，捡了"芝麻"丢了"西瓜"，得不偿失。

（3）正确使用　按照要求的比例准确添加，按照预混料生产厂家提供的配方配制饲料，不要有过大改变。用量小不能起到应有的作用，用量大饲料成本提高，甚至可能引起中毒。同时，推荐的日粮配方也不要随意改变。各类预混料都有各自经过测算的推荐配方，这些配方一般都是科学合理的，不能随意改变。

（4）搅拌均匀　添加剂用量微小，在没有高效搅拌机的情况下，应采取多次稀释的方法，使之与其他饲料充分混匀。如1千克添加剂加100千克配合饲料时，应将1千克添加剂先与1～2千克饲料充分拌匀后，再加2～4千克饲料拌匀，这样少量多次混合，直到全部拌匀为止。

（5）妥善保管。添加剂预混料应存放于低温、干燥和避光处，与耐酸、碱性物质放在一起。包装要密封，启封后要尽快用完，注意有效期，以免失效。贮放时间不宜过长，时间一长，预混料就会分解变质，色味全变。一般有效期为夏季最多3天，其他季节不得超过6天。

（五）羊饲料调制的问题处理

1. 精料调制过于简单

目前舍饲养羊户普遍存在补饲的精料只喂未经加工的玉米或者小麦，而不进行合理配制和加工调制问题，造成羊只营养摄取不平衡，饲料浪费，无形中增加了饲料成本。

处理措施：精饲料应按照不同品种、不同用途羊的营养需要配制，除要有一定量的玉米外，还要按比例配合豆粕、麸皮、鱼粉等蛋白饲料。此外还要添加适量的维生素和矿物质添加剂。精饲料要经过粉碎等加工调制，提高适口性和消化率。

2. 粗饲料种类过于单调

粗饲料是羊不可缺少的饲料。但有的养羊者不注意广开饲料来源，长期饲喂某一种粗饲料，饲料单一，不仅影响饲料利用率，而且影响羊的生产。

处理措施：粗饲料是各种家畜不可缺少的饲料，对促进肠胃蠕动和增强消化力有重要作用；它还是草食家畜冬春季节的主要饲料。粗饲料的合理搭配可以充分利用饲料的互补性，提高饲料的利用率和育肥效益。充分利用天然牧草、秸秆、树叶、农副产品及各种下脚料，扩大饲料来源。新鲜牧草、饲料作物以及用这些原料调制而成的干草和青贮饲料一般适口性好，营养价值高，可以直接饲喂家畜。低质粗饲料资源如秸秆、秕壳、荚壳等，由于适口性差、可消化性低、营养价值不高，直接单独喂羊，往往难以达到应有的饲喂效果。为了获得较好的饲喂效果，生产实践中常对这些低质粗饲料进行适当的加工调制和处理。可以将多种粗饲料合理配合组成粗饲料日粮，与精饲料合理搭配，效果更好。肉羊推荐日粮配方如下。

配方1：禾本科干草或秸秆 0.5 千克，青贮玉米 4 千克，精料 0.5 千克。此配方日粮中含干物质 40.60%，粗蛋白质 4.12%，钙 0.24%，磷 0.11%，代谢能 17.97 兆焦。

配方2：禾本科干草或秸秆 1 千克，青贮玉米 0.5 千克，精料 0.7 千克。此配方日粮中含干物质 84.55%，粗蛋白质 7.59%，钙 0.60%，磷 0.26%，代谢能 14.38 兆焦。

有饲料加工条件的地区饲养的肉羊可利用颗粒饲料。颗粒饲料中，秸秆和干草粉可占 55%～60%，精料 35%～40%。

3. 忽视对品质差的粗饲料的加工调制

粗饲料是饲养肉羊的基本饲料，在农区主要以农作物秸秆为主。秸秆饲料质地粗硬、适口性差、营养价值低、消化利用率不高，直接用这种饲料喂羊，势必会降低肉羊的生产性能。

处理措施：对粗饲料进行加工调制，提高适口性、采食速度、采食量和消化率，是提高羊饲养效益的有效途径。如秸秆青贮可有效地保存青绿饲料的营养成分，一般青饲料晒干后养分损失30%～50%，而经青贮保存后仅损失 10%左右，并且青贮饲料酸香可口、柔软多汁，可提高肉羊采食量和消化率。若在制作青贮饲料时加入适量尿素，还可提高青贮饲料的粗蛋白含量；秸秆氨化可显著提高秸秆等粗饲料中的蛋白质含量，并且质地柔软、气味糊香、适口性好，可使家畜采食量和有机物消化率均提高 20% 以上。

饲料加工调制方法很多，养羊场户应根据自己实际情况对品质较差饲料进行合理的加工调制。

（六）忽视人工种草及草产品加工利用

由于受传统放牧观念的影响，农民对种草和草产品加工利用技术的科学性认识不足，技术掌握不够，存在着重粮轻草的思想。大多数农户对现有的草地缺乏田间管理、适时收获和科学调制等，致使草地产量低、产品质量差，特别是对大量的农作物秸秆没有进行科学的利用。多数养羊户都是将收籽后的干秸秆饲喂羊，这样不仅造成资源浪费，而且饲草的营养价值很低，导致羊不仅缺草，更主要的是严重缺乏营养。

处理措施：转变旧的传统养殖观念，树立种草、种粮、养羊奔小康的思想，帮助养殖户正确认识舍饲养羊不仅对发展农村经济、增加农民收入起着重要作用，而且对恢复林草植被、建设生态农业有着不可估量的作用。同时要指导农民迅速掌握种草及草产品加工利用技术和舍饲养羊技术。抓好优质牧草的种植和科学的田间管理、田间收获及草产品调制技术。同时要充分利用农作物秸秆，大搞青贮、氨化、微贮饲草，保证每只羊年均贮备青贮草 500 千克，贮备各类青干草 1000 千克，为舍饲的羊准备好充足的饲草饲料。

三、羊场规划布局和建设的问题处理

（一）羊场场址选择、规划布局的问题处理

1. 忽视羊场址选择，认为只要在有个地方就能养羊

场地状况直接关系到羊场隔离、卫生、安全和与周边关系。生产中由于有的场户忽视场地选择，选择的场地不当，导致一系列问题的出现，严重影响生产。如有的场地距离居民点过近，甚至有的养殖户在村庄内或在生活区内养羊，结果产生的粪污和臭

气影响居民的生活质量，引起居民的反感，出现纠纷，不仅影响生产，甚至收到环境部门的叫停通知，造成较大损失。选择场地时不注意水源选择，选择的场地水源质量差或水量不足，投产后给生产带来不便或增加生产成本。选择的场地低洼积水，排水不良，常年潮湿污浊，通风不畅。靠近噪声大的企业、厂矿，羊群经常遭受应激，或靠近污染源，疫病不断发生。

处理措施：选择场址时，一要提高认识。必须充分认识到场址对安全高效养羊的重大影响。二要科学选择场址。地势要高燥，背风向阳，朝南或朝东南，最好有一定的坡度，以利光照、通风和排水。羊场用水要考虑水量和水质，水源最好是地下水，水质清洁，符合饮水卫生要求。与居民点、村庄保持 500～100 米距离，远离兽医站、医院、屠宰场、养殖场等污染源和交通干道、工矿企业等。

2. 不重视规划布局，场内各类区域或建筑物混杂在一起

规划布局合理与否直接影响场区的隔离和疫病控制。有的养殖场（户）不重视或不知道规划布局，不分生产区、管理区、隔离区，或生产区、管理区、隔离区没有隔离设施，人员相互乱串，设备不经处理随意共用。羊舍之间间距过小，影响通风、采光和卫生。储粪场靠近羊舍，甚至设在生产区内，没有隔离卫生设施等。有的养殖小区缺乏科学规划，区内不同建筑物排布不合理，养殖户各自为政等，使养殖场或小区不能进行有效隔离，病原相互传播，疫病频繁发生。

处理措施：一是要掌握有关知识，树立科学观念；二是要进行科学规划布局。规划布局时注意，一是种羊场、羔羊场、饲料厂等要严格地分区设立；二是要实行"全进全出制"的饲养方式；三是生产区的布置必须严格按照卫生防疫要求进行；四是生产区应在隔离区的上风处或地势较高地段；五是生产区内净道与污道不应交叉或共用；六是生产区内羊舍间的距离应是羊舍高度的 3 倍以上；七是生产区应远离畜禽屠宰加工厂、化工厂等易造成环境污染的企业。

3. 认为绿化是增加投入，没有多大用处

羊场的绿化需要增加场地面积和资金投入，由于对绿化的重要性缺乏认识，许多羊场认为绿化只是美化一下环境，没有什么实际意义，还需要增加投入、占用场地等，设计时缺乏绿化设计的内容，或即使有设计为减少投入也不进行绿化，或场地小没有绿化的空间等，导致羊场光秃秃，夏季太阳辐射强度大，冬季风沙大，场区小气候环境差。

处理措施：一是高度认识绿化的作用。绿化不仅能够改变自然面貌，改善和美化环境，还可以减少污染，保护环境，为饲养管理人员创造一个良好的工作环境，为畜禽创造一个适宜的生产环境。良好的绿化可以明显改善羊场的温热、湿度和气流等状况。夏季能够降低环境温度。因为：①植物的叶面面积较大，如草地上草叶积是草地面积的 25 ～ 35 倍，树林的树叶面积是树林的种植面积的 75 倍，这些比绿化面积大几十倍的叶面面积通过蒸腾作用和光合作用可吸收大量的太阳辐射热，从而显著降低空气温度。②植物的根部能保持大量的水分，也可从地面吸收大量热能。③绿化可以遮阳，减少太阳的辐射热。茂盛的树木能挡住 50％ ～ 90％ 太阳辐射热。在鸡舍的西侧和南侧搭架种植爬蔓植物，在南墙窗口和屋顶上形成绿荫棚，可以挡住阳光进入舍内。一般绿地夏季气温比非绿地低 3 ～ 5℃，草地的地温比空旷裸露地表温度低得多。冬季可以降低严寒时的温度日较差，昼夜气温变化小。另外，绿化林带对风速有明显的减弱作用，因气流在穿过树木时被阻截、摩擦和过筛等，将气流分成许多小涡流，这些小涡流方向不一，彼此摩擦可消耗气流的能量，故可降低风速，冬季能降低风速 20％，其他季节可达 50％ ～ 80％，场区北侧的绿化可以降低寒风的风力，减少寒风的侵袭，这些都有利于羊场温热环境的稳定。良好的绿化可以净化空气。绿色植物等进行光合作用，吸收大量的二氧化碳，同时又放出氧气，如每公顷阔叶林，在生长季节，每天可以吸收约 1000 千克的二氧化碳，生产约 730

千克的氧；许多植物如玉米、大豆、棉花或向日葵等能从大气中吸收氨而促其生长，这些被吸收的氨，占生长中的植物所需总氮量的 10%～20%，可以有效地降低大气中的氨浓度，减少对植物的施肥量；有些植物尚能吸收空气二氧化硫、氟化氢等，这些都可使空气中的有害气体大量减少，使场区和畜舍的空气新鲜洁净。另外，植物叶子表面粗糙不平，多绒毛，有些植物的叶子还能分泌油脂或黏液，能滞留或吸附空气中的大量微粒。当含微粒量很大的气流通过林带时，由于风速的降低，可使较大的微粒下降，其余的粉尘和飘尘可为树木的枝叶滞留或黏液物质和树脂吸附，使大气中的微粒量减少，使细菌因失去附着物也相应减少。在夏季，空气穿过林带，微粒量下降 35.2%～66.5%，微生物减少 21.7%～79.3%。树木总叶面积大，吸滞烟尘的能力很大，好像是空气的天然滤尘器；草地除可吸附空气中的微粒外，还能固定地面的尘土，不使其飞扬。同时，某些植物的花和叶能分泌一种芳香物质，可杀死细菌和真菌等。含有大肠杆菌的污水经过 30～40 米的林带，细菌数量可减少为原有的 1/18。场区周围的绿化还可以起到隔离卫生作用。二是留有充足的绿化空间。在保证生产用地的情况下要适当留下绿化隔离用地。三是科学绿化。主要有以下四点：①场界林带设置。在场界周边种植乔木和灌木混合林带，乔木如杨树、柳树、松树等，灌木如刺槐、榆叶梅等。特别是场界的西侧和北侧，种植混合林带宽度应在 10 米以上，以起到防风阻沙的作用。树种选择应适应北方寒冷特点。②场区隔离林带设置。主要用以分隔场区和防火。常用杨树、槐树、柳树等，两侧种以灌木，总宽度为 3～5 米。③场内外道路两旁的绿化。常用树冠整齐的乔木和亚乔木以及某些树冠呈锥形、枝条开阔、整齐的树种。需根据道路宽度选择树种的高矮。在建筑物的采光地段，不应种植枝叶过密、过于高大的树种，以免影响自然采光。④遮阴林的设置。在鸡舍的南侧和西侧，应设 1～2 行遮阴林。多选枝叶开阔、生长势强、冬季落叶后枝条稀疏的树种，如杨树、槐树、枫树等。

（二）羊舍建设的问题处理

1. 羊舍过于简陋，不能有效地保温和隔热，舍内环境不易控制

目前养羊多采用舍内高密度笼内饲养，舍内环境成为制约羊生长发育、生产和健康的最重要条件，舍内环境优劣与羊舍建筑设计有密切关系。由于观念、资金等条件的制约，人们没有充分认识到羊舍的作用，忽视羊舍建设，不舍得在羊舍建设中多投入，导致羊舍过于简陋（如有些羊场羊舍的屋顶只有一层石棉瓦），保温隔热性能差，舍内温度不易维持，羊遭受的应激多。冬天舍内热量容易散失，舍内温度低，羊采食量多，饲料报酬差，要维持较高的温度，采暖的成本极大增加；夏天外界太阳辐射热容易通过屋顶进入舍内，舍内温度高，羊采食量少，生长慢，要降低温度，需要较多的能源消耗，也增加了生产成本。

处理措施：一是科学设计羊舍。根据不同地区的气候特点选择不同材料和不同结构，设计符合保温隔热要求的羊舍。二是严格施工。设计良好的羊舍如果施工不好也会严重影响其设计目标。严格选用设计所选的材料，按照设计的构造进行建设，不偷工减料；羊舍的各部分或各结构之间不留缝隙，屋顶要严密，墙体的灰缝要饱满。

2. 忽视通风换气系统的设置，舍内通风换气不良

舍内空气质量直接影响羊的健康和生长。生产中许多羊舍不注重通风换气系统的设计，如没有专门通风系统，只是依靠门窗通风换气，为保温舍内换气不足，空气污浊，或通风过度造成温度下降，或出现"贼风"，冷风直吹羊引起伤风感冒等。夏季通风不足，舍内气流速度低，羊容易遭受热应激等。

处理措施：一是科学设计通风换气系统。冬季由于内外温差大，可以利用自然通风换气系统。设计自然通风换气系统时需注意进风口设置在窗户上面，排气口设置在屋顶，这样冷空气进入舍内下沉温暖后再通过屋顶的排气口排出，可以保证换气充分，

避免冷风直吹羊体。排风口面积要能够满足冬季通风量的需要。夏季由于内外温差小，完全依赖自然通风效果较差，最好设置湿帘通风换气系统，安装湿帘和风机进行强制通风。二是加强通风换气系统的管理。保证换气系统正常运行，保证设备、设施清洁卫生。最好能够在进风口安装过滤清洁设备，以使进入舍内的空气更加洁净。安装风机时，每个风机上都要安装控制装置，根据不同的季节或不同的环境温度开启不同数量的风机。如夏季可以开启所有的风机，其他季节可以开启部分风机，温度适宜时可以不开风机（能够进行自然通风的羊舍）。负压通风要保证羊舍具有较好的密闭性。

3.忽视羊舍的防潮设计和管理，舍内湿度过高

湿度常与温度、气流等综合作用对羊产生影响。低温高湿加剧羊的冷应激，高温高湿加剧羊的热应激。生产中人们较多关注温度，而忽视舍内的湿度对羊的影响。不注重羊舍的防潮设计和防潮管理，舍内排水系统不畅通，特别是冬季羊舍封闭严密，导致舍内湿度过高，影响羊的健康和生长。

处理措施：一是提高认识。充分认识湿度，特别是高湿度对羊的影响。二是加强羊舍的防潮设计。如选择高燥的地方建设羊舍，基础设置防潮层以及其他部位的防潮处理等，舍内排水系统畅通等。三是加强防潮管理。四是保持适量通风。

4.忽视羊舍内表面的处理，内表面粗糙不光滑

羊的饲养密度高，疫病容易发生，羊舍的卫生管理就显得尤为重要。羊的饲养中，要不断对羊舍进行清洁消毒，羊出售或转群后的间歇，更要对羊舍进行清扫、冲洗和消毒，所以，建设羊舍时，舍内表面结构要简单，平整光滑，具有一定耐水性，这样容易冲洗和清洁消毒。生产中，有的羊场的羊舍，为了降低建设投入，不进行必要处理，如内墙面不抹面，裸露的砖墙粗糙、凹凹不平，屋顶内层使用苇笆或秸秆，地面不进行硬化等，一方面

影响舍内的清洁消毒，另一方面也影响羊舍的防潮和保温隔热。

处理措施：一是屋顶处理。根据屋顶形式和材料结构进行处理。如混凝土、砖结构平顶、拱形屋顶或人字形屋顶，使用水泥砂浆将内表现抹光滑即可。如果屋顶是苇笆、秸秆、泡沫塑料等不耐水的材料，可以使用石膏板、彩条布等作为内衬，不仅光滑平整，而且有利于冲洗和清洁消毒。二是墙体处理。墙体的内表面要用防水材料（如混凝土）抹面。三是地面处理。地面要硬化。

5. 忽视地面选择和处理

地面是羊躺卧休息、排泄和生产的地方，是羊舍建筑中的重要组成部分，对羊的健康有直接的影响。但在羊舍建设当中，许多人忽视地面设计和处理，或不知道应该选择什么样的地面，地面处理很随便，结果影响舍内环境和羊的健康。

处理措施：羊舍地面要高出舍外地面20厘米以上。由于我国南方和北方气候差异很大，地面的设计和处理必须因地制宜。主要地面类型及处理如下。

（1）土质地面　属于暖地面（软地面）。土质地面柔软，富有弹性，也不光滑，易于保温，造价低廉。但不够坚固，容易出现小坑，不便于清扫消毒，易形成潮湿的环境。只能在干燥地区采用。用土质地面时，可混入石灰增强黄土的黏固性，粉状石灰和松散的粉土按3：7或4：6的体积比加适量水拌和而成灰土地面。也可用石灰：黏土：碎石、碎砖或矿渣＝1：2：4或1：3：6拌制成三合土。一般石灰用量为石灰土总重的6%～12%，石灰含量越大，强度和耐水性越高。

（2）砖砌地面　属于冷地面（硬地面）。保温性能好。成年母羊舍粪尿相混的污水较多，容易造成不良环境，又由于砖砌地面易吸收大量水分，破坏其本身的导热性，地面易变冷变硬。砖地吸水后，经冻易破碎，加上本身易磨损的特点，容易形成坑穴，不便于清扫消毒。所以用砖砌地面时，砖宜立砌，不宜平铺。

（3）水泥地面　属于硬地面。结实、不透水、便于清扫消毒。

但造价高，地面太硬，导热性强，保温性差，炎热地区采用。为防止地面湿滑，可将表面做成麻面。水泥地面的羊舍内最好设木床，供羊休息、宿卧。

（4）漏缝地板　漏缝地面能给羊提供干燥的卧地，种羊场可用漏缝地板。地面漏缝木条宽50毫米、厚25毫米、缝隙22毫米，可为产羔母羊提供相当适宜的环境条件。漏缝或镀锌钢丝网眼应小于羊蹄面积，以便于清除羊粪而羊蹄不至于掉下为宜。漏缝地板羊舍需配以污水处理设备，造价较高。大型羊场可采用。为了防潮，可隔日抛撒木屑，同时应及时清理粪便，以免污染舍内空气。

6.忽视圈舍建设

有的羊场忽视圈舍建设，圈舍建造不合理，圈舍及运动场面积偏小，羊拥挤，空气污浊，易导致传染病的发生和传播、发生异食癖、妊娠母羊由于挤撞而导致的机械性流产等现象；圈舍地面潮湿、使用水泥地面而不铺设垫草，导致腐蹄病和胃肠道疾病发生；饲槽建成"V"形或倒梯形，饲槽底部则易形成死角，存积其中的饲料羊采食不尽，造成饲料的浪费，这些饲料在炎热夏季易腐败变质而造成病原菌通过饲料进行传播，以及饲槽长度不足，导致争食，致使体弱、个体小的羊采食不足，造成羊群发育不整齐，甚至有时出现羊只争食而致死、致残的现象。

处理措施：保持适宜的圈舍面积，选择温暖的地面或使用垫料，注意采光和通风设计；饲槽是羊采食饲料的器具，要求有一定的宽度、高度和长度，截面呈"U"形，并保证充足的采食空间（食槽长度）。

四、废弃物的问题处理

（一）不重视废弃物的贮放和处理，随处堆放和不进行无害化处理

羊场的废弃物主要有粪尿和死羊。废弃物内含有大量的病原

微生物，是最大的污染源，但生产中许多养殖场不重视废弃物的贮放和处理，如没有合理的规划和设置粪污存放区和处理区，随便堆放，也不进行无害化处理，结果是场区空气质量差，有害气体含量高，尘埃飞扬，污水横流，蝇蛆大量滋生，臭不可闻，土壤、水源严重污染，细菌、病毒、寄生虫卵和媒介虫类大量滋生传播，羊场和周边相互污染；病死羊随处乱扔，有的在羊舍内，有的在羊舍外，有的在道路旁，没有集中的堆放区。病死羊不进行无害化处理，有的卖给收购贩子，有的甚至羊场人员自己食用等，导致病死羊的病原到处散播。

处理措施：一是树立正确的观念，高度重视废弃物的处理。有的人认为废弃物处理需要投入，是增加自己的负担，病死羊直接出售还有部分收入等，这是极其错误的。粪便和病死羊是最大污染源，处理不善不仅会严重污染周边环境和危害公共安全，更关系到自己羊场的兴衰，同时病死畜不进行无害化处理而出售也是违法的。二是科学规划废弃物存放和处理区。三是设置处理设施并进行处理。

（二）认为污水不处理无关紧要，随处排放

有的羊场认为污水不处理无关紧要或污水处理投入大，建场时，不考虑污水的处理问题，有的场只是随便在排水沟的下游挖个大坑，谈不上几级过滤沉淀，有时遇到连续雨天，沟满坑溢，污水四处流淌，或直接排放到羊场周围的小渠、河流或湖泊内，严重污染水源和场区及周边环境，也影响本场羊的健康。

处理措施：一是羊场要建立各自独立的雨水和污水排水系统，雨水可以直接排放，污水要进入污水处理系统。二是采用干清粪工艺。干清粪工艺可以减少污水的排放量。三是加强污水的处理。要建立污水处理系统，污水处理设施要远离羊场的水源，进入污水池中的污水经处理达标后才能排放。按污水收集沉淀池→多级化粪池或沼气→处理后的污水或沼液 →外排或排入鱼塘的途径设计，以达到既利用变废为宝的资源——沼气、沼液（渣），又能

实现立体养殖增效的目的。

五、饲养管理方面的问题处理

（一）饲养方面问题处理

1. 认为羊是草食动物，把秸秆作为羊的唯一饲料

我国农区秸秆饲料丰富，因此，多数农户把秸秆当作羊唯一的饲料。其实，不同来源的农作物秸秆营养价值差异很大，虽然花生蔓等秸秆具有较高的饲用价值，但大多数秸秆营养价值很低，如小麦秸和稻草的粗蛋白质含量仅为3%～6%，玉米秸秆的粗蛋白含量为3.5%。秸秆还缺乏反刍动物所必需的维生素A、维生素D和维生素E等。此外，秸秆大部分成分不能被家畜直接利用，即使是可直接利用部分，其转化效率也很低。

处理措施：饲用秸秆应予以选择，并与其他饲料配合利用，而不能作为羊的唯一饲料。

2. 羊消化粗纤维能力强，可以少喂青绿饲料

青绿饲料营养丰富，适口性强，羊特别喜食。然而大多数舍饲户却忽视了这点，终年基本上只喂羊干黄玉米秸粉，仅在夏秋雨季喂给少量的青绿饲料，远远不能满足羊对青绿饲料的需要。在饲喂维生素类添加剂不足情况下，往往会引起羊维生素类缺乏症的发生。

处理措施：要做到一年四季都能有均衡的青绿饲料供给，舍养户应开辟青绿饲料专用地，人工种植紫花苜蓿、黑麦草、鲁梅克斯等牧草，除夏秋两季饲喂外，秋季收割后还可以晾制青干草或制成青贮料，或可种植玉米青贮，供羊长年饲用。

3. 日粮中精饲料比例越高，羊的生产性能越好

有的羊场为了追求羊的"表观效应"，大量饲喂精饲料，结果

违背羊的消化特点，不仅危害羊的健康，而且增加饲料成本。

处理措施：羊属草食家畜，肉羊的精料饲喂量不是越多越好，不超过日粮的60％为宜。对7周龄前的羔羊，在吸吮大量的母乳条件下，可补充一定量精饲料。这个年龄段羔羊的消化系统功能与单胃动物类似，但同时又有别于单胃动物，大量饲喂精饲料容易引起消化不良；断奶后的羔羊或成年羊单独或大量饲喂精料既不经济，又有损其健康，易引起消化不良、酸中毒等症状。

4. 忽视供给洁净的饮水

羊的饲养过程中，有的饲养者认为羊吃饱就好，忽视饮水供给或让羊饮用不洁净的水，影响羊的正常代谢，甚至引发寄生虫病、传染病或消化道疾病。

处理措施：水是组成体液的主要成分，对机体正常物质代谢有重要作用。只有充足饮水，才能有良好的食欲，草料才能很好地消化吸收，血液循环与体温调节才能正常进行。如羊长期饮水不足，就会引起唾液减少，瘤胃发酵困难，消化不良，体躯消瘦。因此，应按每只羊的日供水量为3～5升给羊，使其自由饮用；羊喜欢清洁饮水，尤其是山羊常常拒饮被污染的水，最好喂深井水或流动清洁的河水。一般情况下，人能够饮用的水对羊也是安全的。

（二）管理方面的问题处理

1. 混群不科学导致近交和影响生长、生产

受传统放牧养羊习惯影响，大羊小羊、公羊母羊、弱羊壮羊、病羊健羊同舍混养在舍饲户中普遍存在，有的甚至把山羊与绵羊混养在一起。这样饲养管理，很难满足不同年龄、品种、性别、体况羊只不同的生活习性和生理需要，最终造成小羊长不大、弱羊长不壮、病羊好不了、种羊滥交滥配等许多不良后果。公母混群饲养出现近交衰退现象，如繁殖力减退，死胎和畸形增多，生

活力下降，适应性变差，体质变弱，生长缓慢，生产力降低。维纳对苏格兰山地绵羊进行的近交试验表明，近交母羊的生活力由92％下降到74％，窝产羔数由1.73下降到1.26。在一个近交世代之后，羔羊的生活力由95％下降到74％，羔羊的断奶体重由原来的28千克下降到约13千克。可见损失之惨重。大羊与小羊、身体强与身体弱的羊混群饲养，个体小的或瘦弱的个体只能采食强大个体剩余的饲料，或者不能采食到应该采食的饲料量，使强者更强，大的更大，群体分化明显，生长发育和健康状况受到一定影响。

处理措施：舍饲养羊应按照工厂化生产模式，把不同年龄、品种、性别、体况的羊分舍饲养，设立专用的产房、羔羊舍、肉羊舍、母羊舍、公羊舍、病羊隔离舍，并配以相应饲养管理方法。公母羊在性成熟时必须分群饲养，配种期的公羊应远离母羊舍，并单独饲养，以减少发情母羊和公羊之间的相互干扰。大小、强弱分群饲养，按大小、强弱、病、孕标准分群，避免大欺小、强欺弱，病羊、孕羊抢不到草料而饿死等情况出现。

2. 饲养方式的问题

羊的饲养方式一般有放牧饲养和舍内饲养。有的饲养户认为放牧饲养投入少，管理简单，可以获得好的经济，所以坚持放牧饲养，这实际也是一个误区。羊是复胃草食性动物，反刍是其固有的生理习性。一方面，农区的农活繁重，而羊采食时吃吃停停，农民很难有时间用于放牧；另一方面，农区作物耕种连片，几乎没有多余的空间用于放牧。夏、秋季还好，可以把羊群放牧在田埂地头，一旦到了冬、春季节，因为缺乏青草，有的高效养羊户把羊群赶到麦田里去，为此引起不少邻里纠纷。另外，羊生性喜好干净，吃干净的草，饮清洁的水。在放牧过程中，羊为了寻找干净的青草和饮水往往精力分散，既增加了体力消耗，又不能够充分采食，再加上放牧基本上是在白天，羊夜间进食很少，易造成其摄食量不足。很多实验都证明，舍饲山羊的经济效益大大超过放牧山羊。

处理措施：农区尤其适合舍饲高效养羊，因为舍饲不但可以提高羊的育肥速度，提高出栏率，而且可以通过秋季青贮或在麦田、油菜田套种冬季牧草的方法保证饲草供应，保证较好的生产效益。

3. 忽视羊舍外运动

目前，一些养殖户片面地认为舍养不用放，把羊当作猪养，整日关在羊舍里，很少到舍外运动，结果引起羊只生理机能下降，主要表现在：一是母羊发情不明显、配孕率低、难产。公羊性欲减退、精液质量差、影响种羊繁殖性能。二是羊只体质差，抗病力弱，易患感冒、消化不良、中暑、传染性疾病。

处理措施：适量的舍外运动对舍饲羊生长发育、交配繁殖有极其重要的作用。每天保持羊有充足的运动，才能促进羊的新陈代谢，增强食欲，保持正常繁殖，防御疾病。因此，一般舍饲羊每天要保持 1.5 千米的运动量，山羊比绵羊还要多些。

4. 母羊难产时使用缩宫素

生产中，母羊难产时有的使用缩宫素，结果羊羔产不出，甚至引起母羊死亡。

处理措施：母羊难产时不要使用缩宫素（因为缩宫素使用以后它是选择性性收缩子宫肌肉，一次性把所有羊膜挤破，把羊水一次挤出来。所以使用缩宫素有一个特点，即使用以后立即会加快产仔的过程，加快羊水的排出，最后造成有一部分胎儿和胎衣有可能留在子宫里面，子宫内环境更加恶化）。

如果母羊开始精神不好不吃，然后有努责反复卧地、反复挠地现象后，水门会有少量黏液排出，然后才是带血丝的黏液排出，再经过四五个小时，到有大量黏液或水状物排出时，那才真正到了产羔的时候。随着母羊再一次卧地，小羊的前蹄就会露出，只要前蹄露出母羊努责几次还产不出，就要人工助产了，即帮忙拉出，用力要稳，头出不来可以把水门口往上拨一下，只要头出来，再稍微用力小羊就出来了。

大量羊水排出后一个小时小羊还不露头的，只要脐带不断，小羊就没事的。当母羊已经排出大量羊水，多次努责而小羊还不露头的话，最后母羊干脆卧地喘气不再用力了，这时就要人工助产了，这是母羊体能太差或者胎位不正，不能正常产出了。可以用肥皂涂抹全手到肘部，伸手进去，根据情况拨正胎位找到头和前蹄，拉出小羊。拉出小羊后，用医用海绵做成一个小球，吸满土霉素针剂，用手心护住，伸进子宫，再挤出药液，一边子宫角一支10毫升土霉素就行。再给母羊肌注5天"头孢曲松钠"或者"头孢塞弗钠"配合兽药"板蓝根""穿心莲""银黄注射液"，任选一种。

5.同舍混养

受传统放牧养羊习惯影响，大羊小羊、公羊母羊、弱羊壮羊、病羊健羊同舍混养在舍饲户中普遍存在，有的甚至把山羊与绵羊混养在一起。这样饲养管理，很难满足不同年龄、品种、性别、体况羊只不同的生活习性和生理的需要，最终造成小羊长不大、弱羊长不壮、病羊好不了、种羊滥交滥配等许多不良后果。

处理措施：舍饲养羊应按照工厂化生产模式，把不同年龄、品种、性别、体况的羊分舍饲养，设立专用的产房、羔羊舍、肉羊舍、母羊舍、公羊舍、病羊隔离舍，并配以相应饲养管理方法。

6.饲养密度过大

羊属反刍动物，一天中要有较长时间用来采食饲草、进行反刍。所以，圈舍中要保持足够的槽位、活动空间和休息场地。在生产中，为降低基建成本，导致羊舍面积小，饲养羊数量多，饲养密度过大，羊只拥挤，相互争夺槽位，相互践踏，极易引起羊只营养不良、母羊流产、羔羊生长受阻、外伤等不良后果。

处理措施：每只舍饲绵羊需要 1.5 ～ 2.5 米² 的羊舍面积，每只山羊则需要 2.0 ～ 3.0 米² 的羊舍面积。

7. 羔羊断奶时间过早

许多养羊户将 1 月龄羔羊强行断奶，断奶后未能给予特别照顾，羔羊生长发育受到严重影响，死亡率高，养殖效益低。

处理正措施：羔羊大约到 7 周龄时能较好地消化粗饲料，此时可以断奶。但是此时断奶的羔羊仅靠采食粗饲料无法获得足够的营养，必须供给一定量的易消化全价配合饲料、足够的优质青干草和清洁饮水。另外，羔羊断奶应经过 7 ～ 10 天的逐渐适应期，切忌突然断奶，以防止羔羊出现严重的断奶应激现象。

8. 育肥方式不适宜

育肥方式影响育肥效果，有的羊场育肥方式不适宜，导致生产效益差。

处理措施：育肥方式虽然较多，但不同条件下要求选择不同的方式，只有符合当地实际条件的方式，才能取得较好效益，才是适宜的方式。例如，在草山草坡资源丰富而饲草品质优良的牧区，可利用青草期牧草茂盛、营养丰富和羊增膘速度快的特点进行放牧育肥，可将育肥所需饲料成本降为最低。是最经济的育肥方式。在缺乏放牧地而农作物秸秆和粮食饲料资源丰富的农区，则可开展舍饲育肥，这种育肥方式较放牧育肥尽管饲料和圈舍资金投入相对较高，但可按市场需要进行规模化、工厂化生产羊肉，使房舍、设备和劳动力得到充分利用，生产效率高，从而也可获得很好的经济效益。若放牧地区饲草条件较差，或为了提高放牧育肥羊的增重速度，则可采用放牧加舍饲的混合育肥方式。混合育肥较放牧育肥可缩短羊肉生产周期，增加肉羊出栏量和出肉量，较舍饲育肥可降低育肥成本，对于具有放牧条件和一定补饲条件的地区，混合育肥是生产羊肉的最佳育肥方式。

9. 忽视饲料添加剂应用

利用羊用饲料添加剂可以促进肉羊的增重，增加效益。但有的羊场忽视添加剂的使用，认为羊是草食动物，饲喂料草就可以，或者认为添加添加剂增加成本等。

处理措施：使用添加剂虽然增加成本，但提高增重获得的效益要远远大于添加剂的成本，所以要重视添加剂应用，科学合理使用饲料添加剂。常用的有复合饲料添加剂（微量元素、瘤胃代谢调节剂、生长促进剂及有害微生物抑制物组成。适用于当年羔羔、淘汰公羊与母羊的育肥）、高蛋白添加剂（用尿素、矿物质和维生素的混合物制成的反刍动物平衡饲料。因为用淀粉包裹着尿素，故延缓了尿素在瘤胃内的水解速度，提高了尿素利用率和安全性）、瘤胃素（又称莫能菌素钠、莫能菌素等。其作用是减少瘤胃中甲烷的产生，增加过瘤胃蛋白数量，从而提高肉羊的增重速度及饲料转化率）、氨嗪素（具有促进肌肉生长、减少脂肪沉积的作用。可采用注射和埋植两种方法使用，适用于羔羊育肥与生长期）、杆菌肽锌（是一种抑菌促生长剂。其作用是有利于养分在肠道内的消化吸收，改善饲料利用率，提高增重效果。使用剂量为每千克混合料中添加 10 ～ 20 毫克）和喹乙醇（又称快育灵、信育诺等。具有促进蛋白质同化作用，对致病性溶血性大肠杆菌有选择性抑制作用，且毒性低，副作用小）。

10. 不适时出栏

有的养殖者认为羊养得越大卖钱越多，获利越多。其实羊长到 20 千克后就生长缓慢、增重率降低，继续饲喂费料费工，经济效益会降低。

处理措施：肉羊一般喂到 4 个月左右，长至 20 千克时应及时出栏。

六、卫生消毒方面的问题处理

（一）忽视卫生管理导致疾病不断发生

羊的规模化养殖，饲养密度高，环境条件差，如果卫生管理不善，必然增加疾病的发生机会。生产中由于不注重卫生管理，如隔离条件不良、消毒措施不力，羊场和羊舍内污浊以及粪尿、污水横流等而导致疾病发生的实例屡见不鲜。

处理措施：改善环境卫生条件是减少羊场疾病最重要的手段。改善环境卫生条件需要采取综合措施。一是做好羊场的隔离工作。羊场要选在地势高燥处，远离居民点、村庄、化工厂、畜产品加工厂和其他畜牧场，最好周围有农田、果园、苗圃和鱼塘。羊场周围设置隔离墙或防疫沟，场门口有消毒设施，避免闲杂人员和其他动物进入；场地要分区规划，生产区、管理区和病禽隔离区严格隔离。场地周围建筑隔离墙。布局建筑物时切勿拥挤，要保持15～20米的卫生间距，以利于通风、采光和禽场空气质量良好。注重绿化和粪便处理和利用设计，避免环境污染。二是采用"全进全出"的饲养制度，保持一定间歇时间，对肉羊场进行彻底的清洁消毒。三是加强消毒。隔离可以避免或减少病原进入羊场和羊体，减少传染病的流行，消毒可以杀死病原微生物，减少环境和禽体中的病原微生物，减少疾病的发生。目前在我国的饲养条件下，消毒工作显得更加重要。注意做好进入羊场人员和设备用具的消毒、羊舍消毒、带羊消毒、环境消毒、饮水消毒等。四是加强卫生管理。保持舍内空气清洁，通风适量，过滤和消毒空气，及时清除舍内的粪尿和污染的垫草并无害化处理，保持适宜的湿度。五是建立健全各种防疫制度，如制定严格的隔离、消毒、引入羊时进行隔离检疫、病死羊无害化处理、免疫等制度。

（二）忽视休整期间的清洁

疾病，特别是疫病的不断发生，可能许多人都能说出许多原因来，但有一个原因是不容忽视的，就是羊淘汰后羊场或羊舍清理不够彻底，间隔期不够长。目前在羊场清理消毒过程中，很多羊场只重视舍内清理工作，往往忽视舍外的清理。

处理措施：整理工作要求做到冲洗全面干净、消毒彻底完全。羊出售后要从清理、冲洗和消毒三方面去下功夫整理羊场和羊舍才能达到所要求的目的。清理起到决定性的作用，做到以下几点才能保证羊生产和生长安全：一是淘汰第一批羊到第二批羊进入要间隔 2 周以上。二是 5 天内舍内完全冲洗干净，舍内干燥期不低于 7 天。任何病原体在干燥情况下都很难存活，最少也能明显减少病原体存活时间。三是舍内墙壁地面冲洗干净，空舍 7 天以后，再用 20％生石灰水刷地面与墙壁。管理重点是生石灰水刷得均匀一致。四是对刷过生石灰水的羊舍，所有消毒（包括甲醛熏蒸消毒在内）重点都放在屋顶上，这样效果会更加明显。五是舍外也要如新场一样，污区土地面清理干净露出新土后，地面最好铺撒生石灰，所有人员不进入活动以确保生石灰所形成的保护膜不被破坏。净区地面严格清理露出的新土，并一定要撒上生石灰，但不要破坏生石灰形成的保护膜。六是舍外水泥路面冲洗干净后，洒 20％生石灰水和 5％火碱水各 1 次。若是土地面，应铺 1 米宽砖路供饲养管理人员行走。

（三）消毒存在的问题

羊场消毒方面存在的误区有：消毒前不清理污物，消毒效果差；消毒不严格，留有死角；消毒液选择和使用不科学以及忽视日常消毒工作。

处理措施：一是消毒前彻底清洁。彻底的机械清除是有效消毒的前提。消毒表面不清洁会阻止消毒剂与细菌的接触，使杀菌效力降低。例如，羊舍内有粪便、羊毛、饲料、蜘蛛网、污泥、脓液、油脂等存在时，常会降低所有消毒剂的效力。在许多情况下，表面的清洁甚至比消毒更重要。进行各种表面的清洗时，除了刷、刮、擦、扫外，还应用高压水冲洗，效果会更好，有利于有机物溶解与脱落。消毒前应先将可拆除的用具运至舍外清扫、浸泡、冲洗、刷刮，并反复消毒，舍内从屋顶、墙壁、门窗，直至地面和粪池、水沟等按顺序认真清理和冲刷干净，然后再进行消毒。二是消毒要严格。消毒是非常细致的工作，要全方位地进行消毒，如果留有"死角"或空白，就起不到良好的消毒效果。对进入生产区的人员必须严格按程序和要求进行消毒，禁止工作人员不按要求消毒而随意进入生产区或"串舍"。制定科学合理的消毒程序并严格执行。三是消毒液选择和使用要科学。长期使用同一种消毒药，细菌、病毒对药物会产生耐药性，因此最好是几种不同类型的消毒剂交叉使用。在养殖场或羊舍入口的池中，堆放厚厚的干石灰，这起不到有效的消毒作用。使用石灰消毒最好的方法是加水配成 10%～20% 的石灰乳，用于涂刷畜禽舍墙壁 1～2 次，既可消毒灭菌，又有涂白美观的作用。消毒池中的消毒液要经常更换，保持相应的浓度。才能达到预期的消毒效果。如使用火碱，每 2 天要更换一次，并保持 5%～8% 的有效浓度。消毒液要现配现用，否则可能会发生化学变化，造成"失效"。用强酸、强碱等刺激性强的消毒药带畜消毒，会造成畜眼、呼吸道的刺激，严重时甚至会造成皮肤的腐蚀。空栏消毒后一定要冲洗，否则残留的消毒剂会造成畜禽蹄爪和皮肤的灼伤。四是注意日常消毒。虽然没有发生传染病，但外界环境可能已存在传染源，传染源会排出病原体。如果此时没有采取严密的消毒措施，病原体就会通过空气、饲料、饮水等传播途径，入侵易感畜禽，引起疫病发生，所以要加强日常消毒，杀灭或减少病原，避免疫病发生。

（四）病死羊方面的问题处理

病死羊带有大量的病原微生物，是最大的污染源，处理不当很容易引起疾病的传播。存在问题如下。

（1）病死羊随意乱放，造成污染　很多养羊场（户）发现死亡的羊只不能做到及时处理，随意放在羊舍内、舍门口、庭院内和过道等处，特别是到了冬季更是随意乱放，还经常放置很长时间，没有固定的病死羊焚烧掩埋场所，也没有形成固定的消毒和处理程序。这样一来，就人为造成了病原体的大量繁殖和扩散，随着饲养人员的进出和活动，大大增加了羊群重复感染发病的概率，给羊群保健造成很大麻烦，经常是病羊不断出现，形成了恶性循环。

（2）随意出售病死羊或食用，造成病原的广泛传播　许多养殖场（户）不能按照国家《中华人民共和国畜牧法》办事，为了个人一点利益，对病死羊不进行无害化处理，随意出售或者食用，结果导致病原的广泛传播，造成疫病的流行。

（3）不注意解剖诊断地点选择，造成污染　怀疑羊群有病，尽快查找原因本无可厚非，可是不管是养羊场（户）还是个别兽医，在做剖检时往往都不注意地点的选择，随意性很大，在距离养羊场很近的地方，更有甚者，在饲养员住所、饲料加工贮藏间和羊舍门口等处就进行剖检。剖检完毕将尸体和周围环境做简单清理就了事，根本不做彻底的消毒，这就更增加了疫病的传播和扩散的危险性。

处理措施如下。

（1）死羊要无害化处理，严禁出售或自己食用　发现死羊要放在指定地点。经过兽医人员诊断后进行无害化处理，处理方法有：焚烧法、高温处理法和土埋法。

（2）病死羊解剖诊断的隔离　病死羊解剖诊断等要在隔离区或远离养羊场、水源等地方，解剖诊断后尸体要无害化处理，诊断场所进行严格消毒。兽医人员在解剖诊断前后都要消毒。

七、免疫接种的问题处理

（一）养羊不进行免疫

羊对疫病的反应不像其他家畜那样敏感，在发病初期或遇小病时，往往不易表现出来，因此，大部分养殖户认为羊不易生病，用不着预防接种，殊不知传染病对养羊业的危害最大。由于部分养殖户不进行免疫注射，使一些地方传染病呈散发或地方性流行，羊死亡率高，经济效益低下。

处理措施：根据当地历年发生传染病的情况，选用相应的疫苗，在适宜季节进行接种。常用疫苗有羊三联四防苗、羊痘苗等。

（二）忽视疫苗贮存或在冷藏设备内长期存放影响使用效果

疫苗的质量关乎免疫效果，影响疫苗质量的因素主要有产品的质量、运输贮存等。但生产中存在忽视疫苗贮存或在冷藏设备内长期存放影响使用效果的情况，严重影响免疫羊效果。处理措施如下。

（1）根据不同疫苗特性科学保存疫苗　疫苗要冷链运输，要保存在冷藏设备内。我们知道，能用作饮水免疫的疫苗都是冻干的弱毒活疫苗。油佐剂灭活疫苗和氢氧化铝乳胶疫苗必须通过注射免疫。油佐剂灭活疫苗和氢氧化铝乳胶疫苗可以常温保存或 $2 \sim 4℃$ 冰箱内低温保存，不能冷冻。冻干弱毒疫苗应当按照厂家的要求贮藏在 $-20℃$。常温保存会使得活疫苗很快失效。停电是疫苗贮存的大敌。反复冻融会显著降低弱毒活疫苗的活性。疫苗稀释液也非常重要。有些疫苗生产厂家会随疫苗带来特制的专用稀释液，不可随意更换。疫苗稀释液可以在 $2 \sim 4℃$ 冰箱保存，也可以在常温下避光保存。但是，绝不可在 $0℃$ 以下冻结保存。不论在何种条件下保存的稀释液，临用前必须认真检查其清晰度和容器及其瓶塞的完好性。瓶塞松动脱落，瓶壁有裂纹，稀释液混浊、沉淀或内有絮状物飘浮者，禁止使用。

（2）避免长期保存　一次性大量购入疫苗也许能省时省钱。但是，由于疫苗中含有活的病毒，如果不能及时使用，它们就会失效。要根据羊场计划来决定疫苗的采购品种和数量。要切实做好疫苗的进货、贮存和使用记录。随时注意冰箱的实际温度和疫苗的有效期。特别要做到疫苗先进先出制度。超过有效期的疫苗应当放弃使用。

（三）过分依赖免疫接种，认为只要进行过免疫接种就可以"高枕无忧"

疫苗的免疫接种可以提高羊体的特异性抵抗力，是防止疫病发生的重要措施之一，但生产中，有的羊场过分依赖免疫接种，把免疫接种看作是防止疫病发生的唯一方法，而忽视其他疫病控制方法，甚至认为免疫接种过了，就可以"高枕无忧"。殊不知免疫接种也不是百分之百的保险，因为免疫接种也有一定的局限性，影响免疫接种的效果因素很多，任何一个方面出现问题，都会影响免疫效果。处理措施如下。

（1）正确认识免疫接种的作用　免疫接种可以提高羊体特异性抵抗力，但必须是确切的接种。生产中多种因素影响确切免疫接种，如许多疾病无疫苗或无高质量疫苗或疫苗研制开发跟不上病原变化，不能进行有效的免疫接种。疫苗接种产生的抗体只能有效地抑制外来病原入侵，并不能完全杀死畜禽体内的病原，有些免疫畜禽还会向外排毒。也可能产生免疫副作用，如活疫苗毒力反强、中等毒力疫苗造成免疫抑制或发病、疫苗干扰以及非 SPF（非特定病原）胚制备的疫苗通常含有病原，接种后更会增加羊群对多种细菌和病毒的易感性以及造成对疫苗反应抑制。疫苗因素（疫苗内在质量差、储运不当、选用不当）、羊群自身因素（遗传、应激、健康水平、潜在感染和免疫抑制等）、技术原因（免疫程序不合理、接种途径不当、操作失误）等都可造成免疫失败。所以，疫病控制必须采取隔离、卫生、消毒、免疫接种等综合措施，单一依靠疫苗接种是不行的。

（2）进行正确的免疫接种，尽量提高免疫效果　一是选择优质疫苗。疫苗质量是免疫成败的关键因素，疫苗质量好必须具备的条件是安全和有效。选择规范的、信誉高的厂家生产的疫苗，同时注意疫苗的运输和保管。二是适宜的免疫剂量。疫苗接种后在体内有个繁殖过程，接种到羊体内的疫苗必须含有足量的有活力的抗原，才能激发机体产生相应抗体，获得免疫。若免疫的剂量不足将导致免疫力低下或诱导免疫力耐受。而免疫的剂量过大也会产生强烈应激，使免疫应答减弱甚至出现免疫麻痹现象。三是避免干扰作用。同时免疫接种两种或多种弱毒苗往往会产生干扰现象。有干扰作用的疫苗需保证一定的免疫间隔。四是环境良好。羊体内免疫功能在一定程度上受到神经、体液和内分泌的调节。当环境过冷过热、湿度过大、通风不良时，都会引起羊体不同程度的应激反应，导致羊体对抗原免疫应答能力下降，接种疫苗后不能取得相应的免疫效果。所以要保持环境适宜，洁净卫生。五是减少应激。免疫接种是利用致弱的病毒或细菌（疫苗）去感染羊机体，这与天然感染得病一样，只是病毒的毒力较弱而不发病死亡，但机体经过一场恶斗来克服疫苗病毒的作用后才能产生抗体，所以在接种前后应尽量减少应激反应。

（四）免疫接种时消毒和使用抗菌药物的失误

接种疫苗时，传统做法是防疫前后各 3 天不准消毒，接种后不让用抗生素，造成该消毒时不消毒，有病不能治，小病养成了大病。有些养殖户使用病毒性疫苗对羊进行注射接种免疫时，习惯在稀释疫苗的同时加入抗菌药物，认为抗菌药对病毒没有伤害，还能起到抗菌、抗感染的作用。须知，由于抗菌药物的加入，使稀释液的酸碱度发生变化，引起疫苗病毒失活，效力下降，从而导致免疫失败。

处理措施：接种前后各 4 小时不能消毒，其他时间不误。疫苗接种后 4 小时可以投抗生素，但禁用抗病毒类药物和清热解毒类中草药；不应在稀释疫苗时加入抗菌药物。

（五）联合应用疫苗的误区

有的羊场（户）为了图省劲或减少免疫次数，盲目将多种疫苗同时使用或在相近的时间内使用，更有甚者将几种疫苗混合起来一起使用，造成疫苗间的相互干扰，影响免疫效果。因为多种疫苗进入羊体后，其中的一种或几种抗原所产生的免疫成分，可被另一种抗原性最强的成分产生的免疫反应所遮盖；疫苗病毒进入羊体内后，在复制过程中会产生相互干扰作用。

处理措施：不要盲目将几种疫苗同时使用或混合使用，严格按照疫苗说明书的要求进行免疫接种。

八、用药的问题处理

（一）盲目加大药量

在生产中，仍有为数不少的养殖户以为用药量越大效果越好，在使用抗菌药物时盲目加大剂量。虽然使用大剂量的药物，有些可能当时会起到一定的效果，但却留下了不可忽视的隐患。一是造成羊的直接中毒死亡或慢性药物蓄积中毒，损坏肝、肾功能。肝、肾功能受损，羊自身解毒能力下降，给下一步的治疗、预防疾病时用药带来困难。二是大剂量的用药可能杀灭肠道内的有益菌，破坏肠道内正常菌群的平衡，造成羊代谢紊乱、肠功能性水泻增多，生长受阻。三是细菌极易产生抗药性。临床上经常可见有些用了时间并不很长的药物，如环丙沙星、氟哌酸等已产生了一定的耐药性，按常规药量使用这些药物疗效很差，究其原因与大剂量使用该药造成细菌对该药耐受性增强、耐药株产生有关。四是加大了养殖业的用药成本，一般药物按常规剂量使用即能达到治疗和预防的目的，如盲目加大剂量，则人为地造成用药成本的增加。

处理措施：注意剂量、给药次数和疗程。为了达到预期的治疗效果，减少不良反应，用药剂量要准确，并按规定时间和次数给药。少数药物一次给药即可达到治疗目的，如驱虫药。但对多数药物来说，必须重复给药才能奏效。为维持药物在体内的有效浓度，获得疗效，而同时又不致出现毒性反应，就要注意给药次数和间隔时间。大多数药物1天给药2～3次，连续用药5～6天。

（二）用药疗程不科学

临床上经常可见这一现象，一种药物才用2天，自以为效果不理想，又立即改换成另一种药物，用了不到 2 天又更换了。这样做往往达不到应有的药物疗效，造成疾病难以控制。另一种情况是，使用某种药物 2 天，产生较好的效果，就不再继续投药，从而造成疾病复发，治疗失败。

处理措施：一般抗菌药物用药疗程为 3～6 天，在整个疗程中必须连续给予足够的剂量，以保证药物在体内的有效浓度。还要选用最佳给药方法。同一种药，同一剂量，产生的药效也不尽相同。因此，在用药时必须根据病情的轻重缓急、用药目的及药物本身的性质来确定最佳给药方法。如危重病例采用注射；治疗肠道感染或驱虫时，宜口服给药。

（三）药物配伍不当

药物配伍，能起到药物间的协同作用，但如果无配伍禁忌知识，盲目配伍，则会造成不同程度的危害，轻者造成用药无效，重者造成肉羊中毒死亡。如有的养殖户将青霉素和磺胺类药物、四环素类药物合用，氟哌酸和氯霉素合用，盐霉素和支原净合用等，造成严重错误的用药配伍。这是因为：①青霉素是细菌繁殖期杀菌剂，而磺胺类、四环素类药物为抑菌剂，能抑制细菌蛋白质的合成，使细菌处于静止状态，造成青霉素的杀菌作用大大下降；②氯霉素可以起拮抗氟哌酸作用，主要原因是氯霉素抑制了核酸外切酶的合成；③盐霉素和支原净合用能大大增加盐霉素的毒性，造成中毒发生。

处理措施：两种以上药物同时使用时，可以互不影响，但在许多情况两药合用总有一药或两药的作用受到影响，其结果可能有：一是协同作用（比预期的作用更强）；二是拮抗作（减弱一药或两药的作用）；三是毒性反应（产生意外的毒性）。药物的相互作用，可发生在药物吸收前、体内转运过程、生化转化过程及排泄过程中。在联合用药时，应尽量利用协同作用以提高疗效，避免出现拮抗作用或产生毒性反应。药物配伍禁忌见表 8-11。

表 8-11　药物配伍禁忌

类别	药物	禁忌配合的药物	变化
抗生素	青霉素	酸性药液如盐酸氯丙嗪、四环素类抗生素的注射液	沉淀、分解失效
		碱性药液如磺胺药、碳酸氢钠的注射液	沉淀、分解失效
		高浓度酒精、重金属盐	破坏失效
		氧化剂如高锰酸钾	破坏失效
		快效抑菌剂如四环素、氯霉素	疗效降低
	红霉素	碱性溶液如磺胺、碳酸氢钠注射剂	沉淀、析出游离碱
		氯化钠、氯化钙	混浊、沉淀
		林可霉素	出现拮抗作用
	链霉素	较强的酸、碱性液	破坏、失效
		氧化剂、还原剂	破坏、失效
		利尿酸	对肾毒性增大
		多黏菌素 E	骨骼肌松弛
	多黏菌素 E	骨骼肌松弛药	毒性增强
		先锋霉素 I	毒性增强
	四环素类抗生素如四环素、土霉素、金霉素、强力霉素	中性及碱性溶液如碳酸氢钠注射液	分解失效
		生物碱沉淀剂	沉淀、失效
		阳离子（一价、二价或三价离子）	形成不溶性、难吸收的络合物
	氯霉素	铁剂、叶酸、维生素 B_{12}	抑制红细胞生成
		青霉素类抗生素	疗效降低
	先锋霉素 II	强效利尿药	增大对肾脏毒性
化学合成抗菌药	磺胺类药物	酸性药物	析出沉淀
		普鲁卡因	疗效降低或无效
		氧化铵	增大对肾脏的毒性
	氟喹诺酮类药物如诺氟沙星、环丙沙星、洛美沙星、恩诺沙星等	氯霉素、呋喃类药物	疗效降低
		金属阳离子	形成不溶性、难吸收的络合物
		强酸性药液或强碱性药液	析出沉淀

续表

类别	药物	禁忌配合的药物	变化
消毒防腐药	漂白粉	酸类	分解放出氯
	酒精	氯化剂、矿物质等	氧化、沉淀
	硼酸	碱性物质	生成硼酸盐
		鞣酸	疗效减弱
	碘及其制剂	氨水、铵盐类	生成爆炸性碘化氮
		重金属盐	沉淀
		生物碱类药物	析出生物碱沉淀
		淀粉	呈蓝色
		龙胆紫	疗效减弱
		挥发油	分解失效
	阳离子表面活性消毒药	阴离子如肥皂类、合成洗涤剂	作用相互拮抗
		高锰酸钾、碘化物	沉淀
	高锰酸钾	氨及其制剂	沉淀
		甘油、酒精	失效
		鞣酸、甘油、药用炭	研磨时爆炸
	过氧化氢溶液	碘及其制剂、高锰酸钾、碱类、药用炭	分解、失效
	过氧乙酸	碱类如氢氧化钠、氨溶液	中和失效
	氨溶液	酸及酸性盐	中和失效
		碘溶液如碘酊	生成爆炸性的碘化氮
抗蛔虫药	左旋咪唑	碱类药物	分解、失效
	敌百虫	碱类、新斯的明、肌松药	毒性增强
	硫双二氯酚	乙醇、稀碱液、四氯化碳	增强毒性
抗球虫药	氨丙啉	维生素 B_1	疗效降低
	二甲硫胺	维生素 B_1	疗效降低
	莫能菌素或盐霉素或马杜霉素或拉沙洛菌素	泰牧霉素、竹桃霉素	抑制动物生长,甚至中毒死亡
中枢兴奋药	咖啡因(碱)	盐酸四环素、鞣酸、碘化物	析出沉淀
	尼可刹米	碱类	水解、沉淀
	山梗菜碱	碱类	沉淀

248

续表

类别	药物	禁忌配合的药物	变化
镇静药	氯丙嗪	碳酸氢钠、巴比妥类钠盐，氧化剂	析出沉淀，变红色
	溴化钠	酸类、氧化剂	游离出溴
		生物碱类	析出沉淀
	巴比妥钠	酸类	析出沉淀
		氯化铵	析出氨、游离出巴妥酸
镇痛药	吗啡	碱类	毒性增强
	盐酸哌替啶（度冷丁）	巴比妥类	析出沉淀
解热镇痛药	阿司匹林	碱类药物如碳酸氢钠、氨茶碱、碳酸钠等	分解、失效
	水杨酸钠	铁等金属离子制剂	氧化、变色
	安乃近	氯丙嗪	体温剧降
	氨基比林	氧化剂	氧化、失效
麻醉药与化学保定药	水合氯醛	碱性溶液、久置、高热	分解、失效
	戊巴比妥钠	酸类药液	沉淀
		高热、久置	分解
	苯巴比妥钠	酸类药液	沉淀
	普鲁卡因	磺胺药、氧化剂	疗效减弱或失效、氧化
	琥珀胆碱	水合氯醛、氯丙嗪、普鲁卡因、氨基苷类抗生素	肌松过度
	盐酸二甲苯胺噻唑	碱类药液	沉淀
植物神经药物	硝酸毛果云香碱	碱性药物、鞣质、碘及阳离子表面活性	沉淀或分解失效
	硫酸阿托品	碱性药物、鞣质、碘及碘化物、硼砂	分解或沉淀
	肾上腺素、去甲肾上腺素	碱类、氧化物、碘酊	易氧化变棕色、失效
		三氯化铁	失效
		洋地黄制剂	引起心律失常
强心药	毒毛旋花子苷 K	碱性药液，如碳酸氢钠、氨茶碱	分解、失效
	洋地黄毒苷	钙盐	增强洋地黄毒性
		钾盐	对抗洋地黄作用
		酸或碱性药物	分解、失效
		鞣酸、重金属盐	沉淀

续表

类别	药物	禁忌配合的药物	变化
止血药	安络血	脑垂体后叶素、青霉素G、盐酸氯丙嗪	变色、分解、失效
	止血敏	抗组胺药、抗胆碱药	止血作用减弱
		磺胺嘧啶钠、盐酸氯丙嗪	混浊、沉淀
	维生素K	还原剂、碱类药液	分解、失效
		巴比妥类药物	加速维生素K的代谢
抗凝血药	肝素钠	酸性药液	分解、失效
		碳酸氢钠、乳酸钠	加强肝素钠抗凝血
	柠檬酸钠	钙制剂如氯化钙、葡萄糖酸钙	作用减弱
抗贫血药	硫酸亚铁	四环素类药物	妨碍吸收
		氧化剂	氧化变质
祛痰药	氯化铵	碳酸氢钠、碳酸钠等碱性药物	分解
		磺胺药	增强磺胺对肾毒性
	碘化钾	酸类或酸性盐	变色游离出碘
平喘药	氨茶碱	酸性药液，如维生素C，四环素类药物	中和反应、析出茶碱
		盐酸盐、盐酸氯丙嗪等	沉淀
	麻黄素（碱）	肾上腺素、去甲肾上腺素	增强毒性
健胃与助消化药	胃蛋白酶	强酸、强碱、重金属盐、鞣酸溶液	沉淀
	乳酶生	酊剂、抗生素、鞣酸蛋白、铋制剂	疗效减弱
	干酵母	磺胺类药物	疗效减弱
	稀盐酸	有机酸盐，如水杨酸钠	沉淀
	人工盐	酸性药液	中和、疗效减弱
	胰酶	酸性药物，如稀盐酸	疗效减弱或失效
	碳酸氢钠	酸及酸性盐类	中和失效
		鞣酸及其含有物	分解
		生物碱类、镁盐、钙盐	沉淀
		次硝酸铋	疗效减弱
泻药	硫酸钠	钙盐、钡盐、铅盐	沉淀
	硫酸镁	中枢抑制药	增强中枢抑制
利尿药	呋喃苯胺酸（速尿）	氨基苷类抗生素如链霉素、卡那霉素、新霉素、庆大霉素	增强耳毒性
		头孢噻啶	增强肾毒性
		骨骼肌松弛剂	骨骼肌松弛加重
脱水药	甘露醇、山梨醇	生理盐水或高渗盐	疗效减弱

续表

类别	药物	禁忌配合的药物	变化
糖皮质激素	盐酸可的松、泼尼松龙、氢化可的松、强的松龙	苯巴比妥钠、苯妥英钠	代谢加快
		强效利尿药	排钾增多
		水杨酸钠	消除加快
		降血糖药	疗效降低
生殖系统药	促黄体素	抗胆碱药、抗肾上腺素药、抗惊厥药、麻醉药、安定药	疗效降低
	绒毛膜促性腺激素	遇热、氧	水解、失效
影响组织代谢药	维生素 B_1	生物碱、碱	沉淀
		氧化剂、还原剂	分解、失效
		氨苄青霉素、头孢菌素Ⅰ和Ⅱ、氯霉素、多黏菌素	破坏、失效
	维生素 B_2	碱性药液	破坏、失效
		氨苄青霉素、头孢菌素Ⅰ和Ⅱ、氯霉素、多黏菌素、四环素、金霉素、土霉素、红霉素、新霉素、链霉素、卡那霉素、林可霉素	破坏、灭活
	维生素 C	氧化剂	破坏、失效
		碱性药液如氨茶碱	氧化、失效
		钙制剂溶液	沉淀
		氨苄青霉素、头孢菌素Ⅰ和Ⅱ、氯霉素、多黏菌素、四环素、金霉素、土霉素、红霉素、新霉素、链霉素、卡那霉素、氯霉素、林可霉素	破坏、灭活
	氯化钙、葡萄糖酸钙	碳酸氢钠、碳酸钠溶液	沉淀
		水杨酸盐、苯甲酸盐溶液	沉淀
解毒药	碘解磷定	碱性药物	水解为氰化物
	亚甲蓝	强碱性药物、氧化剂、还原剂及碘化物	破坏、失效
	亚硝酸钠	酸类	分解成亚硝酸
		碘化物	游离出碘
		氧化剂、金属盐	被还原
	硫代硫酸钠	酸类	分解沉淀
		氧化剂如亚硝酸钠	分解失效
	依地酸钙钠	铁制剂如硫酸亚铁	干扰作用

注: 氧化剂: 漂白粉、双氧水、过氧乙酸、高锰酸钾等; 还原剂: 碘化物、硫代硫酸钠、维生素C等; 重金属盐: 汞盐、银盐、铁盐、铜盐、锌盐等; 酸类药物: 稀盐酸、硼酸、鞣酸、醋酸、乳酸等; 碱类药物: 氢氧化钠、碳酸氢钠、氨水等; 生物碱类药物: 阿托品、安钠咖、肾上腺素、毛果芸香碱、氨茶碱、普鲁卡因等; 有机酸盐类药物: 水杨酸钠、醋酸钾等; 生物碱沉淀剂: 氢氧化钾、碘、鞣酸、重金属等; 药液显酸性的药物: 氯化钙、葡萄糖、硫酸镁、氯化铵、盐酸、肾上腺素、硫酸阿托品、水合氯醛、盐酸氯丙嗪、盐酸金霉素、盐酸四环素、盐酸普鲁卡因、糖盐水、葡萄糖酸钙注射液等; 药液显碱性的药物: 安钠咖、碳酸氢钠、氨茶碱、乳酸钠、磺胺嘧啶钠、乌洛托品等。

（四）重视药物治疗，轻预防

许多人预防用药意识差，多在羊发病时才使用药物来治疗。从根本上违背了"防重于治"原则。这样带来的后果是，疾病多到了中、后期才得到治疗，严重影响了治疗效果，且增大了用药成本，经济效益亦大幅下降。

处理措施：要清楚地了解本地常发病、多发病，制定出明确的早期预防用药程序，做到提前预防，防患于未然，减少不必要的经济损失。

（五）对"新药"情有独钟

还有些养殖者对"新药"过于迷信，不管药物的有效成分是什么，片面地认为新出产或新品名的药品就比常规药物好，殊不知有些药物只是其商品名不同而已。此类所谓"新药"其成分还是普通常规药物，价格却比常用药高出许多，无形中增加了养殖成本却茫然不知。也有的确是新药，疗效也很好，但那些常规用药便能解决的疾病并不需要群体使用新药预防治疗。这样不仅增加了养殖成本，而且新药使用后，普通的药物使用起来就很难达到预期效果。常见的头孢类抗生素二代、三代使用后，使用其他常规抗生素效果大大不如从前就是这个道理。还有些药品生产厂家出产的"新药"在出厂的说明书上没有清楚标明药物的有效成分，却标注能治疗百病，从而误导消费者，造成养殖户用药的混乱。要清楚，世上没有包治百病的药。

处理措施：选择使用过且被证明效果良好的药物。

（六）缺少用药"安全"意识

随着人民生活水平的提高，食品安全愈来愈受到广大人民群众的关注。但是大多数养殖者食品安全意识淡薄，有的甚至根本没有这方面的概念。不遵守《兽药管理条例》使用违规违禁药物，使用国家明令禁止的在畜禽养殖中使用的呋喃唑酮类、甲硝唑类（以前经常），也有的人认为人用药品比兽药制作精良，效果更好，使用人用药物以及不严格执行休药期制度。

处理措施：树立抗菌药物用药安全意识。意识决定行动，树立安全意识，注意了解用药知识，按照国家相关的兽药使用规范用药，不使用违禁药物等。坚决杜绝在食品动物中使用违禁药物和人用药物。不同药物有不同的休药期，必须严格执行。

九、羊病诊治中的问题处理

（一）药浴治疗羊疥癣而不注重羊舍消毒

在用药物治疗羊疥癣时只注意杀灭羊体上的疥癣虫，而不注意杀灭羊舍中的疥癣虫，这样虽然羊体上的疥癣虫杀灭了，但羊舍中的疥癣虫又会感染羊体，导致羊再次发病。

处理措施：在羊药浴时，羊舍的墙壁、栅栏、用具、门窗、地面等也要用该药全面喷洒一遍，以杀死残留的虫体。

（二）内服土霉素等抗生素治疗痢疾

羊发生痢疾等胃肠道感染及其他炎症性疾病时，常内服土霉素治疗，这是错误的。因为内服土霉素可杀死羊瘤胃内的有益微生物，导致瘤胃内菌群失调，消化功能紊乱。

处理措施：羊应禁止内服土霉素等抗生素类药物，需要使用时应肌内注射。

（三）消化不良性腹泻时仅用抗生素治疗

消化不良性腹泻是羊常见的腹泻病，尤其是羔羊比较多见，多是因消化功能紊乱引起的，并非细菌感染所致。单一使用抗生素治疗效果很差。

处理措施：对于消化不良性腹泻用健胃助消化的药物来治疗，如内服大黄苏打片、多酶片、龙胆苏打粉等。对久病不愈的羊为防止继发感染，可适当配合少量抗生素治疗。

（四）发病后药物选用不当

有的养羊者药物选用不当，如用青霉素治疗胃肠道感染、用病毒灵治疗羊痘等病毒性疫病、用利尿剂治疗尿闭等，影响治疗效果。

处理措施：胃肠道感染（如痢疾、胃肠炎等）使用青霉素无医治作用，应使用环丙沙星、恩诺沙星、庆大霉素等广谱抗菌药。病毒灵治疗羊痘病的效果较差，发生羊痘等病毒性疫病时可用板蓝根、鱼腥草、地塞米松注射液治疗，效果较好。羊的尿闭大多是非肾源性尿闭，即不是尿液少，多数是因膀胱、尿道炎症或结石所致，注射速尿等利尿剂没有效果。对此应用泌尿道消炎剂或排石的中草药或手术治疗。

（五）解毒法治疗羊快疫等有痉挛症状的疫病

羊快疫等疫病因发病急，并有痉挛抽搐、口吐白沫等症状，极似中毒。许多人遇上这类病就认为是中毒，并以解毒法治疗，效果不良。

处理措施：应采取镇静、解痉、抗菌法治疗，如注射氯丙嗪、硫酸镁、长效磺胺等。

（六）一生或一年只驱一次寄生虫

有的羊场一生或一年只驱一次寄生虫。羊极易感染寄生虫，羊体驱虫后，过2个月左右寄生虫又可发育成熟危害羊体。

处理措施：给羊驱虫每年应2次以上。

附录　羊的饲料配方举例

（一）精料配方举例

精料配方举例见附表 1-1 ～附表 1-18。

附表 1-1　种公羊精料配方

组成 /%	配方 1	配方 2	配方 3	配方 4	配方 5	配方 6	配方 7	配方 8
玉米	50	50	52	50	55	50	50	25
大豆粕	30	20	20	20	16	18	20	13.5
菜籽粕		6	5		7			10
小麦麸	16	15	15	16	5	10	12	25
棉籽粕		5						
向日葵粕					7			
亚麻粕					6			
花生仁粕			4	10（或饼）		6		
啤酒糟						12	14	23（或米糠）
磷酸氢钙	1	1	1	1	1	1	1	

续表

组成 /%	配方 1	配方 2	配方 3	配方 4	配方 5	配方 6	配方 7	配方 8
石粉	1	1	1	1	1	1	1	1.5
食盐	1	1	1	1	1	1	1	1
1%预混料	1	1	1	1	1	1	1	1
合计	100	100	100	100	100	100	100	100
营养水平								
干物质 /%	86.84	86.95	86.91	87.44	86.99	87.02	86.90	87.17
粗蛋白 /%	19.76	19.75	19.32	20.13	19.80	19.44	18.48	87.17
粗脂肪 /%	2.99	2.88	2.96	3.85	2.76	3.25	3.37	6.07
粗纤维 /%	3.75	4.37	4.03	3.52	4.19	4.59	4.70	5.80
钙 /%	0.71	0.73	0.72	0.68	0.75	0.72	0.72	0.68
磷 /%	0.64	0.67	0.64	0.62	0.67	0.59	0.61	0.81
食盐 /%	0.98	0.98	0.98	1.04	0.98	0.98	0.49	0.98
消化能 (兆焦/千克)	13.13	13.00	13.09	13.39	12.95	13.38	12.30	11.35

组成 /%	配方 9	配方 10	配方 11	配方 12	配方 13	配方 14	配方 15	配方 16
玉米	45	46	40	40	40	45	50	50
大麦（裸）	15							
高粱		10（燕麦）	10（燕麦）		15			
碎米				12				
大豆粕	30	30	25	25	25	20	20	25
菜籽粕			5	6				
小麦麸	6		6（玉米皮）				10	
麦芽根							10	
花生仁粕							6	
棉籽粕								6
向日葵粕					5			
亚麻粕					5			
米糠		10		8	6	14		15（米糠粕）
啤酒糟						12		
干啤酒酵母						5		
玉米胚芽饼				5				
磷酸氢钙	1	1	1	1	1	1	1	1
石粉	1	1	1	1	1	1	1	1
食盐	1	1	1	1	1	1	1	1

续表

组成 /%	配方 9	配方 10	配方 11	配方 12	配方 13	配方 14	配方 15	配方 16
预混料	1	1	1	1	1	1	1	1
合计	100	100	100	100	100	100	100	100
营养水平								
干物质 /%	86.89	87.53	87.71	87.27	87.14	87.25	87.17	86.90
粗蛋白 /%	20.01	19.35	19.19	19.86	19.72	19.84	20.22	19.39
粗脂肪 /%	2.74	4.57	4.62	3.68	3.11	4.99	2.79	3.57
粗纤维 /%	3.08	3.85	4.63	3.54	3.30	4.30	4.38	3.73
钙 /%	0.71	0.72	0.75	0.73	0.74	0.72	0.79	0.71
磷 /%	0.59	0.66	0.69	0.71	0.64	0.73	0.63	0.76
食盐 /%	0.98	0.98	0.98	0.98	0.98	0.98	0.98	0.98
消化能/(兆焦/千克)	12.25	11.99	11.72	12.23	11.74	13.22	12.46	12.90

组成 /%	配方 17	配方 18	配方 19
玉米	50	51.5	45
大豆粕	23	25	25
米糠	8		
苜蓿草粉	5	11.5	12
棉籽粕	5		
菜籽粕	5		
麦麸		9	8
花生仁粕			6
磷酸氢钙	1		1
石粉	1	1	1
食盐	1	1	1
预混料	1	1	1
合计	100	100	100

附表 1-2　泌乳母羊前期混合精料配方

组成 /%	配方 1	配方 2	配方 3	配方 4	配方 5	配方 6	配方 7	配方 8
玉米	60	55	55	55	55	50	55	55.5
大豆粕	12	11			14.5	9		12
菜籽粕			15	10		10	9	
小麦麸	8	15	12	11	11	12	8	
棉籽粕	15	15	14	14			12	9
玉米胚芽饼								10
花生仁粕				6	6			
DDGS					9	15	12	10

257

续表

组成 /%	配方 1	配方 2	配方 3	配方 4	配方 5	配方 6	配方 7	配方 8
磷酸氢钙	2	1	1	1	1	1	1	
石粉	1	1.5	1.5	1.5	1.5	1.5	1.5	1.5
食盐	1	0.5	1	1	1	1	1	1
预混料	1	1	0.5	0.5	0.5	0.5	0.5	1
合计	100	100	100	100	100	100	100	100
营养水平								
干物质 /%	87.64	86.97	87.09	87.09	87.09	97.39	87.36	87.49
粗蛋白 /%	18.21	17.98	17.67	18.39	18.03	17.68	17.20	17.94
粗脂肪 /%	3.87	2.88	2.76	3.08	4.26	4.63	4.15	4.60
粗纤维 /%	2.78	4.29	5.13	4.81	3.64	4.57	4.72	3.72
钙 /%	0.87	0.86	0.92	0.90	0.87	0.91	0.90	0.86
磷 /%	0.79	0.67	0.72	0.69	0.61	0.68	0.69	0.70
食盐 /%	1.02	0.49	0.49	0.49	0.49	0.49	0.49	0.49
消化能 /(兆焦/千克)	13.34	13.02	12.88	12.64	13.01	13.21	13.15	13.50

说明：舍饲母羊混合精料量为 0.4～1.0 千克，哺乳高峰期应加大精饲料喂量，粗饲料喂量为 0.8～2.0 千克。

附表 1-3　泌乳母羊后期混合精料配方

组成 /%	配方 1	配方 2	配方 3	配方 4	配方 5	配方 6	配方 7	配方 8
玉米	60	60	57	55	55	55	55	55
大豆粕	8	8			9	8	5	9
菜籽粕		12	14	9			9	
小麦麸	16	16	15	12	10	10	12	7
棉籽粕	12		10	5	7			7
玉米胚芽饼					6	8		6
米糠饼					9			
DDGS				15		15	15	12（啤酒糟）
磷酸氢钙	1	1	1	1	1	1	1	1
石粉	1.5	1.5	1.5	1.5	1.5	1.5	1.5	1.5
食盐	1	1	1	1	1	1	1	1
预混料	0.5	0.5	0.5	0.5	0.5	0.5	0.5	0.5
合计	100	100	100	100	100	100	100	100
营养水平								
干物质 /%	86.86	86.86	87.01	87.38	87.13	87.48	87.38	87.16
粗蛋白 /%	16.05	15.57	16.35	15.82	15.44	15.11	16.01	16.56

续表

组成 /%	配方 1	配方 2	配方 3	配方 4	配方 5	配方 6	配方 7	配方 8
营养水平								
粗脂肪 /%	3.02	3.10	2.90	4.66	3.90	5.35	4.72	3.69
粗纤维 /%	4.00	4.21	4.90	4.58	3.99	3.75	4.33	4.66
钙 /%	0.85	0.90	0.90	0.89	0.85	0.85	0.89	0.87
磷 /%	0.64	0.65	0.70	0.68	0.77	0.69	0.66	0.64
食盐 /%	0.49	0.49	0.40	0.49	0.49	0.40	0.49	0.49
消化能 /（兆焦 / 千克）	13.08	13.08	12.89	13.21	12.59	13.51	13.26	12.36

说明：舍饲母羊混合精料量逐渐减少为前期的 70%，同时，增加青草和普通干草的数量。

附表 1-4　泌乳母羊混合精料配方

组成 /%	配方 1	配方 2	配方 3	配方 4	配方 5	配方 6
玉米	23	46	65	61	31	59
高粱	36					
大豆粕	18		3	7	6	12
菜籽粕						
小麦麸		50	29	28		8
棉籽粕						16
苜蓿干草					57.5	
米糠	18					
糖蜜					3	
磷酸氢钙	1.5	0.5	0.5	0.5	0.5	3
石粉	1.5	1.5	1.5	1.5		
食盐	1	1	1	1	1	1
预混料	1	1	1	1	1	1
合计	100	100	100	100	100	100

说明：配方 1 适用于体重 60 千克单羔母羊使用，日喂精料 300 克，可增加多汁饲料喂量；配方 2、配方 3、配方 4 适用于体重 60 千克的哺乳最后 8 周的舍饲母羊；配方 5 为按照美国 NBC 标准配制；配方 6 适用于舍饲种母羊，每天喂料 0.3 ～ 0.7 千克，妊娠前期和哺乳期应相应加大精料喂量，粗饲料为 1.8 ～ 2 千克。

附表 1-5　妊娠母羊混合精料配方

组成 /%	空怀或妊娠前期				妊娠后期			
	配方 1	配方 2	配方 3	配方 4	配方 1	配方 2	配方 3	配方 4
玉米	57.5	60	58.5	55.3	55	60	60	50
高粱								

组成 /%	空怀或妊娠前期				妊娠后期			
	配方 1	配方 2	配方 3	配方 4	配方 1	配方 2	配方 3	配方 4
大豆粕	20	16	15	16	20	19	14	
菜籽粕							5	20
小麦麸	18	19.5	10	16	21	12	12	11.5
棉籽粕						5		
花生仁饼							5	
玉米胚芽饼								15
啤酒糟			12	8				
磷酸氢钙	1	1	1.5	1.2	1	0.5	0.5	
石粉	1.5	1.5	1	1.5	1.5	1.5	1.5	2
食盐	1	1	1	1	0.5	1	1	0.5
预混料	1	1	1	1	1	1	1	1
合计	100	100	100	100	100	100	100	100

组成 /%	空怀或妊娠前期				妊娠后期			
	配方 5	配方 6	配方 7	配方 8	配方 5	配方 6	配方 7	配方 8
玉米	58	56	65	60.5	60	55	60	58
大豆粕	5				19			8
菜籽粕		8.5	8	5.5		12		
小麦麸	10		13	15	12			6.5
棉籽粕	13	12	10	10	5	14	12	16
花生仁饼				6			12	
米糠	10	20				15.5	12.5	8
磷酸氢钙	0.5		0.5		0.5		0.5	0.5
石粉	2	2	1.5	1.5	1.5	2	1.5	1.5
食盐	0.5	0.5	0.5	0.5	1	0.5	0.5	0.5
预混料	1	1	1	1.0	1	1	1	1
合计	100	100	100	100	100	100	100	100

组成 /%	空怀或妊娠前期				妊娠后期			
	配方 9	配方 10	配方 11	配方 12	配方 9	配方 10	配方 11	配方 12
玉米	50	25.2	21.5	35	31.5	9.0	55	55
燕麦	20	30	20	40	30	30		
稻谷	10	20	15	10		20		
亚麻饼	5	10	10		15	16	15	25
向日葵饼			10	5	10		16.5	
小麦麸			15		10			
菜籽粕	11.5	11.3		6.5		11.5		5

续表

组成 /%	空怀或妊娠前期				妊娠后期			
	配方 9	配方 10	配方 11	配方 12	配方 9	配方 10	配方 11	配方 12
米糠			5			10	10	11.5
磷酸氢钙	0.5		0.5	1	0.5			
石粉	1.5	2	1.5	1	1.5	2	2	2
食盐	0.5	0.5	0.5	0.5	0.5	0.5	0.5	0.5
预混料	1	1	1	1	1	1	1	1
合计	100	100	100	100	100	100	100	100

附表 1-6　早期断奶羔羊精料配方

组成 /%	配方 1	配方 2	配方 3	配方 4	配方 5	配方 6	配方 7	配方 8
玉米	75	55	61	14	34	54	52	58
大豆粕	15	37	32	80（饼）	60	22	20	18
花生仁粕						6		6
小麦麸	7	5	4			14	16	9
棉籽粕						4		
菜籽粕						4		
干啤酒酵母								4.5
磷酸氢钙	0.5	0.5	0.5	1	1	1	1	1
石粉	1	1	1	2.5	2.5	1	1	1.5
食盐	0.5	0.5	0.5	1.5	1.5	1	1	1
预混料	1	1	1	1	1	1	1	1
合计	100	100	100	100	100	100	100	100
营养水平								
干物质 /%	86.86	87.52	87.37	89.13	88.52	86.96	86.90	87.09
粗蛋白 /%	13.39	21.04	19.38	14.66	28.04	19.22	18.70	19.43
粗脂肪 /%	2.64	4.32	4.21	5.14	4.7	2.99	2.96	2.90
粗纤维 /%	2.52	3.1	2.94	4.06	3.42	3.60	4.15	3.15
钙 /%	0.52	0.59	0.57	1.34	1.29	0.70	0.72	0.97
磷 /%	0.42	0.46	0.45	0.6	0.56	0.60	0.66	0.61
食盐 /%	0.52	0.53	0.52	1.51	1.5	0.98	0.98	0.98
消化能 /（兆焦 / 千克）	13.68	13.68	13.70	13.28	13.32	13.19	13.14	13.25

注：配方 1 适用于早期断奶羔羊，粗饲料为优质牧草；配方 2 适用于体重 35 ～ 40 千克断奶羔羊育肥，精料 550 克 / 天，野干草 1200 克 / 天；配方 3 适用于体重 40 ～ 45 千克断奶羔羊，精料 670 克 / 天，野干草 1200 克 / 天；配方 4 适用于体重 35 ～ 40 千克断奶羔羊育肥，精料 360 克 / 天；配方 5 适用于体重 40 ～ 45 千克断奶羔羊，精料 180 克 / 天。

附表 1-7　断奶羔羊精料配方

组成 /%	配方 1	配方 2	配方 3	配方 4	配方 5	配方 6	配方 7	配方 8
玉米	40	40		65	81	45	81	55
燕麦	26	36	67			41		
大豆粕	10	10	10	2.5	15	10	15	15
花生仁粕								
小麦麸	20	10	20	15				12
棉籽粕				7				
酵母								15
鱼粉								1
菜籽粕				2				
向日葵粕				5				
磷酸氢钙	1	1			1	1	1	
石粉	1	1	1	1.5	1	1	1	
食盐	1	1	1	1	1	1	1	1
预混料	1	1	1	1	1	1	1	1
合计	100	100	100	100	100	100	100	100
营养水平								
干物质 /%	88.63	89.28	91.63	86.81	86.31	89.56		88
粗蛋白 /%	14.06	13.66	15.25	14.17	13.45	13.11		20.6
粗脂肪 /%	4.23	4.51	5.54	3.10	3.20	4.65		
粗纤维 /%	5.58	5.65	8.95	4.19	2.06	5.37		
钙 /%	0.69	0.7	0.74	0.60	0.65	0.69		0.3
磷 /%	0.86	0.59	0.70	0.47	0.49	0.56		0.4
食盐 /%	0.98	0.70	0.98	0.98	0.99	0.90		
消化能 /(兆焦 / 千克)	11.15	10.71	11.11	12.97	13.59	12.26		11.12 (代谢能)

说明：使用配方 8，20 日龄到 1 月龄每只羔羊日喂量为 50～70 克，1～2 月龄为 100～150 克，2～3 月龄为 200 克，3～4 月龄为 250 克，4～5 月龄为 350 克，5～6 月龄为 400～500 克，粗饲料为自由采食。

附表 1-8　羔羊肥育精料配方

组成 /%	配方 1	配方 2	配方 3	配方 4	配方 5	配方 6	配方 7	配方 8
玉米	65.5	64	66.5	60	55	60	54	43.3
大豆粕	15	8	8	6	5			
花生仁粕			3	6		6		10.3
小麦麸	15	17.5	15	23.5	23.5	14	18	16.5
棉籽粕		4				8	14	21.3（或菜粕）
菜籽粕		2	3		4			

续表

组成/%	配方1	配方2	配方3	配方4	配方5	配方6	配方7	配方8
向日葵粕					4			
亚麻粕					4			
干甜菜渣							8	10
饲料酵母								6.9
磷酸氢钙	1	1	1	1	1	1	1	
石粉	1.5	1.5	1.5	1.5	1.5	1.5	1.5	
食盐	1	1	1	1	1	0.5	0.5	0.7
预混料	1	1	1	1	1	1	1	1
合计	100	100	100	100	100	100	100	100
营养水平								
干物质/%	86.74	86.82	86.79	86.90	86.95	86.75		86.78
粗蛋白/%	14.19	14.05	14.17	14.44	14.98	14.11		13.82
粗脂肪/%	3.80	3.19	3.32	3.29	3.08	2.99		2.80
粗纤维/%	3.09	3.62	3.35	3.77	4.66	5.51		6.54
钙/%	0.84	0.85	0.85	0.94	1.87	0.90		0.91
磷/%	0.56	0.61	0.58	0.62	0.69	0.58		0.62
食盐/%	0.98	0.98	0.98	0.49	0.49	0.49		0.49
消化能/（兆焦/千克）	13.29	13.08	13.16	13.10	12.74	13.00		12.80

说明：配方8中额外添加0.3%尿素，混合均匀饲喂。前20天每只喂350克料，中间20天每只喂400克，后60天每只喂450克，粗饲料不限量。

附表1-9 育成绵羊精料配方

组成/%	配方1	配方2	配方3	配方4	配方5	配方6	配方7
玉米	60	55.5	56	70.5	68.5	50	60
小麦						9	
大豆粕	5（饼）	30		25		10	
花生仁粕	5（饼）						
小麦麸	18	10	20			15	16
棉籽粕	7.5						
菜籽粕						7	
向日葵粕			20		27		20
酵母						5	
尿素				1.5	1.5		
磷酸氢钙	1	1	0.5	0.5	0.5	0.5	1
石粉	1.5	1.5	1.5	1	1	1.5	1.5
食盐	1	1	1	0.5	0.5	1	0.5

续表

组成/%	配方 1	配方 2	配方 3	配方 4	配方 5	配方 6	配方 7
预混料	1	1	1	1	1	1	1
合计	100	100	100	100	100	100	100
营养水平							
干物质 /%	87.27	86.94	87.00	86.66	86.95	87.16	86.91
粗蛋白 /%	15.6	18.67	15.31	20.66	19.34	17.36	14.4
粗脂肪 /%	3.55	4.10	3.0	3.96	2.74	2.85	2.96
粗纤维 /%	3.88	3.19	4.70	2.30	5.09	3.67	5.34
钙 /%	0.82	0.88	0.73	0.56	0.55	0.70	0.85
磷 /%	0.62	0.56	0.65	0.40	0.55	0.61	0.69
食盐 /%	1.03	0.98	0.98	0.49	0.49	0.98	0.49
消化能 /（兆焦 / 千克）	13.13	11.33	12.54	13.58	12.07	12.48	12.21

注：配方 1、2 适用于舍饲绵羊，每天混合精料 0.4 千克，苜蓿干草 0.7 千克；配方 3 适用于肉用育成绵羊；配方 4、5 适用于中国美利奴羊；配方 6 用于杂交育成肉羊；配方 7 用于育成肉用细毛羊。

附表 1-10　育成山羊精料配方

组成 /%	配方 1	配方 2	配方 3	配方 4	配方 5	配方 6	配方 7	配方 8
玉米	60.5	50	45	50	50	30.		50
燕麦						30	30	
高粱						20		
米糠			18	10	10	5		
大豆粕	20							
向日葵粕					20	20		
小麦麸	15	13					30	15
棉籽粕		15			16	11		
菜籽粕		18	18				15	
亚麻仁粕			15	36				
玉米 DDGS								30
尿素							1	1
磷酸氢钙	1	0.5						
石粉	1.5	1.5	2	2	2	2	2	2
食盐	1	1	1	1	1	1	1	1
预混料	1	1	1	1	1	1	1	1
合计	100	100	100	100	100	100	100	100

附表 1-11　育肥前期精料配方

组成/%	配方1	配方2	配方3	配方4	配方5	配方6	配方7	配方8
玉米	46	51	50	45	59	60	60	55
大豆粕	30	20						
向日葵粕						30		
小麦麸	20	25	16	20	5	5	15	10
棉籽粕			30					
菜籽粕				31	31			
亚麻仁粕								30
花生饼							20	
尿素						1	1	1
磷酸氢钙	0.5	0.5	0.5	1	1	0.5	0.5	
石粉	1.5	1.5	1.5	1	2	1.5	1.5	2
食盐	1	1	1	1	1	1	1	1
预混料	1	1	1	1	1	1	1	1
合计	100	100	100	100	100	100	100	100
营养水平								
干物质/%	86.90	86.85	87.16	87.23	87.06	87.14	87.14	87.20
粗蛋白/%	20.04	18.33	18.26	19.82	17.38	18.96	20.00	19.67
粗脂肪/%	3.00	3.09	2.63	2.83	4.02	2.66	3.08	2.90
粗纤维/%	4.65	3.87	5.25	6.16	3.33	5.95	3.54	4.23
钙/%	0.77	0.76	0.74	0.93	0.75	0.74	0.73	0.85
磷/%	0.58	0.56	0.65	0.62	0.49	0.64	0.50	0.56
食盐/%	0.98	0.98	0.99	0.98	0.98	0.98	0.98	0.98
消化能/(兆焦/千克)	13.05	13.08	12.82	12.56	13.36	11.72	13.09	12.81

组成/%	配方9	配方10	配方11	配方12	配方13	配方14	配方15	配方16
玉米	25	40	37	46	40	50	40	32.5
稻谷	25							
苜蓿草粉		30	30	30	26	20	20	30
玉米秸	20							
向日葵粕			30	15				
小麦麸				5		5		
棉籽粕	15						8（或菜籽粕）	
亚麻仁粕	9.5	27						
玉米DDGS					30	20	28	34
尿素	1		1		1	1.5		
磷酸氢钙	1	1	1	1	1	0.5	1	1
石粉	1.5	0.5	0.5	0.5	0.5	1	1	0.5
食盐	1	0.5	1	0.5	0.5	1	1	1
预混料	1	1	0.5	1	1	1	1	1
合计	100	100	100	100	100	100	100	100

续表

组成 /%	配方 17	配方 18	配方 19	配方 20	配方 21	配方 22	配方 23	配方 24
玉米	50	45	45	45	56	51	50	46
稻谷		18						
芝麻粕	28							
向日葵粕		10				25		15
小麦麸	18	7	24.5	25				14
棉籽粕					12		10	
菜籽粕		16	12		20		8	
胡麻仁粕			15	15				
玉米 DDGS					20	20	28	20
尿素								1
磷酸氢钙	0.5	0.5	0.5	0.5	0.5	0.5	0.5	0.5
石粉	1.5	1.5	1	1	1.5	1.5	1.5	1.5
食盐	1	1	1	0.3	1	1	1	1
预混料	1	1	1	1	1	1	1	1
合计	100	100	100	100	100	100	100	100

附表 1-12　绵羊中期精料配方

组成 /%	配方 1	配方 2	配方 3	配方 4	配方 5	配方 6	配方 7	配方 8
玉米	30	55	60	57	58.8	60.8	55	60.8
稻谷	20							
碎米	20							
大豆粕		5				10		12
向日葵粕	12							
小麦麸		11	10	15	18	8	16	9
棉籽粕			13	19	10	10	25	10
菜籽粕	15			5				
胡麻仁粕		25	13			7		4
花生饼					9			
尿素								
磷酸氢钙		1	1	0.5	1.2	1.2	0.5	1.2
石粉	1.5	1	1	1.5	1	1	1.5	1
食盐	0.5	1	1	1	1	1	1	1
预混料	1	1	1	1	1	1	1	1
合计	100	100	100	100	100	100	100	100
营养水平								
干物质 /%	87.23	88.04	87.00	87.03	96.96	87.20	87.06	87.05

续表

组成 /%	配方 1	配方 2	配方 3	配方 4	配方 5	配方 6	配方 7	配方 8
粗蛋白 /%	16.07	16.84	16.25	16.64	16.04	16.96	16.80	16.9
粗脂肪 /%	2.17	3.98	3.64	2.84	3.01	3.12	2.78	3.04
粗纤维 /%	5.89	4.56	4.84	4.76	4.10	3.89	4.83	3.79
钙 /%	0.68	0.77	0.68	0.75	0.72	0.76	0.73	0.75
磷 /%	0.50	0.64	0.68	0.61	0.68	0.65	0.62	0.65
食盐 /%	0.49	0.98	0.98	0.98	0.98	0.98	0.98	0.98
消化能 /(兆焦 / 千克)	12.50	13.57	13.57	12.92	13.04	13.27	12.91	13.22

附表 1-13 山羊中期精料配方

组成 /%	配方 1	配方 2	配方 3	配方 4	配方 5	配方 6	配方 7	配方 8
玉米	43	45	40.5	25		25	31.5	54.3
稻谷				25	20	22		
燕麦		4			30			
苜蓿草粉	15	15	13				32	
玉米秸	15	15		20	20	20		
米糠			10					
小麦麸			20				10	19
棉籽粕	8	9	5	15	15	15		24（或菜粕）
亚麻饼				10	10	9.5		
菜籽粕	5.3	4.5	3					
玉米蛋白粉	6.2	5.5	5			4		
玉米 DDGS							23	
甜菜渣	4							
尿素				0.5	0.5			
磷酸氢钙	1	1	0.5	1	1	1	1	
石粉	0.5		1.5	1.5	1.5	1.5	0.5	1
食盐	1	0.5	1	1	1	1	1	0.7
预混料	1	1	1	1	1	1	1	1
合计	100	100	100	100	100	100	100	100

说明：配方 8 适用于育肥中间 20 天，每只每日供料 0.8 ～ 1.2 千克。

附表 1-14 育肥后期精料配方

组成 /%	配方 1	配方 2	配方 3	配方 4	配方 5	配方 6	配方 7	配方 8
玉米	39	57.5	65	71	62.5	77.5	60.8	64.7
稻谷	36.5							
大豆粕			5			17		
向日葵粕		18			18		18	

组成 /%	配方 1	配方 2	配方 3	配方 4	配方 5	配方 6	配方 7	配方 8
小麦麸	10	20	16		15		13	13
棉籽粕							4	20（或菜粕）
胡麻仁粕			10	24.5				
花生饼	9							
尿素	1			1		1		
磷酸氢钙	1	1	1	1	1	1.5	1	
石粉	1.5	1.5	1	1	1.5	1	1.2	1
食盐	1	1	1	1.5	1	1	1	0.3
预混料	1	1	1	1	1	1	1	1
合计	100	100	100	100	100	100	100	100
干物质 /%	86.81	87.0	87.10	88.01	86.85	86.69	86.95	87.95
粗蛋白 /%	14.71	14.19	13.63	14.2	13.01	13.76	15.06	14.56
粗脂肪 /%	3.03	3.03	3.57	3.78	3.36	3.79	2.96	3.06
粗纤维 /%	5.04	5.36	3.70	3.53	6.01	2.04	4.38	4.18
钙 /%	0.82	0.86	0.69	0.75	0.84	0.78	0.78	0.77
磷 /%	0.55	0.69	0.60	0.55	0.63	0.55	0.69	0.69
食盐 /%	0.98	0.98	0.98	1.47	0.99	0.98	0.98	0.98
消化能 /（兆焦/千克）	13.15	12.17	13.37	13.59	13.32	13.45	12.75	12.85

组成 /%	配方 9	配方 10	配方 11	配方 12	配方 13	配方 14	配方 15	配方 16
玉米	46.5	31.5	19	21	48.1	41	23	31
羊草					17	30		30
苜蓿草粉	32	32		9				
玉米秸			15.5	9	2.4	9	33	9
槐叶							20	
小麦麸	10	10			14	9	10	12
大豆粕	8		3		14.5	7		14
棉籽粕			5	2				
亚麻饼							10	
玉米蛋白粉		23	3	1				
玉米 DDGS			50	49.5				
尿素				1				
磷酸氢钙	1	1	1	1.5	1	1	1	1
石粉	0.5	0.5	2	1	1	1	1	1
食盐	1	1	0.5	1	1	1	1	1
预混料	1	1	1	1	1	1	1	1
合计	100	100	100	100	100	100	100	100

续表

组成 /%	配方 17	配方 18	配方 19	配方 20	配方 21
高粱	54.5	66.5	19.5	30.5	43.8
苜蓿草粉	18	15	14	16	15
棉籽壳	10		40	30	20
棉籽粕	9	10	17	14	11.5
糖蜜	5	5	6	6	6
磷酸氢钙	1.2	1.2	1.2	1.2	1.2
石粉	0.3	0.3	0.3	0.3	0.5
食盐	1	1	1	1	1
预混料	1	1	1	1	1
合计	100	100	100	100	100

说明：配方 8 适用于育肥期的后 20 天，每日每只供给精料 0.9 ～ 1.0 千克。

附表 1-15　育肥羊精料配方

种类	精料配方	使用方法
羔羊育肥	玉米 62%，麸皮 12%，豆粕 8%，棉粕 12%，石粉 1.8%，磷酸氢钙 1.2%，尿素 1%，食盐 1%，预混料 1%	
舍饲强度育肥	前期 20 天：玉米 46%，麸皮 20%，棉籽粕或菜籽粕 30%，石粉 1%，磷酸氢钙 1%，食盐 1%，预混料 1%。	禾本科干草或秸秆 0.5 千克，青贮玉米 4 千克，精料 0.5 千克；禾本科干草或秸秆 1 千克，青贮玉米 0.5 千克，精料 0.7 千克
	中期 20 天：玉米 55%，麸皮 16%，棉籽粕或菜籽粕 25%，石粉 1%，磷酸氢钙 1%，食盐 1%，预混料 1%。	
	后期 20 天：玉米 66%，麸皮 10%，棉籽粕或菜籽粕 20%，石粉 1%，磷酸氢钙 1%，食盐 1%，预混料 1%	

附表 1-16　毛用羊精料配方

组成 /%	羔羊					育成羊				
	配方 1	配方 2	配方 3	配方 4	配方 5	配方 1	配方 2	配方 3	配方 4	配方 5
玉米	60	56	86	40	60	61	55	57	76	47.5
大麦				36	26					
大豆粕	20	30	10	10	10	5	20		20	8.0
小麦麸	6.3	10		10		10	15			20
菜籽粕	5					10				
棉籽粕							5.5	29		
向日葵仁粕	5					10				20
石粉	1.2	1	1	1	1	1.2	1	1	0.2	1.5
磷酸氢钙	1	1	1	1	1	1	1.5	1	1	0.5
食盐	1	1	1	1	1	1	1	1	1	1
预混料	0.5	1	1	1	1	0.8	1	1	0.8	1

组成/%	羔羊					育成羊				
	配方1	配方2	配方3	配方4	配方5	配方1	配方2	配方3	配方4	配方5
尿素										0.5
合计	100	100	100	100	100	100	100	100	100	100

组成/%	妊娠母羊				哺乳				种公羊	
	配方1	配方2	配方3	配方4	配方1	配方2	配方3	配方4	配方1	配方2
玉米	56	64		60.5	60	57	60	60	36	
小麦(或燕麦、大麦)										60.5
炒黑豆(或黄豆)									40	
大麦				80						
大豆粕	10		6		10	29	14	26		15
小麦麸	14	10			10	9		10	20	
苜蓿草粉		17	5							
花生仁粕					10					
大豆油						1				
菜籽粕	6	6	5							21
亚麻仁饼						6	16			
向日葵仁粕	10			10						
粉渣				10						
酱油渣				10						
糖蜜				5						
玉米胚芽饼							6			
石粉	1.2	1	1	1.5	1.2	1	1.2	1	1.5	0.5
磷酸氢钙	1	1	1	1	1	1	1	1	0.5	1
食盐	0.8	1	1	1	1	1	1	1	1	1
预混料	1	1	1	1	0.8	1	0.8	1	1	1
合计	100	100	100	100	100	100	100	100	100	100

附表 1-17 绒山羊精料配方

组成/%	羔羊		育成羊		空怀期	怀孕前期		泌乳期	非生绒期	种公羊
	配方1	配方2	配方1	配方2	配方1	配方1	配方2	配方1	配方1	配方1
玉米	60	55	65	50	56.5	67	63	65	61	50.5
大豆粕	20	22	15	18		14	18	16	9.5	23
小麦麸	7	10	7	28	30	15.5	15.5	15.5	25	18
干啤酒糟	9	9	9							4
豌豆					5					

组成/%	羔羊		育成羊		空怀期	怀孕前期		泌乳期	非生绒期	种公羊
	配方1	配方2	配方1	配方2	配方1	配方1	配方2	配方1	配方1	配方1
亚麻仁粕					5					
石粉	1	1	1	1	1.5	1.5	1.5	1.5	1.5	1.5
磷酸氢钙	1	1	1	1	0.5	0.5	0.5	0.5	1	1
食盐	1	1	1	1	0.5	0.5	0.5	0.5	1	1
预混料	1	1	1	1	1	1	1	1	1	1
合计	100	100	100	100	100	100	100	100	100	100

附表 1-18 奶山羊精料配方

组成/%	配方1	配方2	配方3	配方4	配方5	配方6	配方7	配方8	配方9	配方10
玉米	58	45.5	60.5	49.5	30	64	54	41	40	17
大麦（裸）	10				27					
大豆粕	10	6	10	18	10	13	9		5	11
小麦麸	15	30	15	19	7	20	25	30	3	11.5
高粱	3									
豌豆		4			6		8（黑豆）	15（黑豆）		
棉籽粕		10		3	10					
麦芽根					6					
向日葵粕			10							
甘薯干				7						
糖蜜								10		
花生蔓									49	58
石粉	1	1.5	1.5	1	1	1	1.5	1.5		
磷酸氢钙	1	1	1	0.7	1	0.5	1	1	1	1
食盐	1	1	1	0.8	1	0.5	0.5	0.5	1	0.5
预混料	1	1	1	1	1	1	1	1	1	1
合计	100	100	100	100	100	100	100	100	100	100

（二）全价饲料配方

全价饲料配方见附表 1-19 ～附表 1-29。

附表 1-19 种公羊非配种期全混日粮配方

组成/千克	配方1	配方2	配方3	配方4	配方5	配方6	配方7	配方8
野干草或秸秆类	2	1.2			1.5	1	1.5	1
苜蓿干草		0.5				0.5		

续表

组成/千克	配方1	配方2	配方3	配方4	配方5	配方6	配方7	配方8
胡萝卜或其他多汁饲料	0.3	0.3	0.3					
玉米青贮				2	2	2	1	
草木樨青贮								2
羊草			2	1.4				
精料	0.5	0.5	0.5	0.4	0.5	0.4	0.5	0.5
合计	2.8	2.5	2.8	3.8	4.0	3.9	3.0	3.5
营养含量								
干物质/%	2.17	1.96	2.29	2.08	2.23	2.12	2.01	1.91
粗蛋白/%	238.9	268.5	250.9	215.40	220.50	227.47	203.13	269.76
粗脂肪/%	37.3	35.0	87.30	74.0	40.0	40.96	37.54	45.72
粗纤维/%	571.9	499.4	609.9	564.6	530.25	487.93	496.96	497.89
钙/%	12.35	18.82	11.55	10.19	5.75	4.75	5.0	18.47
磷/%	9.64	8.58	7.04	6.28	4.40	3.80	4.10	7.89
食盐/%	4.90	4.90	4.90	3.92	4.90	4.90	4.90	4.90
消化能/（兆焦/千克）	25.54	22.06	20.27	19.00	23.57	22.03	19.87	21.85

附表1-20　种公羊配种期全混日粮配方

组成/千克	配方1	配方2	配方3	配方4	配方5	配方6
野干草或秸秆类	1.2	1.2	1.2			1
花生蔓					2	1
苜蓿干草				1		
胡萝卜或其他多汁饲料	2	1		1	1	
青贮		3（玉米）	2	3		2
羊草			0.5			
精料	1.2	1.2	1.4	1.4	1.2	1.4
合计	4.4	6.4	5.1	6.4	4.2	5.4
营养含量						
干物质/%	2.27	2.9	3.20	2.93	2.96	3.42
粗蛋白/%	341.04	368.52	419.80	518.97	469.72	490.00
粗脂肪/%	53.30	66.25	81.40	78.56	67.43	78.60
粗纤维/%	396.20	561.40	636.30	581.18	647.60	761.50
钙/%	16.58	13.33	14.35	33.0	59.53	41.20
磷/%	13.00	10.28	11.04	13.56	9.28	13.66
食盐/%	11.76	11.76	13.72	13.72	11.76	13.72
消化能/（兆焦/千克）	29.55	33.67	35.69	33.45	35.62	40.95

附表 1-21 哺乳母羊全混合饲料配方

组成 /%	配方 1	配方 2	配方 3	配方 4	配方 5	配方 6	配方 7	配方 8
玉米	30	40	44	36	24	40	26	40.5
玉米秸秆	29				34		12		16
青干草						33		33	25
青贮玉米秸秆		36	28					
高粱	10	10	10	10	11	8	10	10
大豆粕		3	4			6	2	
菜籽粕							6	
小麦麸	26		6	10	28	25	10	6
棉籽粕	1		4.5	7	1	6		
米糠		7						10
磷酸氢钙	1.5	1.5	1	0.5	0.5	0.5	0.5	1
石粉	1.0	1	1	1	1	1	1	
食盐	0.5	0.5	0.5	0.5	0.5	0.5	0.5	0.5
预混料	1.0	1.0	1	1	1	1	1	1
合计	100	100	100	100	100	100	100	100
营养水平								
干物质 /%	90.28	90.96	90.14	90.82	90.64	90.68	90.7	88.74
粗蛋白 /%	9.73	8.72	11.02	10.62	9.95	11.32	10.98	10.58
钙 /%	0.72	0.7	0.61	0.50	0.50	0.50	0.50	0.75
磷 /%	0.61	0.5	0.44	0.38	0.46	0.4	0.40	0.47
食盐 /%	0.55	0.52	0.52	0.53	0.55	0.52	0.54	0.98
消化能 /（兆焦 / 千克）	11.35	11.48	12.85	11.44	10.21	11.77	11.50	10.54
粗脂肪 /%	10.26	10.1	9.03	10.81	11.35	3.26	10.02	12.52
粗纤维 /%	2.7	2.37	2.51	2.17	2.46	6.26	4.1	2.83
组成 /%	配方 9	配方 10	配方 11	配方 12	配方 13	配方 14	配方 15	配方 16
玉米	30	40	44	36	24	40	26	40.5
玉米秸秆	29			34		32		16
青干草					33	5	33	25
青贮玉米秸秆		36	28					
高粱	10	10	10	10	11	8	10	10
大豆粕		3	4			6	2	
菜籽粕							6	
小麦麸	26		6	10	28		10	6
棉籽粕	1		4.5	7	1	6		
米糠		7						10

续表

组成 /%	配方 9	配方 10	配方 11	配方 12	配方 13	配方 14	配方 15	配方 16
磷酸氢钙	1.5	1.5	1	0.5	0.5	0.5	0.5	1
石粉	1	1	1	1	1	1	1	
食盐	0.5	0.5	0.5	0.5	0.5	0.5	0.5	0.5
预混料	1	1.0	1	1	1	1	1	1
合计	100	100	100	100	100	100	100	100
营养水平								
干物质 /%	90.28	90.96	90.14	90.82	90.64	90.68	90.7	88.74
粗蛋白 /%	9.73	8.72	11.02	10.62	9.95	11.32	10.98	10.58
钙 /%	0.72	0.7	0.61	0.50	0.50	0.50	0.50	0.75
磷 /%	0.61	0.5	0.44	0.38	0.46	0.4	0.40	0.47
食盐 /%	0.55	0.52	0.52	0.53	0.55	0.52	0.54	0.98
消化能 /（兆焦 / 千克）	11.35	11.48	12.85	11.44	10.21	11.77	11.50	10.54
粗脂肪 /%	2.7	2.37	2.51	2.17	2.46	6.26	4.1	2.83
粗纤维 /%	10.26	10.1	9.03	10.81	11.35	3.26	10.02	12.52

组成 /%	配方 17	配方 18	配方 19	配方 20	配方 21
玉米	40.14	24.32	42.33	40.83	32.09
高粱	10.03		10.03	10.03	10.03
米糠					
小麦麸	6.71	26.22		15.85	
高粱糠					14.59
秸秆	33.64		22.64	8.39	33.64
青干草		33.64	20（苜蓿）	15.36	
大豆饼	3.4	3.41	3.4	3.54	1.17
棉籽粕	4.48	0.78			4.48
葵花饼				4.40	2.40
磷酸氢钙	1.1	1.1	1.1	1.1	1.1
食盐	0.5	0.5	0.5	0.5	0.5
合计	100	100	100	100	100

组成 /%	配方 22	配方 23	配方 24	配方 25	配方 26	配方 27
玉米	37.68	21.51	31.78	35.80	39.45	25.6
高粱	9.17	11.45	9.17	9.10	9.17	9.17

续表

组成 /%	配方 22	配方 23	配方 24	配方 25	配方 26	配方 27
米糠					45.54	9.93
小麦麸	11.13	28.84	7.93	9.56		10.12
大麦			10			
秸秆	32.27		32.27		32.27	
青干草		32.27		32.27		32.27
大豆饼			0.5	5.2	6.22	4.56
棉籽粕	6.75	4.43	6.75		6.75	
菜籽粕	1.40			6.74		6.75
磷酸氢钙	1.1	1.1	1.1	1.1	1.1	1.1
食盐	0.5	0.5	0.5	0.5	0.5	0.5
合计	100	100	100	100	100	100

说明：1. 每天需补喂青绿饲料 2～4 千克。

2. 配方 18～配方 21 适用于哺乳单羔的母羊。混合粗料与精料的比为 3：1，每只母羊每天需要补充胡萝卜等富含青饲料 2～4 千克。

3. 配方 22～配方 27 适用于哺乳双羔的母羊，每只母羊每天需要补充胡萝卜等富含青饲料 2～4 千克。

附表 1-22 妊娠母羊全混合饲料配方

组成 / 千克	配方 1	配方 2	配方 3	配方 4	配方 5	配方 6	配方 7	配方 8
玉米秸秆		0.5	1	1.2	0.8		0.3	
羊草	1	0.8	0.8					
苜蓿草粉				0.5	0.5	0.3		0.5
玉米青贮	2	1.5			2	0.5	0.5	
野干草								
胡萝卜					0.5			0.5
精饲料	0.4	0.3	0.3	0.2	0.6	0.4	0.4	0.5
合计	3.4	3.1	2.1	1.9	4.4	1.2	1.2	1.5
营养含量								
干物质 / 千克	1.73	1.70	1.89	1.69	2.21	0.72	0.73	0.77
粗蛋白 / 克	170.00	160.70	166.20	188.89	264.06	129.30	89.70	136.86
钙 / 克	8.9	6.86	5.36	9.27	17.32	7.90	3.70	
磷 / 克	5.4	4.14	3.24	2.30	6.60	4.23	2.70	
食盐 / 克	2.00	1.54	1.50	1.00	3.00	2.00	2.00	1.50
消化能 / (兆焦 / 千克)	16.4	17.16	18.04	17.75	24.39	9.57	9.16	8.96
粗脂肪 / 克	41.38	52.26	47.76	30.44	46.95	23.18	18.89	17.79
粗纤维 / 克	447.94	474.48	445.48	434.32	512.56	117.64	124.24	164.08

注：配方 6～配方 8 适用于山羊。

附表 1-23　羔羊的代乳品配方

组成 /%	配方 1	配方 2	配方 3	配方 4	配方 5	配方 6	配方 7	配方 8
玉米	20			11	10	5		
黄面粉				15	5		6.85	13.5
脱脂奶粉	30	7	8					70
全脂奶粉		30	25	47	27	40	39.4	
乳清粉		20	20	5	5	5	11.9	
大豆	30	30	40				33.1（脱皮）	
大豆粕				24.5	27	26	7.5	
小麦麸	10.5				3	3		
油脂	5	6	5	10	9	12		15
酵母	2	5						
磷酸氢钙		0.5	0.5	0.5	1	1		
石粉	1				1	1		
食盐	0.5	0.5	0.5	1	1	1	0.25	0.5
预混料	1	1	1	1	1	1	1	1
合计	100	100	100	100	100	100	100	100
营养水平								
干物质 /%	61.39	57.06	60.22	37.96	56.30	42.40	63.88	57.39
粗蛋白 /%	25.08	23.40	23.49	23.99	21.86	23.36	27.28	25.10
钙 /%	0.83	0.96	0.91	1.39	1.20	1.40	0.59	0.93
磷 /%	0.63	0.72	0.68	0.61	0.67	0.70	0.69	0.77
食盐 /%	0.40	0.49	0.49	0.98	0.96	0.98	0.35	0.40
消化能 /（兆焦 / 千克）	15.14	18.08	17.70	16.26	12.17	12.37	18.9	15.09
粗脂肪 /%	2.69	1.46	1.79	1.40	2.09	1.70	1.09	0.40
粗纤维 /%	11.67	11.21	11.95	10.86	10.22	12.89	19.97	16.0

附表 1-24　羔羊补饲饲料配方

组成 /%	配方 1	配方 2	配方 3	配方 4
玉米	48	48	40	38
混合牧草	15	15	15	35
玉米秸			18	
菜籽粕	12			11
棉籽粕	8		11	
干甜菜渣	8	8		8
小麦麸	5	4	11	4
玉米 DDGS		20		
石粉	1.5	1.5	1	0.5

续表

组成 /%	配方 1	配方 2	配方 3	配方 4
磷酸氢钙	0.5	1	1.5	1.5
食盐	1	1	0.5	1
预混料	1	1	1	1
尿素		0.5	1	
合计	100	100	100	100
营养水平				
干物质 /%	87.73	86.21	87.89	87.71
粗蛋白 /%	14.86	14.12	12.34	13.84
钙 /%	0.82	0.89	0.76	0.99
磷 /%	0.47	0.49	0.56	0.56
食盐 /%	0.98	0.98	0.49	0.98
消化能/(兆焦/千克)	12.38	12.78	11.24	11.61
粗纤维 /%	9.64	8.75	10.44	13.54
粗脂肪 /%	2.90	5.38	2.41	2.96

附表 1-25　羔羊育肥全混合饲料配方（一）

组成 /%	配方 1	配方 2	配方 3	配方 4	配方 5	配方 6	配方 7	配方 8
玉米	44	44	44	44	32.3	48	25.5	31.5
小麦	4	4						
苜蓿草粉	15	15	15	15			18	15
玉米秸	15	15	15	15			35	30
米糠					27.7			
麸皮						10	5	8
菜籽粕		5.8		5.7	6.7	5	5	12
棉籽粕	8	8	8	8	6.7	5	8	
豆粕	7		7.5		21.6	27.3		
玉米蛋白粉	4	6	4.2	6				
甜菜渣			4	4				
石粉	1	0.7	0.6	0.6	1.0	1.0	0.5	0.5
磷酸氢钙	0.5		0.2	0.2	2.3	2	1.5	1.5
食盐	0.5	0.5	0.5	0.5	0.7	0.7	0.5	0.5
预混料	1	1	1	1	1	1	1	1
合计	100	100	100	100	100	100	100	100
营养水平								
干物质 /%	89.14	88.94	85.98	85.95			88.19	87.97
粗蛋白 /%	17.19	17.45	17.02	16.90	16.6	16.5	13.33	12.98

组成 /%	配方 1	配方 2	配方 3	配方 4	配方 5	配方 6	配方 7	配方 8
钙 /%	0.73	0.53	0.52	0.58	0.7	0.7	0.87	0.86
磷 /%	0.44	0.38	0.38	0.30	0.35	0.35	0.54	0.57
食盐 /%	0.52	0.52	0.51	0.51	0.5	0.5	0.49	0.49
消化能 /（兆焦 / 千克）	12.14	12.57	11.98	11.99	12.4	12.4	10.56	10.90
粗脂肪 /%	9.14	9.48	8.12	9.39	15.4	15.7	15.27	13.94
粗纤维 /%	2.52	2.93	2.48	2.85			2.02	2.27

注：配方 1～配方 4 适用于陶塞特和藏羊杂交的羔羊；配方 5 至配方 6 分别适用于冬季和春季的湘东黑山羊肥育羔羊。

附表 1-26　羔羊育肥全混合饲料配方（二）

组成 /%	配方 1	配方 2	配方 3	配方 4	配方 5	配方 6	配方 7	配方 8
玉米	31.5	31	70	56	46	46	51	50
苜蓿草粉	15			20	30		25	
玉米秸	30	35				28		28
胡麻饼			25.5					
花生仁粕								18
棉籽粕						20		
豆粕				20	20	22		
玉米 DDGS	20	30						
石粉	0.5	1	1.5	1	1	1	1	1
磷酸氢钙	1.5	1.5	1	1	1	1	1	1
食盐	0.5	0.5	1	1	1	1	1	1
预混料	1	1	1	1	1	1	1	1
合计	100	100	100	100	100	100	100	100

附表 1-27　育成羊全混合饲料配方

组成 /%	山羊				绵羊			
	配方 1	配方 2	配方 3	配方 4	配方 1	配方 2	配方 3	配方 4
玉米	45.5	41.5	48	45	36	50	25	39
小麦麸					8	16	10	
大豆粕							8	4
玉米秸							40	20
混合夏牧草		15						
苜蓿草粉	30	15	30	20				30
米糠			12					
干啤酒精						30		

续表

组成/%	山羊				绵羊			
	配方1	配方2	配方3	配方4	配方1	配方2	配方3	配方4
胡麻饼			18	18				
向日葵粕	21	25					6.5	
棉籽壳					40			
菜籽粕					12		7	5
尿素			1	1				
石粉	0.5	0.5		1	1	1.5	1	
磷酸氢钙	1	1	1	1	1	1	1	0.5
食盐	1	1	1	1	1	0.5	0.5	0.5
预混料	1	1	1	1	1	1	1	1
合计	100	100	100	100	100	100	100	100

组成/%	山羊				绵羊			
	配方5	配方6	配方7	配方8	配方5	配方6	配方7	配方8
精料	60	55	60	58	28.6	20.3	47	40
羊草	40	15		15				
棉籽壳					52.3	58.4		
玉米秸			20	12				36
野干草		10	20				53	18
苜蓿草粉		20		15	19.1	21.3		6
合计	100	100	100	100	100	100	100	100

注：绵羊栏内配方5～配方8适用于中国美利奴羊，配方8适用于杂交育成羊。

附表1-28 毛用羊全混合饲料配方

组成/%	断奶羔羊		育成羊		空怀		哺乳
	配方1	配方2	配方3	配方4	配方5	配方6	配方7
玉米	22	38.5	40	20	38	20	33
玉米青贮							40
大豆粕		8	17	4	8	8	
苜蓿草粉	15						25
玉米秸	55			60		66.5	
羊草		50	40		50		
麸皮	1.5			7			
亚麻仁粕				6		2	
棉籽粕	2.5						
尿素	1	1			1	1	
石粉	0.5	0.5	0.5	0.5	0.5	0.5	

组成 /%	断奶羔羊		育成羊		空怀		哺乳
	配方 1	配方 2	配方 3	配方 4	配方 5	配方 6	配方 7
磷酸氢钙	1	0.5	1	1	1	0.5	0.5
食盐	0.5	0.5	0.5	0.5	0.5	0.5	0.5
预混料	1	1	1	1	1	1	1
合计	100	100	100	100	100	100	100

附表 1-29　绒山羊全混合饲料配方

组成 /%	配方 1	配方 2	配方 3	配方 4	配方 5
玉米	22	20	19	8.7	10
大豆粕	6	4	3	2	3
小麦麸	6	2	3	12	6.4
向日葵粕	4				
羊草		70	70	75	71
玉米蛋白粉					7
玉米秸	58				
胡麻饼			1		
干啤酒糟		2			
尿素			1		0.15
石粉	1		0.5	0.2	0.1
磷酸氢钙	1.5	0.5	1	0.1	0.35
食盐	0.5	0.5	0.5	1	1
预混料	1	1	1	1	1
合计	100	100	100	100	

参考文献

[1] 朱奇.高效健康养羊关键技术.北京：化学工业出版社，2010.
[2] 吴登俊.规模化养羊新技术.成都：四川科学技术出版社，2009.
[3] 张居农.高效养羊综合配套新技术.北京：中国农业出版社，2003.
[4] 刘俊伟.羊病诊疗与处方手册.北京：化学工业出版社，2011.
[5] 魏刚才.羊高效养殖关键技术及常见误区纠错.北京：化学工业出版社，2013.
[6] 周占琴.怎样提高养肉羊效益.北京：金盾出版社，2005.
[7] 郑爱武.现代实用养羊技术.郑州：河南科学技术出版社，2015.